The Wondrous World of Science

奇妙的科学世界

阿塔·拉曼 著

胡智慧 张军 曲建升 房俊民 王建芳 等译

科学出版社

北京

图字：01-2014-1521

原书由 Eureka Xpress 2012 年出版。

图书在版编目(CIP)数据

奇妙的科学世界/（巴基）拉曼 著；胡智慧等译． 北京：科学出版社，
2015.6

书名原文：The Wondrous World of Science
ISBN 978-7-03-044903-0

Ⅰ.奇… Ⅱ.①拉…②胡… Ⅲ.科学技术-技术发展-世界 Ⅳ.①N11

中国版本图书馆 CIP 数据核字（2015）第 126836 号

责任编辑：侯俊琳 牛 玲 乔艳茹 / 责任校对：李 影
责任印制：赵 博 / 封面设计：众聚汇合

科学出版社 出版
北京东黄城根北街 16 号
邮政编码：100717
http://www.sciencep.com
北京市金木堂数码科技有限公司印刷
科学出版社发行 各地新华书店经销
*
2015 年 7 月第 一 版 开本：720×1000 1/16
2025 年 3 月第九次印刷 印张：16
字数：270 000
定价：48.00 元
（如有印装质量问题，我社负责调换）

译者序

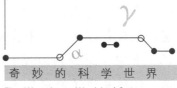

奇 妙 的 科 学 世 界

The Wondrous World of Science

　　日新月异的科学发现和技术发明，改变了人类对客观世界的认识，也深刻地改变着人们的生产和生活方式。当今信息技术、生命科技、新材料及制造技术等领域突飞猛进的发展，可能会为人类的生活方式带来更深刻的变化。巴基斯坦高等教育委员会主席阿塔·拉曼（Atta-ur-Rahman）教授的 *The Wondrous World of Science* 一书汇集了 2012～2013 年他在《巴基斯坦日报》上发表的系列文章，描绘了已经或者即将带给人们生活重大变化的科技领域的新进展。这些文章因曾在巴基斯坦获得了广泛的关注及较高的赞誉，故结集出版。

　　本书是一部探讨科学的进步改变我们生活的专著。如作者所言，科学的进步正改变我们所生活的世界，而唯一不变的是变化。如此的变化几乎融入我们生活的每一部分。书中介绍了先进科技带领我们认识更加神秘和遥远的未知世界、智能设备已经或即将改变我们衣食住行等生活的方方面面……

　　原书共十四章，涉及农业科学、基础科学、生物学、国防创新、地球科学、能源、环境、医疗卫生、材料科学、物理学、空间科学等多个科学技术领域的发展及科学政策的进步。

　　感谢原著者授权翻译出版此书。翻译工作由中国科学院文献情报中心科技战略与政策情报研究团队及分中心情报研究团队承担。各章翻译及审校者分别是：第一章、第五章、第七章、第十三章由曲建升、董利苹、刘学、唐霞、廖琴、李建豹编译；第二章、第四章、第十一章、第十二章由胡智慧、蒋一琪编译；第三章、第八章、第九章由房俊民、陈方、陈云伟、丁陈君、郑颖、刘宇、许婧编译；第六章、第十章由张军、万勇、姜山、黄健、冯瑞华、陈伟、李桂菊编译；第十四章由李宏、王建芳编译；全书由刘清、董萌审校。

书中介绍的内容贴近生活，文字通俗易懂，适合各层次的人员阅读。译稿呈现了原书的大部分内容，希望将这些最伟大的科学发现和技术发明展现给广大读者，使更多人了解和关注这些新的科学技术进展，及时、快捷地体会和把握科学技术带给我们的世界和生活的变化。

由于原书的成文时间为 2012～2013 年，到出版时部分内容可能存在过时的问题，所以译者在编辑过程中删减了部分已不合时宜的内容，但由于校译者本身的知识有限，可能仍存在内容过时、翻译不当或表达不畅之处，请不吝赐教。

译者

2015 年 3 月

原书序

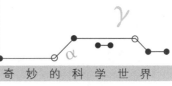

奇 妙 的 科 学 世 界
The Wondrous World of Science

科学技术的发展令人振奋，且正在改变我们生活的世界。唯一不变的就是变化。能够驾驭这些变化而不是被其掩埋的国家正激流勇进，将其他国家甩在身后。这种变化的推动力就是新的科学发现。科学发现被转化为技术，再通过创新和创业，进而成为我们日常使用的产品。在我们生活中的几乎每一个领域都可以见到这些产品。机械产品、家用电器、通信工具、电子产品、医药等诸多领域都在迅速地更新换代。

本书所呈现的是我近两年每星期日在巴基斯坦日报《黎明》(Dawn)上发表的题为"奇妙的科学世界"的系列文章的汇编。这些文章被广泛传阅并备受赞誉。我收到了许多读者的一再要求，要求将它们汇编成册，全面展现给公众。因此，我决定以目前的形式出版本书。

感谢《黎明》报社授予我以图书的形式出版这些文章的权限。在此，我对 Raffat Ali 先生、Wasim Ahmed 先生、Tauseef Arshad 先生和 Farheen Zia 小姐在本书编写过程中给予的帮助表示感谢。同时，感谢 Bushra Siddiqui 小姐（电子书高级经理）和 Mahmood Alam 先生（经理）给予的技术支持。

阿塔·拉曼教授

英国皇家学会会士

巴基斯坦国家荣誉奖章获得者

目 录

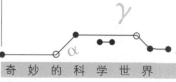

奇 妙 的 科 学 世 界
The Wondrous World of Science

第1章

农业科学进展

1. 地球正在枯竭

最近，科学家利用模型对全球气候进行了模拟，结果表明：喜马拉雅山脉、欧洲和世界其他地区的冰川将会融化，这将导致亚洲、非洲、美国和南美洲大部分地区成为不再适宜人类居住的沙漠。即使全球平均温度仅上升4℃，地球上也将出现可怕的情景：一些地区将发生洪灾，另一些地区则出现严重的旱灾，数百万人将死于这种温度上升引发的重大灾害。到2050年，地球上的动植物将大量消失，人口可能会增长到90多亿，最终，大规模的饥荒和战争可能导致人口迅速减少。

最近一次大规模的全球升温发生在5500万年前，当时大量冰冻的甲烷从深海中释放出来，造成全球温度升高5～6℃。由于这次升温，两极地区出现了热带雨林，而非洲南部到欧洲的广大地区变成了沙漠，同时，海洋中溶解的二氧化碳不断增加，使海水酸化，最终导致海洋生物的大量灭绝。

2. 用海水种植粮食作物

地球上的水98％是海水，另外1％是咸水（含盐量比淡水多但比海水少），大约仅有1％是淡水。未来50年，随着世界人口的增长，全球变暖将加剧水资源短缺，所以人类必须寻找种植粮食作物的替代方法。同时，化石燃料的枯竭，也会导致石油供应严重短缺。人类也许可以通过种植耐盐作物来解决这些问题。

自然界存在着许多天然的耐盐植物，它们在长期的进化过程中已经形成了完善的耐盐机制，因此被称为"盐生植物"。盐生植物的生长区域独特，不会与粮食作物竞争土地。科学家可以通过识别耐盐基因，并将其导入到小麦、玉米和水稻中，显著地提高粮食作物的耐盐性，从而使作物能够适应海水或咸水环境。部分盐生植物在改良盐渍化土壤方面效果显著，所以也可以通过种植盐生植物降低土壤盐渍化对粮食作物的影响。

盐生藻类可作为生物燃料的来源。目前，以色列的 Seambiotic 公司已成功利用藻类产油，每年的产量已超过了 5600 加仑[①]/公顷。相比之下，棕榈油每年的产量为 1187 加仑/公顷，巴西乙醇年产量为 1604 加仑/公顷，豆油年产量为 150 加仑/公顷。

将来，人类可能会依靠海水种植粮食作物，以满足能源需求。

3. 在沿海沙滩上开展海水种植业

海水的含盐量很高，不能直接用来灌溉粮食作物。毗邻海洋的沙漠地区空气较潮湿，可以通过冷凝作用收集并储存空气中的水分。科学家已经在特内里费岛（Tenerife）、阿布扎比（Abu Dhabi）和阿曼（Oman）建成三大温室，海水被抽到温室里的蒸发器中，从而为各种不同植物的生长创造较为湿润的环境。潮湿空气中的水分被冷凝、收集和储存，最终被用于浇灌植物。英国公司建设海水温室大棚的成本低至每平方英尺[②]仅为 5 美元，现在海水温室大棚内增加了聚光型太阳能发电设备和水泵，具备了提供更多淡水的能力。

4. 应用反渗透膜技术发展海水农业

到 2050 年，世界人口预计将达到 90 亿，这将给粮食供应带来巨大的压力。由于全球变暖，随着河流的干涸和淡水资源的逐渐枯竭，一场灾难即将来临。人类亟须科学地找到可行的解决方案应对挑战。

将盐水（海水或地下苦咸水）转换成可用于饮用或灌溉的淡水的方法称为"反渗透"法。在一种特殊聚合物膜的一侧泵入海水，该聚合物膜只允许水分子通过，盐类、细菌和杂质都无法通过，从而达到淡化海水的目的。该方法的缺点是使用一段时间后杂质颗粒物就会阻塞并损坏聚合物膜，所以需要定期更换昂贵的聚合物膜，这增加了海水淡化的成本。

美国加利福尼亚大学洛杉矶分校的科学家利用纳米技术研制出了表面附着微小聚合物绒毛的新型反渗透膜（Nancy H. Lin, *J. Mater. Chem.*, 2010，DOI：10.1039/b926918e）。在渗透过程中，反渗透膜表面的绒毛像一个内置的清洗刷，迅速摆动，可以有效地防止杂质在反渗透膜表面沉积。

---

① 1 加仑＝3.785 升。
② 1 平方英尺＝0.093 平方米。

该技术一旦商业化，可能会降低海水淡化的成本，提高大规模发展海水灌溉农业的可能性。

5. 正向渗透——令人振奋的海水淡化进展

人口增长和全球变暖导致的冰川融化威胁着未来的水资源。2006年联合国的报告预测，到2025年，地球上2/3的人口将面临淡水资源短缺的问题。地球表面大约70%将被海洋覆盖，这约占全球水资源总量的97%。目前，只有推动科技进步才能使海水淡化技术逐步走向高效节能的发展道路，这激发了人们寻求淡化海水新方法的兴趣。

渗透是水分子从低浓度溶液通过半透膜进入高浓度溶液中的过程。半透膜两侧溶液平衡时，两侧溶液产生的位能差被称为"渗透压"。通过施加压力使水分子向相反方向流动的过程称为"反渗透"。盐分子被阻隔在膜的一侧，水分子则顺利通过，从而导致膜的一侧盐分浓度很高，另一侧成为纯水。目前，反渗透技术已被广泛用于海水淡化生产饮用水。然而，该过程十分昂贵，因为需要消耗大量的能量，并且反渗透膜造价昂贵，使用寿命有限，必须定期更换。

正向渗透方法（"随大流"）取得的突破令人振奋。在膜的一侧放置高浓度的溶质（如蔗糖），另一侧为盐水，水分子则从含有盐水的一侧自然地流动到蔗糖溶液中。因此，依据正向渗透原理可以利用海水制备软饮料。较之反渗透，正向渗透过程因为利用了能量梯度，减少了80%的能耗。

美国俄勒冈州奥尔巴尼的水化技术创新公司（Hydration Technology Innovations）是公认的正向渗透技术的先行者。该公司推出一款基于正向渗透原理的便携式"X包"供美国士兵使用。"X包"中的正向渗透膜的内侧装有糖分和香料。将这些"X包"浸泡在海水甚至脏水坑中，它们可以吸收纯净的水分子，并把盐分和杂质微粒留在包外，从而自制出甜美的风味饮料。总部设在美国马萨诸塞州剑桥市的Oasys公司利用正向渗透技术，提取大型植物细胞内的碳酸氢铵等化学物质。

6. 采用碳纳米管淡化海水

盐水中去除盐分（脱盐）的两种常用方法是蒸馏和反渗透。蒸馏法是首先将盐水加热到沸点，然后通过收集冷凝的水蒸气而得到纯水；反渗透法则是在放置特殊"半透膜"的盐水一侧施加压力，只允许水分通过，盐分则无法通过薄膜而被去除。这两个过程都消耗了大量的能量，因此，并不是环保的脱盐方法。现在，美国新泽西技术研究所的科学家们基于上述两种方法开发出了一项新技术，能使热盐水通过内置碳纳米管道的半透膜，从而提高渗透性。与传统半透膜相比，应用该新技术使水分子通过半透膜的速度提高了6倍。

7. 自浇灌沙漠植物

以色列科学家发现，生长在以色列内盖夫（Negev）沙漠上的沙生植物沙漠大黄（*Rheum palaestinum*），具有独特的自浇灌机制。其叶片直径可达到1米，而其他沙生植物的叶片都是小而尖的。这是迄今发现的首例可以自行浇灌的植物。沙漠大黄蜡质的叶片上分布着凹凸不平的纹理，这些错综复杂的纹理将水滴捕获并导入根部。因为独具一套科学合理的自灌系统，所以即使是小雨天气，沙漠大黄根部附近的水分也是该植物附近其他区域的10倍。

8. 小麦的种植面临风险

小麦可能会受到一种来自伊朗的新致命真菌——秆锈菌的威胁，这种真菌导致小麦大量减产，并引发大规模的饥荒。这种秆锈菌1999年首次在乌干达（Uganda）被发现，因而被命名为Ug99。Ug99能随风蔓延，2007年出现在了伊朗境内，现在正向巴基斯坦和阿富汗蔓延，可能会迅速滋生并蔓延到整个亚洲。所以，在巴基斯坦，我们需要发展和壮大新的小麦品种，以抵抗这种真菌的威胁。

9. 使用组织培养技术克隆植物

现在，不使用种子也可以进行大量植物体的商业化生产。科学家将植物叶片分成许多小块后放置于试管内，在含有营养素和生长激素的溶液中培养。6～8周后，诱导不定芽再生，将芽放置在另一种培养基中繁殖、生长。一旦根系形成，再将植物转移至（温室）湿度较高的土壤里继续培养。植物长出叶片后就可以适应较干旱的环境了。用于克隆的植物（母体）一般具有所需的特殊性状，如花瓣的颜色、大小或果实的味道等，而克隆植物的基因与母体完全相同，所以具备与母体完全相同的性状。组织培养技术因其成本低、效益好，目前已经大规模地被应用于生产性状优良的植物，如兰花、香蕉等。

10. 生物技术能否解决粮食危机

粮食危机可能导致国家政权变更，从而影响全球文明进程。人口增长、全球变暖导致作物减产和耕地面积减少，共同蕴藏着巨大的危机，会给今后的生活带来深刻的影响。2008 年世界粮食库存量仅够维持 62 天，几乎接近历史最低库存记录。粮食需求的增长速度远远超过粮食产量，从而导致世界粮食价格猛涨。对于巴基斯坦等人均收入较低的国家来说，粮食危机是一个严峻的挑战。20 世纪六七十年代，全球依靠先进的农业科学技术开展了"绿色革命"。1950～1990 年，每英亩①粮食产量以平均每年 2％的速度增长，但 1990 年以后粮食增产速度逐步放缓了，每年仅为 1％左右。虽然转基因作物可能使某些作物产量增加，但似乎无法实现"绿色革命"期间粮食增产 2～3 倍的想法。从长远来看，只有控制全球人口增长、提高农民的教育水平、改善粮食的储存和分配方式、控制作物虫害和真菌侵入所造成的损失，才能根本解决粮食危机。

11. 即将破灭的粮食泡沫

在过去的几十年中，不可持续地利用水资源和土地资源确实提高了粮食产量，但这种粮食泡沫即将破灭，全世界将陷入前所未有的危机中。据世界银行估计，目前在印度约 1.75 亿人必须依靠过度抽取地下水才能吃上粮食，他们抽取地下水的速度远超过了降雨对蓄水层的补充速度。因此，各地的地下水位正在以惊人的速度下降。沙特阿拉伯也是通过抽取地下水满足小麦生产。然而，这些地下水资源很快会耗竭，未来 2～3 年里小麦可能面临停产。

世界人口的快速增长（全球每周大约出生 150 万个新生儿）和未来天气的不可预测性加剧了人类对世界粮食危机的担忧。2010 年，莫斯科遭受了热浪袭击，造成俄罗斯粮食作物减产 40％。如果同样的情况发生在印度、中国或美国，可能会对全球粮食生产造成灾难性影响。大多数国家粮食价格一直以惊人的速度上涨，数十亿穷人的生活变得苦不堪言。同时，印度在跨界水道上修建水坝的问题极富争议，因为这意味着下游巴基斯坦境内的水量将大幅减少，很可能

---

① 1英亩≈40.47平方米。

最终引发两个国家的核战争。

应对粮食危机必须要加强教育、控制人口增长、采用现代可持续农业技术、通过减少碳排放恢复自然的平衡、增加森林面积、恢复土壤肥力、在各级部门采取有效的节水措施。总之，采取行动改变现状已迫在眉睫。

第2章

基 础 科 学

1. 诺贝尔奖得主也会出错!

1972 年发生了一件超乎寻常的事。一名就职于剑桥大学国王学院的巴基斯坦年轻教师，推翻了三位著名化学家的合作研究结论。三人中有诺贝尔奖得主罗伯特·鲁宾逊（Robert Robinson），另外两人是威廉·亨利·珀金（W. H. Perkin）［两份英国顶级化学期刊——《化学学会期刊珀金 1》（*Journal of Chemical Society Perkin* 1）和《化学学会期刊珀金 2》（*Journal of Chemical Society Perkin* 2）以其名字命名］和曼斯克（R. H. F. Manske）。该项研究涉及一种当地植物——"骆驼蓬"（harmal）种子内的一种化合物（骆驼蓬碱）的化学变化。直到被这位年轻的巴基斯坦科学家推翻为止，这三位化学家的研究结论在近 50 年内被公认为是正确的。具有讽刺意味的是，这名巴基斯坦科学家的论文发表在了以那位英国科学家名字命名的英国顶级化学期刊（1972 年《化学学会期刊珀金 1》第 736 页）上，而推翻的正是这位英国科学家的研究结论。这名巴基斯坦科学家后来成了颇负盛名的英国皇家学会会员，并受邀用鹅毛笔在皇家学会具有 360 年历史的、留有牛顿和达尔文笔迹的古书上签名。

可见，诺贝尔奖得主也会出错，所以绝对不要迷信书本，而要时刻采取一种质疑的方式。

2. 比光还快?

在位于瑞士的欧洲核子研究中心（CERN）工作的科学家们最近对他们去年 9 月的研究结果进行了微调和验证。在该研究中他们发现，中微子传播的速度可能比光还要快些。有趣的是，这次他们取得了同样的研究结果。该项发现如果再得到其他人的证实，将使大家对现代物理学的理解产生动摇。这将证明，爱因斯坦的相对论及现代物理学的理论都是建立在不正确的基础之上的。美国费米实验室和日本国家高能物理实验室（KEK）的科学家们准备对 CERN 科学家们的这些令人震惊的研究结果进行研究。如果这样的结果再次出现，那么现代物理学现有的理论将会彻底被颠覆。据英国曼彻斯特大学的粒子物理学教授 Jeff Forshaw 说，如果结果正确，那么时间旅行将成为可能，而信息也可以被传送到过去。

3. 我们自身是由什么构成的

我们自身是由什么构成的？有些人会回答："肌肉与骨骼。"另一些人会说我们是由原子构成的。两种回答都对，但最基本的构成材料是什么？换句话说，原子是由什么构成的？人们认为原子是由质子、中子和电子构成的。这种说法曾经是对的，但不久人们就发现有更多神秘力量在发挥作用。自 1960 年以来，为数众多的其他亚原子粒子被发现。现在已知的亚原子粒子有数百种。一套描述这些亚原子粒子的行为和相互作用的规律被称为"量子论"。

随着我们研究的深入，情况开始变得更加有趣。20 世纪 80 年代发展出一种新的理论，该理论设想我们都是由无限小的舞动的弦构成的。这些弦仅有一个维度，即长度，而没有高和宽这两个维度。弦不是静止的，而是表现奇异地舞动（振动）着的，而弦的振动方式决定了弦被我们感知的方式，也就是被感知为物质、光还是重力。因此，所有物质或能量都是这些舞动着的细小的弦的振动表现。这种理论逐渐被称为"弦论"。

这一有趣的理论有一个更纠结之处。我们对于长、宽、高这三个维度及第四个维度——时间，都很熟悉。按照弦论，还有另外七个维度，尽管这几个维度我们不能直接感觉到。依据弦行为的不同（是开环振动还是闭环振动等），衍生出了五种主要弦论。普林斯顿高等研究院（Institute for Advanced Study at Princeton）的爱德华·维顿（Edward Witten）和其他研究人员最终提出了 M 理论（M 代表膜），实现了五大弦论的统一。M 理论希望解释一切，揭开我们之所以存在的最终谜底，因此被说成是"终极理论"。该理论认为，构成我们自身的舞动着的细小的弦的确是二维膜的一维切片，它们在十一维空间内不停地舞动。

这一理论听起来就像是童话故事一样，因为现在还没有能证明该理论正确性的技术，也许永远都不会有。剑桥大学著名物理学家史蒂芬·霍金（Stephen Hawking）在与莱奥纳德·曼罗迪诺（Leonard Mlodinow）联合撰写的《大设计》中考虑了上述理论，但实际上放弃了该理论。他们认为，科学提供的是通向普遍现实的半掩的窗口。

不管怎样，当下次音乐响起，你有跳舞的冲动时，那就耸耸肩自然而然地接受这种冲动吧。毕竟现代科学至少在理论上告诉我们，我们全都是由这些细小的不停舞动的弦构成的。

第3章

生物学前沿

1. 爱的化学

异性相吸与性欲是否能唤起化学变化？这在动物王国里非常常见，对人类而言也一样。目前，已有越来越多的证据表明，一些特定的化学物质或许作为引诱剂在吸引异性方面发挥着作用。

蜜蜂通过释放特殊的化学物质（信息素或昆虫激素）向其他蜜蜂传递特定信息，进而构建一个非常复杂的蜜蜂通信系统。蝴蝶和蛾可以感知到几千米之外的性激素（已有记录为 10.6 千米），农场主正是利用昆虫的这种敏感性来设计陷阱，吸引并消灭周边几英里①内的雌性昆虫，使其丧失繁殖机会。

人类又如何呢？男人与女人是否拥有与性别相关的化学物质？月经周期紊乱的女性置身于男性的腋窝气味中，其月经周期则开始变得规律。科学家已经发现，男性汗液里的雄二烯酮可以增加女性皮质醇（一种压力激素）的水平，补充激素睾丸素（睾酮）则可以增加老年男性的性冲动。育亨宾（壮阳碱）是一种在育亨宾属植物树皮中提取的生物碱，其通过提高男性生殖器的血流速度、增强性兴奋和敏感度而被用于治疗男性阳痿。最近美国一家公司宣布其一种通过皮下注射用于治疗勃起障碍的化合物——雌性激素肽已经通过 I 期临床试验。

研究人员发现，许多化合物都具有壮阳功效，一些外来化合物着实决定着昆虫、海胆和人类等生物的性行为，未来人们可以通过利用合适的激素喷雾来调节无法控制的性吸引行为。

2. 人体内的分子喷气引擎

想象一条拥有 30 亿颗珠子的项链，而珠子仅有 4 种颜色，这就是生命的蓝图。

这 4 种珠子就是被称为核苷酸的分子，正是这些分子的排列次序决定了一

_____

① 1 英里≈1.6 千米。

个人的全部——眼睛的颜色、器官及细胞成分的结构。再想象有两条平行的这种分子项链通过特定的力（氢键）并列连接在一起，形成一个长长的、螺旋状的长梯——DNA。当细胞分裂时，DNA 以难以置信的速度迅速展开，每分钟进行 3 万次旋转，比最快的喷气引擎的速度还要快得多，展开后的两条独立的单链 DNA 又合成为两个相同的"螺旋长梯"，并以极高的速度旋转为螺旋 DNA，整个过程就像一个急速工作的分子喷气引擎，但是却在人体内安静地进行着。随着新 DNA 合成与旋转的完成，两个新细胞也诞生了，所有的遗传信息与分裂前的母细胞完全一致，所有这些过程均在体温条件下进行着，而我们却无法感觉到这些分子机器在工作，这正是生命的奇妙之处。

3. 基因组测序与合成生命

科学家历过 13 年的努力，于 2003 年公布了人类基因组的全序列草图，并在 2006 年 5 月首次完成了人类基因组完全测序工作，耗资 6000 万美元。然而，随着测序技术的飞速发展，科学家在 2007 年仅用了 2 个月的时间、耗资 100 万美元就完成了詹姆斯·华生（James Watson）的全基因组测序工作。目前，科学家正在研发可以在几天内完成、耗资仅几千美元的人类基因组测序机器。一种耗资仅几百美元的遗传分析简化技术，可以检测个人与性格和疾病易感性相关的 DNA 突变位点的信息，进而用于提前采取措施预防疾病的发生。

同时，在尝试构建人造生命方面也取得了飞速发展，美国克雷格·文特尔研究所（J. Craig Venter Institute）的丹·吉布森（Dan Gibson）与其合作者一起在《科学》杂志上发表文章指出，他们已经成功造出含有 582 970 对人工合成碱基对的"人造细菌"——生殖支原体。

4. 永不磨灭的人类细胞

人类的细胞是否在人死亡后还可以继续存活并扩增？答案是肯定的！一个引人注目的例子是海拉癌细胞（Hela cells），其命名依据是，这些细胞是在 1951 年在一位 31 岁的非裔美洲妇女 Henrietta Lacks 死于子宫颈癌后，在未经许可的情况下从其子宫颈处获取的。这些细胞至今仍然存活并具有攻击性。科学家在全世界范围内的实验室里大概制造了 5000 万吨的活细胞，有超过 6 万项利用这些细胞的研究成果发布在老龄化、癌症、作用于下水道的细胞的作用、蚊虫交配等广泛领域。这些细胞与其他癌细胞相比的特别之处在于，它们拥有超乎寻常的繁殖速度，因而在研发活动中非常有用。1973 年，Henrietta Lacks 的孩子得知其母亲仍以这些细胞的形式"活着"的惊人消息，此后海拉癌细胞开始被外界利用。由于其超乎寻常的增殖能力，海拉癌细胞甚至污染了包括俄罗斯在内的许多实验室。Henrietta Lacks 以其活体细胞的形式继续"活着"，并还将继续为人类病毒学、生物技术和医学研究做出贡献。

5. 基本生命元件来自外太空？

我们的身体含有蛋白质——由称为氨基酸的小分子构成。理论上，氨基酸可以以两种镜像形式存在，除了旋光性外，两种镜像形式的氨基酸的其他物理性质完全相同。然而，自然界中仅存在一种镜像（手性）形式，生命起源的神奇之处在于：为何自然仅选择这种手性氨基酸作为生命基本元件？生命本应拥有同等的从另一种镜像形式的氨基酸进化的机会，然而令人称奇的是，这并没有发生。因此，有一种假说认为生命源自外太空——其条件仅能允许手性形式氨基酸的合成。

2008 年，英国帝国理工学院的研究人员 Zita Martins 及其同事首次发现了外太空生命分子的证据。他们分析了 1969 年坠落于澳大利亚、寿命为 42 亿年的陨石的成分，发现该陨石含有两种分子——尿嘧啶和黄嘌呤，这两种分子又是构成 DNA 和 RNA 所必需的分子，其外太空起源身份已通过碳同位素标记证实。该发现支持这样一种假说：地球的生命起源于 40 亿年前含有一些特殊分子的陨石的撞击。

6. 思考是抽象的？ 智力是遗传的？

思考是抽象的？多数人都认为如此。然而，事实却相反——大脑储存知识及进行思考都是化学过程，是可以进行化学调控的。因此，当你沮丧时，抗抑郁药物能够帮助你振作起来；当你想说谎时可以通过服用"实话药丸"来让你说出实情。卡拉奇大学化学研究所的阿塔·拉曼及其合作者提出了一个记忆新理论——学习或许涉及人类大脑中糖蛋白氢键的形成，而忘记恰好是氢键断开的过程。

无论记忆的基础是什么，我们依旧相信思考拥有分子基础，并且其物理实体确实存在。

大脑中富含数据处理功能的细胞的灰色物质是可以遗传的，这些细胞之间相互联系（与智力相关）的白色物质也是可以遗传的。加利福尼亚大学的 Paul Thompson 与其同事发现保护性髓磷脂鞘（负责决定灰色与白色物质之间联系的质量）也是由遗传决定的。

那么，你能提高你的智力吗？回答是肯定的，由于我们仅利用了大脑全部能力的很小一部分，通过智力训练和培训，完全可以在一定限度内提升我们的智力水平。

7. 节食能否增强记忆力

你能通过控制食物摄取量来提高记忆力吗？回答似乎是肯定的。少吃一点改进的不仅是你身体的健康，同时还能提高记忆能力。德国明斯特大学的 Agnes Floel 及其同事在《美国科学院院刊》（PNAS）上发文指出，平均年龄为 60 岁的一群人如果减少 30% 的热量摄入量，他们的单词记忆力得分可提高 20%。因此，在考试或测验前请关注你吃了多少，少吃一点或许为你带来一点额外的得分，而这或许会彻底改变你的一生。

8. 萤火虫和会发光的花

我们或许都见过傍晚飞舞的萤火虫，然而萤火虫是如何发光的？其根本原因在于包括虫荧光素在内的一些化学物质，虫荧光素与氧气发生反应，其反应结果恰好是发光。同样的机制还存在于一些深海软体鱼类体内，这些鱼类在漆黑的海底发出有规律的闪光。以色列的一些科学家开展了一项颇有意思的实验，他们将与虫荧光素相关的基因转化到兰花当中，培养出了可以在黑暗中发光的兰花。不久的将来，您或许可以在傍晚坐在自己的花园里，而身边就是化学发光的玫瑰及其他花朵。这的确是科学世界的奇特与神奇之处！

9. 顺从的细菌——生物机器人

众人瞩目的机器人已广泛应用于工业领域，目前汽车工业大量的制造工作都是由机器人完成的，此外家用机器人也已研发成功，并且将变得更加智能。目前，科学家正聚焦于另一个令人兴奋的前沿领域——生物机器人！此方面的研究需要修补生物有机体的遗传结构，以使其完成特定的、预设的任务。

细菌，通常与疾病关联，但目前已被广泛用于各种有益应用，包括将糖浆等原材料转化为柠檬酸、制备工业酶及制药等。不管怎样，上述过程均可由天然有机体完成。目前开发的简化细菌（如遗传修饰的有机体）已被作为"微劳力"（生物机器人），通过沿着预定路径分泌特定化学物质而在微晶片上印刷纳米级的图案。同时，科学家还在研发具有自清洗功能的"活"纤维，这种纤维中嵌入了无害的大肠杆菌菌株，可以清除人体汗液及所含的蛋白。还有一些细菌可以分泌保护性涂层进而延长纤维的使用寿命，或者分泌具有杀菌特性的化合物进而被添加在医用绷带中。

细菌早已被用于清理石油泄漏、降解氯化烃，以及清除土壤中的有毒金属，目前科学家正在研发遗传修饰的微生物来完成特定的工业任务。

10. 动物——神奇的方向感

这是一个真实的故事："我的两只狗经常被周边的一只野猫骚扰，为此，有一天我伺机抓到了这只野猫，并将其装进麻袋里，锁在汽车后备箱中，然后特意选择了一条迂回的路线驾驶到卡拉奇另外一侧的霍克斯湾，并将野猫释放。令我完全惊奇的是，第二天早上，那只野猫又安全地回来了，与往常一样朝着我的两只狗叫着。"

许多动物都拥有一种奇特的识别周围路径的能力，包括鸟类、大鼠和仓鼠，被蒙上眼睛并通过迂回的路线运送到其他地方，金仓鼠依旧可以轻松地径直回到家里，鹅、蟾蜍和蜘蛛也具备这种特殊能力。这些动物是如何做到这一点的？一些物种拥有人类所不具有的特殊感觉，并利用这种感觉找到它们回家的路径。例如，迁徙的鸟类利用地球磁场导航；一些昆虫则利用偏振光的渐变来识别方向；其他如大鼠、老鼠、猴和金鱼等则在大脑中拥有能感知方向的特别的神经元，可以精准地测算距离和方向。

许多动物可以利用它们独特的导航能力进行长距离迁徙。例如，北极燕鸥借助其不同寻常的体力及导航能力每年飞行 7 万千米，从北极繁殖地飞往南极的栖息地。尽管北极燕鸥的重量只有 100 克，但在其一生中却要飞行 240 万千米，相当于往返月球 3 次！

11. 干细胞老鼠

人体干细胞负责修复受损的组织和器官，是人体内部有力的修复机制。干细胞可以被转化为其他诸如心脏、肾、肌肉或血红细胞等细胞，用于再造新组织来替代损坏的组织或器官。1998 年，科学家已经发现了从人类胚胎中分离干细胞并在实验室进行培养的方法。目前从胚胎材料提取干细胞还饱受争议，一些国家还以法律禁止干细胞领域的研究。然而，在此两年前（1996 年），还有一项重大科学突破——科学家发现可以对专门的成年人体细胞（如人类皮肤细胞）进行遗传改造，转化成的新细胞拥有类似干细胞的特性（诱导多能干细胞），这种细胞分别在 2006 年和 2007 年从老鼠和人类身上获得。干细胞的应用将在治疗心脏、肾脏和其他组织疾病方面展现巨大潜力。

中国科学院的科学家用老鼠皮肤细胞创造（克隆）了老鼠，如果可利用这种方式创造老鼠，那么从细胞创造人类也将为时不远。

12. 癌症的电击治疗

科学家开发了一种类似泰瑟枪枪击的技术用于治疗癌症，当对细胞施加十亿分之一秒（纳秒）的高电压脉冲时，可以破坏细胞，进而用于治疗癌症。这种纳秒脉冲与微秒脉冲相比，其作用时间更长。

13. 一种蜜蜂群体的全球性传染病

一种奇怪的疾病已经导致全球多个地区蜜蜂的死亡，甚至会威胁到那些依赖蜜蜂传播花粉的农作物的产量，蜜蜂正在遭受的这种磨难被称为蜂群崩溃症候群（colony collapse disorder，CCD），影响蜜蜂的记忆系统，导致蜜蜂无法找到返回蜂巢的路线。美国一些养蜂人称已经损失了 35%～40% 的蜂群，这种疾病的原因可能是破坏了蜜蜂的免疫系统，进而导致蜜蜂记忆丧失。

14. 嗜极菌

目前在地球上已经发现了一些可以在极端条件下生存的嗜极菌，使人们重新思考人类的起源可能是在如此极端环境下进化而来，而不是迄今普遍假设的来自其他行星。一种在南非地下 5 英里的金矿里发现的嗜极菌生存的能量来源既不是水，也不是阳光，而是岩石中一些不稳定原子的放射性衰变。

15. 人工光合作用

自然光合作用是指植物、藻类和许多细菌种类利用太阳光将大气中的二氧化碳转化成糖的过程，每年大约有 1000 亿吨二氧化碳通过光合作用被转化成生物质，由此捕获 100 太瓦的能量——相当于全球每年能源消费量的 6 倍！

科学家们正在通过不懈的努力开发人工光合系统，并取得了一定成功。美国辛辛那提大学的科学家开发了一个系统，可以从由植物、细菌、蛙及真菌分离得到的酶组成的泡沫创建人工光合材料，该泡沫具有将阳光和二氧化碳转化成糖的能力，这些糖继而被转化成乙醇及其他生物燃料。

上述利用泡沫的思想源自青蛙通过制造稳定持续的泡沫用于生产蝌蚪，这些泡沫拥有良好的光和空气通透性，放入这些气泡内的酶则可用作人工光合作用。这种泡沫的优势在于无需土壤就可以进行光合作用，此外，还可以将其捕获的太阳能全部转化成糖。

16. 大脑影响罪犯的犯罪行为吗

越来越多的科学证据表明，惯犯的大脑具有一定程度的变态，进而决定了惯犯的反复犯罪行为。目前神经心理损伤导致犯罪行为的观点被辩方律师越来越多地用于法庭辩论。通过核磁共振成像（MRI）对罪犯大脑特定区域的扫描发现，其与常人的大脑相比存在一些固有的物理变态，因此犯人的罪行可以减轻。随着神经系统科学的发展，以及对人类大脑物理结构与行为关系的理解不断深入，在罪犯庭审阶段考虑神经心理损伤影响将愈发重要。

17. 试管婴儿

所谓试管婴儿，是在实验室的培养皿里将女人的卵子与男人的精子结合，待受精的卵子开始分化后，将初期的胚胎放入女人子宫内进行发育，这种技术被称为体外受精（in vitro fertilisation，IVF）。一些诊所为了提高成功的几率，会一次植入多个胚胎，从而导致双胞胎、三胞胎，甚至四胞胎的诞生。试管婴儿一般会早产并面临健康风险，科学家正在研究筛选最佳胚胎的方法。

斯坦福大学的 Renee Reijo Pera 及其合作者开发了一种筛选最佳胚胎的方法，并将该专利特许给美国 Auxogyn 公司以进行商业化应用。

同时，诺贝尔委员会在 2010 年 10 月 4 日宣布该年度的诺贝尔医学奖授予该领域的先驱——85 岁的英国科学家 Bob Edwards。1978 年 7 月 25 日，他在剑桥大学利用体外受精方法培育的首例试管婴儿 Louise Brown 诞生，此后全球大概诞生了 400 万例采用体外受精的试管婴儿。

18. 恐龙灭绝带来人类演化？

大约每隔 1 亿年，我们的地球就会遭受一次较大的小行星的撞击，进而改变地球生物的进化历程。如果地球现在也被同样的小行星撞击，我们所了解的大多数地球生命将灭亡，仅有少数昆虫、鱼类和细菌/病毒能存活下来，并重新开始生命的下一轮演化过程。

大约在 2 亿年前，地球表面生机勃勃，生存着大量爬行动物，包括恐龙等许多拥有较大体型的爬行物种。这一爬行动物时期持续了大概 1.6 亿年，直到 6550 万年前，一个直径达到 10 千米的巨大小行星猛烈地撞击在墨西哥地区，引发了一起全球性灾难——裂开的岩石层释放出大量含碳、硫气体。火灾迅速在全球蔓延。充斥在大气层中的灰尘阻挡了阳光的照射，整个地球陷入黑暗。酸雨接踵而至，地面气温下降。包括爬行动物、鸟类和植物在内的大多数生命灭绝。仅有一半适应力强的哺乳动物得以存活下来。恐龙及许多其他生命的灭绝改变了地球生物的演化进程。

存活下来的哺乳动物体型普遍较小，移动灵活，繁殖速度快，可以躲避火灾及酸雨的危害。大约在小行星撞击地球的 1000 万年后，进化创造力有了爆发式的增长，最终诞生了人类。"分子钟"（molecular clock）研究为上述观点提供了有力支撑，该研究通过研究相关物种的基因组对进化树进行了重构。

人类今天的文明应归功于恐龙的灭绝！

19. 在实验室培育肌肉组织

众所周知，肌肉通常需要在健身房内坚持不懈地锻炼数月，甚至数年的时间才能形成。因为肌肉组织的细胞排列方向是一致的，以便产生力量；同时，每个肌肉组织都有相应的血管提供养分。而人工培育很难将肌肉细胞有序地组织起来。

荷兰埃因霍芬理工大学的科学家采用生物工程技术，已成功研制出一种方法，可以培育出含有血管的肌肉组织。他们利用干细胞和血管细胞，首次在实验室中培育出了肌肉组织。利用尼龙搭扣，多个组织被固定排序成同一方向。生长过程中产生的张力使得肌肉和血管融洽地结合起来，没有丝毫紊乱。科学家们希望将这一技术用于帮助那些在车祸或肿瘤手术中肌肉组织受损的病人。

20. 美国发现新的生命形式

美国国家航空航天局（NASA）的科学家发现了一种全新的生命形式，其体内的磷被砷所取代。这个完全脱离磷元素存在的生命体是一个让人震惊的发现。因为碳、氢、氮、氧、硫是地球已知生命体所必需的构建元素。其中，磷是DNA的重要组成部分。而在 NASA 所发现的细菌体内，磷却被砷取代。

这一代号为"GFAJ-1"的细菌是从美国莫诺湖中发现的。之后，该细菌就在由极少量磷和绝大部分砷组成的介质中生长。分析表明，该细菌 DNA 骨架中的磷已经被砷所取代。

如果这一发现是真实的，也就意味着在其他行星上进化出的生命形式可能迥异于地球生命。

21. 在死后成为多汁的蘑菇

你愿意在死后变成一丛多汁的蘑菇吗？艺术家 Jae Rhim Lee 发明了一种衣服可以做到这一点。她用一系列环境友好试验证明，穿着这种衣服被埋入地下，在分解后不会产生有毒物质。这种特殊的衣服上绣有蘑菇孢子组成的网纹。孢子的种类还能根据你希望变成的蘑菇种类进行选择。人去世后穿上这种衣服，再用一种包含有更多孢子和重要矿物的特殊泥浆做防腐处理。经过二者的共同作用，身体将很快被蚕食。有机物被分解为营养丰富的堆肥，为蘑菇孢子提供养分，同时也能肥田。某些表现卓越的蘑菇还能长大成为餐桌上的美食。

这一"无限埋葬项目"已经引起分解文化协会（Decompiculture Society）的注意。该协会一直致力于普及这种绿色葬礼。

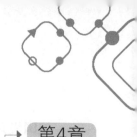

第4章

国 防 创 新

1. 电子甲虫： 新型防御武器？

东京农业大学的科学家研发出了一种"电子甲虫"。科学家将预先编好的遥控芯片植入甲虫大脑中或与其神经细胞连接，从而从外部控制这些甲虫的运动。作为"刺激器芯片"电源的微型电池正在开发之中。装上微型麦克风，这些昆虫或小"电子老鼠"即可成为新型防御武器，侦查重要秘密设施，监听秘密会谈。

所以下次举行秘密会议时，要留心这些"动物"，也许一只电子苍蝇正在收听并发送会议内容呢！

2. 昆虫无人机长眼睛了

美国已给其研制的某种昆虫般大小的军用无人机成功地装上了小眼睛（微型摄像头），从而能传送声音和图像。这种摄像头极轻，被安装在一块微芯片上。由于昆虫无人机可受控于 1 千米之外频率保密的信号，所以作刺探情报之用效率很高。该装置由加州理工学院帕萨迪纳喷气推进实验室研制，资金提供者是美国国家航空航天局（NASA）（www.tinyurl.com/ojwmdq）。如果有一只苍蝇落在墙上，请提高警惕，那可能是一架无人侦察机正在记录你的一言一行哦！

3. 电子人来了

能不能将我们的大脑与机器相连来提高我们的智力？答案是肯定的，而且这种事正在发生。通过基因改造来提高人的脑力仍需多年时间，但将机器与人体结合以提高人的能力的仿生人正在研发之中。美国布朗大学的约翰·多诺霍（John Donoghue）开发出"大脑之门"（BrainGate）技术。这一技术将瘫痪病人的大脑与电脑相连并互动，从而使病人能操控电视或电灯开关，能移动电脑鼠标或打开电子邮件。美国国防高级研究计划局（DARPA）投入 5000 万美元，研发受大脑控制的假肢。自力推动装置已研制成功，戴上之后可增强手臂或腿的力量。

4. 智能武器

安全和防务人员所面对的一个问题是击毙隐藏在掩体内、拐角处或建筑物内的敌兵或逃犯。这些人由于不在视线内，所以不能被直接击中。美国陆军发明了一种 XM25 步枪，这种步枪能射出受无线电控制的子弹，从而解决了这一问题。步枪上装有激光测距仪，可计算目标的精确距离，士兵可在距障碍物 3 米的范围内调整射击距离，让子弹（一种"空爆弹壳"）越过目标后或在目标上空爆炸，将他/她杀死。这种特殊步枪可用作枪榴弹发射器，还具有准确控制高爆子弹爆炸点的能力。25 毫米的子弹上装有芯片，可通过步枪瞄准器向其发送预期爆炸距离信息的无线电信号。

微芯片技术的发展使开发这种智能军火成为可能。2 年内，这种新型武器将可在阿富汗和伊拉克大规模部署。

5. 新型隐形武器

如果在敌方领地上方数英里的高空进行核爆，由此产生的电磁脉冲不仅会使敌人的监视设备和其他电子设备瘫痪，还会造成巨大的附带破坏。美国空军现已研发出使用吉瓦级、脉宽 10 纳秒的电磁脉冲弹的新型武器，电磁脉冲使未屏蔽的导线内功率骤增，从而摧毁雷达、卫星天线和其他电子设备，使敌人"失明"。这种武器可安装在隐形无人机上，通过无人机上的天线发射电磁脉冲。波音公司已研制出一种特殊无人机，名为"幻影线"（Phantom Ray），该机可在不被探测到的情况下接近敌方，实施电磁武器攻击。由于微波可穿过敌方掩体的通风管和管道，隐藏在掩体内的电子设备也会被摧毁。美国空军拨出了 4000 万美元，用于进一步开发功率更大、射程更远的武器。

6. 激光战："星球大战"模式

2010 年 2 月 11 日，一枚弹道导弹从海上移动发射平台发射升空。这枚导弹依靠火箭助推器推进，因此被飞机上搭载的探测设备探测到，飞机上配有极强的化学氧化激光枪。低能激光跟踪目标，吉瓦级的高能激光向目标开火，从而将弹道导弹摧毁。这是用机载大功率激光器摧毁弹道导弹的首次展示，预示着可改变战争未来走向的新一代强大武器的降临。

研发此类武器的计划是罗纳德·里根于1983年首次提出的。研发的地基激光系统用于击落来袭导弹，其不足之处在于只能防守有限的地面区域。更具雄心的第二项计划是研发可迅速部署到任何地方的移动式机载激光枪系统。2004年，一架B-747飞机被改装，用于搭载大功率激光枪。

该技术涉及"自由电子激光器"（FEL）的部署。此类激光器不同于常规激光器，后者受其所发射的光波波长限制（光波波长取决于激光器中的电子源、气体或晶体）。自由电子激光器内，原子的电子被夺走，然后用直线加速器将电子加速到很高的能级。

7. 先进飞机——失灵设计

设想你是一名在敌方领空执行任务的战斗机驾驶员。突然，不明原因让你失去对飞机的控制，飞机旋转着俯冲，你被迫跳伞。原因是：飞机上带有某种特意做过手脚的微芯片，这种芯片可通过外部信号激活，使飞行控制器、导航系统、开火机构等重要控制器失灵。

美国俄亥俄州克利夫兰市凯斯西储大学和威斯康星州密尔沃基罗克韦尔自动化电子公司（Rockwell Automation of Milwankee，Wisconsin）的工程师们演示了如何将微芯片变成可在需要时激活的"特洛伊木马"，使设备丧失功能。找出在芯片上所做的手脚几乎是不可能的，因为电子设备包含数百万条不同的电路，极为复杂。

无力自己建造先进军用设备的国家不久就会发现，如果供应国向敌国所购军用设备内的木马芯片发送触发信号，他们花大价钱购买的可能只是些内置定时炸弹的"活靶子"而已。简单的无线电触发信号可使设备在紧要关头失灵。

8. "星球大战" 拉开帷幕： 可重复使用的军用航天器发射升空

2010年4月22日，一艘无人飞船从美国佛罗里达州卡纳维拉尔角空军基地发射升空。X-32B轨道试验船是下一代太空船的象征。其真实目的目前高度保密，该太空船不是用来载人，而是装载了可用于人造地球卫星的新设备、材料和传感器。据推测，将在太空船内从太空中（近地轨道）对新型武器系统进行测试，这是人类历史上的第一次。这艘太空船能在太空滞留长达 9 个月时间，可能是将来能永驻太空密切监视敌国境内的军事活动并具有实施打击能力的军用太空船队中的第一艘。

参与飞船研发的美国机构有：美国国家航空航天局（NASA）、美国国防高级研究计划局（DARPA），以及美国其他机构。除收集情报外，太空船还能在重要战略位置上空释放小型间谍卫星，充当"千里眼和顺风耳"。

因此，太空船具有多种功能，可用于侦察、通信，还可用作太空武器。这一最新发展可能激发俄国和中国的回应，促使两国研发反卫星武器来对付此类太空船。美国已开始研发改进型和更精准型反导弹导弹。所以军备竞赛仍在继续。

9. 令人兴奋的军事发展： 让坦克消失不见

在过去的文章中，我曾描述过一种新材料——"超材料"的发展，这种材料可以使它们周围的光改变方向，从而使得用这类材料制成的物体变得肉眼看不见。而专长于国防武器装备制造、年销售额超过 220 亿英镑的英国宇航系统公司（BAE Systems）的研究人员则取得了另一令人兴奋的进展。一种坦克或装甲车如果能以某种方式将自己隐匿起来、让人"视而不见"并融入周围的环境之中，那么它就能拥有战胜敌人的显著优势。英国宇航系统公司的工程师研发了一种用某种材料的六角护套来隐匿坦克和装甲车的隐形术。这种六角护套起着像素点的作用，可以改变环境温度，它们组合在一起能够显示出类似于车载摄像机所记录的周围环境的红外线图像。因此，坦克可以看上去像树和灌木丛一样！即使是一辆正在行驶的坦克，也能随背景环境的改变而快速变换图像。材料表面的六角护套用强韧而质轻、可抵挡敌人枪击的金属制成。六角护套用坦克或装甲车上的电力系统来供电。

车载计算机内储存有图像库。所以，如果想要坦克看上去像一块岩石或是像一堆动物牧草，它就能投射出这样一个图像。除红外线图像之外，隐形术还可以适应不同的情况，这样，对其他部分的光谱（如可见光）也可以作巧妙的处理，从而得到全面的隐形性能。该项技术也可以应用于轮船、航空器和直升机。

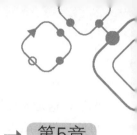

第5章

令人振奋的地球科学进展

1. 地磁倒转

地球磁场是由外核液态铁围绕固体内核圈做圆周运动形成的。地球磁场可向太空延伸成千上万千米形成地球磁圈。地球磁圈可以保护地球免受宇宙射线的损害，因为它的存在，地球上的生物才得以存活。

一段时间（成千上万年至百万年）后，地球磁场会发生倒转，因此地磁南北极的位置会发生互换。这种过程被称为"地磁倒转"，最近一次地磁倒转大约发生在 78 万年前，但历史上也存在 5 万年内发生两次地磁倒转的情形。20世纪 20 年代，日本科学家 Motonori Matuyama 发现有些日本的岩石地磁发生了倒转，从而地磁倒转的现象首次被发现。此后，在大洋底发现的磁异常条带说明，地球磁场自形成以来已发生了无数次的倒转。在最近的 150 年，地球磁场的强度已减弱 10％～15％，这意味着在不久的将来地磁倒转可能会再一次发生。

显然，当地球磁场的南北极发生倒转，相应地，原来的东方变成西方，而西方则变成东方。因此，地球已经发生了许多次有两个东方和两个西方的情形。

2. 化石/原料定年

化石都是经过成千上万年形成的。它们的年代该如何确定呢？目前的定年技术主要通过测定某些元素的丰度来实现。普遍应用的是一种名为"碳定年"的方法。碳元素有 3 种同位素：^{12}C、^{13}C 和 ^{14}C。^{12}C 和 ^{13}C 是两种稳定同位素，而 ^{14}C 是一种丰度随时间衰减的放射性同位素。各种形式的碳通过光合作用进入植物界，然后通过食物链进入动物体。随着宇宙射线不断轰炸氮元素，大气中会源源不断地产生 ^{14}C。动植物体能从大气二氧化碳中获得 ^{14}C，但是，一旦生物体死亡，^{14}C 的丰度就开始随着时间的推移而递减——计时便开始了。^{14}C 具有 5730年的半衰期（放射性原子衰变至原来数量的一半所需的时间）。经过 10 个半衰期（约 6 万年）后，放射性 ^{14}C 就会衰减殆尽，因此通过放射性碳定年只适用于不超过 6 万年的动植物化石。

　　对于超过 6 万年的化石，测定其年代可以采用钾–氩（K-Ar）定年技术。^{40}K 的半衰期是 13 亿年，因此 K-Ar 定年技术可以测定数十亿年的岩石。目前，更精确的 ^{40}Ar/^{39}Ar 定年技术也得到了发展。

第6章

能源新进展

1. 能源新星——天然气水合物

地球上的能源资源，特别是石油和天然气，正在迅速枯竭。不过，仍有一种资源令人感到振奋，其储量比所有的石油、天然气和煤炭加在一起还要多，这就是天然气水合物，它深藏在海床或永久冻土带之中，含有约 3 万亿吨甲烷，足以供人类使用数百年。人们早已发现天然气水合物的存在，但一直没有进行商业化开采。俄国人在西西伯利亚冻土层钻探天然气时，曾偶然发现一处天然气水合物藏，到 20 世纪 70 年代末天然气井枯竭后仍在释出甲烷气体。天然气水合物储层一般厚达数百米，气体呈高度压缩状态，因此可以释放出大量的天然气。最好的开采技术是降压法，即打出一个洞来减轻压力，让甲烷气体出来。

中国和德国的科学家已经在台湾岛沿岸海底发现了大规模天然气水合物藏，印度科学家也在印度东岸 Krishna-godavari 湾找到了天然气水合物，日本发现了储量达 50 万亿立方米的天然气水合物，可以满足未来几百年的能源需求，预计 2016 年开始商业化开采。韩国则计划 2015 年开始商业化开采，他们发现的储量可用上 30 年。

2. 地球上的人造太阳

在法国南部正在进行着一项人类历史上最激动人心的实验之一——国际热核聚变试验堆（ITER），旨在再现太阳和其他恒星产生光和热的过程，即核聚变。轻元素通过融合产生重元素，同时释放出巨大的能量。地球正是因为太阳几十亿年来的核聚变反应才得到了阳光的温暖，宇宙中的恒星同样也是通过核聚变反应散发光和热。ITER 预计耗资约 100 亿欧元，花 15 年时间建成。

两种氢同位素（氘和氚）的融合会产生较重的元素氦并释放出大量的热能，比触发核聚变反应所需的能量大 5～10 倍。实现聚变要达到惊人的 1 亿度高温，这需要特殊设计的容器使高温等离子体受到磁性约束，防止容器金属因高温熔化。

到 21 世纪末，我们的城市可能会由核聚变反应堆提供能源，海水则是氘取之不尽的来源。

3. 太阳赐予的能量

太阳赐予了地球大量的能量，每年约 85 000 太瓦，相比而言，我们每年消耗的能源仅为 16 太瓦。我们舍如此巨大的能源不用，却燃烧化石燃料去污染地球，这看上去不是很愚蠢吗？不过，随着新技术的涌现，这种情况正在迅速改变。

普通太阳电池通常用硅晶片制造，这些晶体材料的商业效率可以达到 22%，但用它制造出来的面板是很昂贵的，适合用在电网无法覆盖的偏远地区。薄膜太阳电池可以用非晶、纳米晶等其他硅形态通过化学气相沉积法制造，效率约为 9%，但成本只有普通太阳电池的五分之一，而且效率还在迅速提高。

但是，最具吸引力的太阳能利用方式是太阳能热发电，用数千面镜子将太阳能量聚焦到高塔内的锅炉以产生高达 850℉[①]的蒸汽，并驱动涡轮机发电。谷歌公司在洛杉矶附近资助建造一座 5 兆瓦的太阳能热发电站，有 2.4 万面镜子，占地 20 英亩，由计算机控制跟踪聚焦阳光。这种技术的应用有望每 16 个月在世界范围内增加一倍，2007 年装机容量为 457 兆瓦，到 2012 年将达到 6400 兆瓦（译者注：实际上 2012 年全球太阳能热发电装机容量超过 2000 兆瓦，在建装机超过 3000 兆瓦[②]）。

4. 太阳能发电

太阳是一个巨大的能源宝藏。太阳 2 周照射到地球表面的能量比我们一年消耗的电力、石油、煤炭和其他所有能源之和还多。欧洲各国、美国和其他科技发达国家的光伏发电量正在不断增加，但光伏发电的成本很高，太阳能热发电是更廉价、更可行的太阳能利用方式，它可分为四种类型，其中三种是用镜子将阳光聚焦到含有油、水或熔盐的管道上，加热产生蒸汽驱动涡轮机发电，

---

① ℉，华氏温度，华氏度＝摄氏度×1.8＋32。

② European Solar Thermal Electricity Association. 2012. Solar thermal electricity strategic research agenda 2020—2025. http://www.estelasolar.eu/fileadmin/ESTELAdocs/documents/Publications/ESTELA-Strategic_Reseach_Agenda_2020-2025_Summary.pdf.

镜子的排列可以是槽式或平板阵列。位于加州莫哈维沙漠的一座 300 兆瓦槽式太阳能热发电站已经运行了 20 年。太阳能热发电站还可以将阳光聚焦于装有陶瓷热吸收器的塔上。第四种类型是通过碟形抛物面镜将阳光聚焦于斯特林发电机。美国、中国、澳大利亚和以色列建有很多太阳能热发电站。

5. 泥巴里来的电——微生物燃料电池

现在人们已经可以用微生物发电了！一些细菌、地杆菌可以在废水和泥浆里发电，这些微生物可以输运电子，因此在合适条件下能够产生电力。马萨诸塞大学的 Derek Lovely 等通过改善的菌株将发电效率提高了 8 倍[①]，这种微生物比头发丝精细 2 万倍，可被看作纳米线。

燃料电池已经在汽车中得到运用，但它们是基于化学法，用从甲醇或水中制取的氢作为燃料。微生物燃料电池含有可产生电子的微生物（相当于阳极）和接受这些电子并输送给氧的电极（阴极），阳极和阴极之间的电子流动形成电流，可用于各类电子设备。

有一天你可能会利用这些奇特的产品为你的手机、汽车或家用电器充电。

6. 效率超过 40% 的太阳电池

直到几年前，太阳电池成本还很高昂，效率普遍低于 20%，难以用于偏远地区的村庄，但现在这种情况已经大有改善。夏普公司开发出了新型化合物太阳电池，在实验室条件下效率超过 40%，现场效率则达到 35.8%，这种电池用铟镓砷化物取代了原来的锗基层。德国弗劳恩霍夫协会太阳能系统研究所开发了效率达 41.4% 的太阳电池，他们采用镓化合物制造新型太阳电池，聚光倍数达到 454 倍。还有一种新技术可以减少晶体中的瑕疵，从而提高太阳电池的效率。

7. 美国太阳能利用爆发式增长

太阳能是美国能源行业中增长最快的，到 2015 年有望从现在的 1.5 吉瓦增

---

① Lovley D R. 2006. Bug juice: harvesting electricity with microorganisms. *Nature Reviews Microbiology*, 4 (7): 497-508.

加 6 倍，美国已有约 20 万户家庭安装了太阳能电池板，到 2015 年有望新增 200 万户。美国政府为发展太阳能提供税收减免和财政激励，给予生产商无息贷款，为消费者提供补贴。

8. 太阳电池技术的突破

太阳电池的效率目前大约为 20%，生产成本也很高，与石油、天然气甚至核能相比缺乏竞争力。其原因是它们只利用了光谱的一部分，其他可以产生热的部分被浪费了。现在，斯坦福大学的 Nick Melosh 等人开发了一种新型太阳电池[①]，可以充分利用阳光的热量并转换为电能，这种被称为"质子增强型热离子放射"的技术可以在高温下工作，与现有的太阳电池不同，它对光和热的利用可以将新型太阳电池的效率提高到 50% 以上，这就使其与其他发电方式相比具有了竞争力。

9. 南非建造世界最大的太阳能发电站

世界上最大的太阳能发电站将在南非开普省北部 Kalahari 沙漠建成。这个区域面积占世界日照最丰富地区的 3%，2012 年开始发电，规模为 1 吉瓦，到 2020 年将达到 5 吉瓦。这座发电站将混合采用太阳能热发电（装有发电塔和抛物面槽式反射镜）和光伏发电两种方式。

10. 利用熔盐蓄热的太阳能热发电

太阳能热发电站通常采用抛物面镜将阳光聚焦至锅炉，产生的蒸汽驱动涡轮机发电，这种方式有个缺点，即只能在有太阳的时候运行，到夜间就得停止。为此，需要开发一种储热系统，将白天产生的热能储存起来，日落后再用来发电。虽然可以用蓄电池，但成本过于高昂。美国 SolarReserve 公司正在加州建造一座 150 兆瓦发电站，用反射镜加热至 1000℃ 高温的熔盐来储存热能，熔盐是硝酸钠和硝酸钾的混合物。熔盐技术先前已成功地在莫哈维沙漠太阳能热发电站得到示范。

---

① Schwede J W，Bargatin I，Riley D C，et al. 2010. Photon-enhanced thermionic emission for solar concentrator systems. *Nature Materials*，9（9）：762－767.

11. 太阳能 "花窗"

美丽的花窗令人赏心悦目，但它也能发电，这听上去像童话，但索尼公司把它变成了现实。该公司在 2010 年东京生态博览会上演示了这种花窗原型，用丝网印刷技术在窗户上雕出美丽的图案，采用染料敏化太阳电池（DSSC）为风扇供电，能量转换效率为 10%。

12. 太阳能面板——利用光和热

太阳辐射到地球表面的热量中有不到一半由红外光提供，其余由可见光提供。当明亮的太阳光照射到地平面时，辐照度略高于 1 千瓦/米²。

太阳能面板通常利用可见光来发电，但它们不能利用太阳提供的所有热能。不过，目前已有人开发了新的设备能够收集红外辐射能，而这在夜间同样可用。

此项技术是基于亿万个纳米尺度的光敏天线阵列，可以捕集这一迄今难以捉摸的能源。太阳辐射约有一半位于红外区。即使在太阳下山后，红外光也会在地球表面反射。在夜间可以捕集红外辐射热能。

美国能源部爱达荷国家实验室的 Steven Novack 通过计算得出，相比于目前仅利用可见光的普通太阳电池 25% 的效率，这一方法能够将新型太阳电池的效率提高到 46%[①]。部分科学家对该方法能否在夜间生产大量能源还持怀疑态度，但由于其能够同时利用光和热，通过在白天捕集额外的热能，或许真的能够提高太阳电池的效率。

13. 喷涂薄膜太阳能面板

真正惊人的进步来自新的太阳能技术。一家挪威公司 EnSol 开发了一种薄膜，可以喷涂到窗户上，并使之马上转变成太阳能面板。这一薄膜在复合基体中包含有金属纳米粒子。该项技术是由 EnSol 公司与英国莱斯特大学物理和天文系合作开发的。由于部分光被薄膜吸收，窗户玻璃会变得像染了一点点颜色一样。研究人员希望这种新型太阳电池技术能够达到 20% 的效率。

---

① Kotter D K, Novack S D, Slafer W D , et al. 2008. Solar nantenna electromagnetic collectors. *Proceedings of Energy Sustainability* 2008. Jacksonville, Florida USA. http：//www. inl. gov/pdfs/nantenna. pdf.

想象一下：你的窗户将变成清洁发电机！

14. 生物燃料技术取得的进步

虽然燃料电池汽车已出现在汽车市场中，但价格居高不下。有许多公司已经开发了利用藻类生产生物柴油技术，这些藻类可以在开放池或发酵罐中生长，获得高产量，因此能够避免与粮争地。

一种众所周知的生产乙醇的工艺是依靠酵母发酵葡萄糖。然而，通常工艺中所用的酵母菌种无法转化植物体内的另一种糖——木糖。现在美国伊利诺伊大学、劳伦斯伯克利国家实验室、加利福尼亚大学和英国石油公司（BP）的科学家培育出了一种新的酵母菌种[1]，这种酵母菌种能够同时将葡萄糖和木糖转化为乙醇，从而提高了乙醇的整体产量。该菌种还能够将另一种原料纤维二糖（由两个葡萄糖分子连接而成）转化为乙醇。在巴西，乙醇已作为一种汽车燃料使用。研究人员还在开发更高效的酵母菌种，乙醇生产成本将会随着时间的推移而大幅降低。

15. 太阳能飞机创造了世界纪录！

一架太阳电池驱动的碳纤维超轻型无人驾驶飞机在 5000 英尺[2]高度连续飞行超过 14 天，创造了太阳能飞机飞行时间最长的世界纪录。该纪录创造于 2010 年 7 月，已获得国际航空联盟认证。这架名为"Zephyr"的太阳能飞机由 Qinetiq 公司制造，安装在机翼上的太阳电池阵列白天利用太阳能给飞机上的超薄型锂离子电池充电，夜晚则由锂离子电池驱动飞机飞行。这种飞机生产成本相对较低，并且能够飞行数月之久，因此相比于卫星或其他技术，能够以非常低的成本执行持续空中侦察任务。

16. 风力涡轮机？ 不， 风力茎秆发电机

在阿布扎比马斯达尔城，人们正在探索一种利用风力发电的新思路，即利

---

[1] Ha S-J, Galazka J M, Kim S R, et al. 2011. Engineered saccharomyces cerevisiae capable of simultaneous cellobiose and xylose fermentation. *Proceedings of the National Academy of Sciences*，108 (2)：504 - 509.

[2] 1 英尺＝0.3048 米。

用风力茎秆代替风力涡轮机。风力涡轮机的问题是会产生噪声扰民。而风力茎秆发电机为 180 英尺高、由碳纤维制成的长杆。茎秆底部直径约 1 英尺，从下往上逐渐变细，到最顶端直径仅有数英寸[①]。风吹拂这些茎秆产生波浪状弯曲，其中包含的电极和压电材料制成的交替层受到压力将机械能转化为电能。尽管这些风力茎秆发电机的效率要低于传统风力涡轮机，但其制造者声称，相比于风力涡轮机，由于可在单位面积土地上安装更多的风力茎秆，所以两者在相同占地面积上产生的能量相当。每根风力茎秆顶端都安装有一个 LED 灯，当风吹拂时就会发亮，其亮度可作为发电量大小的可视指示器。在晚上的时候，天上繁星点点与地面茎秆灯光交相辉映，将创造出一种如梦似幻的效果。该项目目前还处于概念验证阶段。

17. 来自近海的风能

当你在海边度假时，可能已注意到这里通常风力非常强劲。有多种理由可以说明海洋是安装浮动式风力发电设备的绝佳地点，例如，海上风速往往比陆地上大得多，浮动式风力发电场不占用宝贵的土地资源，并且不会烦扰到觉得风力涡轮机有碍观瞻的居民。

2010 年 9 月在挪威沿海离岸 6 英里处的浮动式风力发电场上，安装了第一台重 152 吨的 2.3 兆瓦风力涡轮机，基座为浮动式平台，由线缆系泊在海底以避免过度扰动。项目"Hywind"由挪威能源巨头 Statoil 负责实施。

世界能源消费结构主要由石油（37％）、煤炭（25％）、天然气（23％）、核能（6％）、生物质能（4％）和水电（3％）构成。风能和太阳能热利用仅分别占到 0.3％和 0.5％。随着新技术的发展，来自太阳和风力的可再生能源将有望在世界能源结构中发挥越来越大的作用。

18. 来自深海的风能

开放式海域上的风力常常比陆地上的更为强劲，这是由于陆地建筑会对风的流动造成影响。近海沿岸的风力颇为强劲，但居住在海岸附近的居民反对修建近海风力发电场。很明显，在更深的海域，如离岸数英里远修建海上风电场将是更好的选择。但这存在着诸多技术问题有待解决。由于海上风力涡

---

① 1 英寸＝0.0254 米。

轮机叶片很重，这将会造成整个风机结构头重脚轻，在恶劣的海面环境下容易倾倒。因此，需要克服稳定性挑战，使风力涡轮机在最恶劣的环境下也能够安全运行。

为攻克这一难题，一个由美国数十家大学和公司组成的联盟 DeepCwind 正在研究三种不同的海上风机原型。第一种风力涡轮机平台由金属缆绳系在海底，就像石油钻井平台一样。而第二种设计方案是一个大型浮动式圆管，下部有一个巨大的龙骨支撑，另有锚杆固定增强其稳定性。第三种方案应用了 2 座平衡的半潜式平台，由缆绳固定。这些风力涡轮机通过海底电缆向岸上传输电力，这将作为利用免费巨量的海上风力资源生产电力新时代的开端。

19. 太阳能飞机

2010 年 7 月 7 日发生了一件极不平常的事情。Andre Borschberg 驾驶一架飞机从瑞士 Payerne 空军基地起飞，在 8564 米高度飞行了 10 小时，随后缓慢下降并在空中飞行了 26 小时后重新降落在 Payerne 基地。不平常的地方在于这是首次有人驾驶飞机夜间飞行，完全由太阳能提供动力！在飞机 63 米长的机翼上安装有 12 000 块太阳能电池板，白天收集太阳能并储存在电池中供夜间飞行之用。这次飞行还打破了之前所有的太阳能试验飞行海拔高度和持续时间纪录。这一不可思议的飞机的制造商瑞士公司 Solar Impulse 正在计划建造一架更大的太阳能飞机，下一个目标是计划于 2011 年飞越大西洋，之后到 2013 年实现环球航行，全程仅利用太阳能。

20. 海洋热能

海洋表层水温通常较高，而深层水温要低得多。可以利用这一温差进行发电，称为海洋热能转换（又称海洋温差能发电，英文简称为 OTEC）。这一技术将温度较高的表层水抽到热交换器，在其中加热低沸点液体如氨，使之蒸发成蒸汽用于驱动汽轮机做功，从而生产电力。

汽轮机排出的氨气进入冷凝器，被冷水泵抽上的深层冷海水冷却后重新变为液态氨。用泵把冷凝器中的液态氨重新压进热交换器，以供循环使用。为使这一流程能够进行，表层海水和深层海水之间的温差至少需要达到 20℃（68℉），这些地点多位于热带海域。温差每多 1 度，能量产量将提高 15%。不像风能或太阳能需要依靠变幻无常的天气，海洋温差能发电技术能够提供全天稳定、持续和可靠的能量生产。

虽然这一技术的可行性已通过数个中试电站进行了示范，但目前还没有实现商业化。如今有许多公司计划在这一激动人心的领域开展研究，包括洛克希德·马丁（Lockheed Martin）公司、Vanuatu、Xenesys、Pacific Otec 等。

21. 海水制氢

水分子由氢原子和氧原子组成，如果某种物质能够高效地将海水分子的氢氧键断开，就能够生产氢气这一巨量的清洁能源，氢气燃烧的副产物仅为水。大自然已产生了一种特定的氢化酶，能够在光合作用过程中将水分子的氢氧键断开，但由于氢化酶脱离了自然环境后不稳定，这一过程还无法进行工业规模应用。人们开发了许多金属催化剂来实现这一反应，但都是基于如铂等贵金属。加利福尼亚大学伯克利分校化学系的科学家最近报道了一种廉价的钼基催化剂[①]，要比贵金属催化剂便宜 7 倍，有望用于工业。许多公司正在开发氢能汽车，美国、欧洲和日本现有的加氢站网络能够为这些汽车加注氢燃料。

到 2050 年我们将很可能利用海水制取氢气替代化石燃料来满足我们的能源需求。

22. 来自干热岩的能量

英国 Cornwall 地区开展的一个项目利用干热岩获取能源，井下温度在 150℃以上。这座 3 兆瓦商业化热能厂能获取来自地下 3.5 千米深的热量。项目从地表往干热岩中打一眼井，封闭井孔后向井中注入高压水，使岩体产生许多裂缝，并不断扩大且相互连通，最终形成一个大致呈面状的人工干热岩热储构造，其后从贯通人工热储构造的生产井中提取高温蒸汽用于地热发电。已有一座基于这一干热岩技术的商业化项目在德国 Landau 运行。然而，该技术可能附带一定的风险，在瑞士巴塞尔建造的一座类似电站引发了里氏 3.4 级地震。

---

① Karunadasa H I, Chang C J, Long J R. 2010. A molecular molybdenum-oxo catalyst for generating hydrogen from water. *Nature*，7293（464）：1329 - 1333.

23. 微生物燃料

由于化石燃料有限，科学家开发生物燃料，用它来驱动汽车或发电机。但是，这些生物燃料通常来自植物，而植物种植需要耕地和淡水，因此与其他经济作物形成竞争。第二代生物燃料来自藻类。藻类是单细胞或多细胞简单生物（如海藻）。高含油量的藻类可以在容器中生长，然后集中收获。通过光合作用，藻类捕获 CO_2，利用光合作用产生生物质（包括油）和氧气。与化石燃料相比，藻类生物燃料的成本仍然很高，科学家正在开展更为深入的研究工作，希望通过提高产量和快速养殖来降低成本。

有助于降低生物燃料成本的一个因素是油的提取工艺。亚利桑那州立大学的科学家通过研究特定的蓝色转基因绿藻使这些单细胞生物通过自毁排出体内的油，以降低成本[1]。目前他们通过进一步优化工艺，使这些生物不需要通过自毁来排油，而是细胞自然地排油，并且可以稳定地收集。

24. 汽油？ ——不，是 "草油"

2011 年在美国，第一个商业化草制油炼油厂投入生产。美国农业部和能源部的一项研究显示，美国利用 13 亿干吨的纤维素生物质可以产生超过 1000 亿桶[2]汽油。这些纤维素生物质可以在粮食作物不能生长的土地上种植。纤维素包含有数千个葡萄糖分子，这些分子相互链接形成分子链。该技术面临的挑战是打破纤维素形成更小的分子链，同时移除被束缚的氧气。这项技术采用了快速加热工艺，就是纤维素在 500℃ 下被快速加热（小于 1 秒），从而形成更小的富氧分子，然后利用催化工艺移除氧气，找到芳香族化合物成分——这样 "草油" 就诞生了！[3]

25. 汽车能量回收

麻省理工学院的工程师们已经开发出一种减震器，将汽车在颠簸道路上产

---

[1]　Liu X Y，Curtiss R III. 2009. Nickel-inducible lysis system in Synechocystis sp. PCC 6803. *Proceedings of the National Academy of Sciences*，106（51）：21550 - 21554.

[2]　1 桶＝159 升。

[3]　Huber G W，Dale B E. 2009. Grassoline at the Pump. *Scientific American*，301（1）：52 - 59.

生的能量转换成电能，足以对电池进行充电或运行汽车的电子器件。目前正在研发许多能量收集系统以回收浪费的能量，从而提高汽车性能。由制动造成的能量损失现在可以通过再生制动过程实现再循环。宝马和本田正在研发设备，以捕获从发动机排出的废热。但是，也许最令人注目的项目是英国和以色列在路面嵌入发电机的计划，这样汽车行驶过程中的能量可用于发电。数以万计的汽车每天在道路上行驶，如果能量可以得到回收，用于道路照明或供应到电网，那么就连道路也可能成为能源生产的来源！

26. 减少汽油消耗的新方法

目前正在开发的一些创新方法可以减少汽车油耗。当你在颠簸的道路上行驶时，减震器可以减少颠簸。即使是在平坦的道路上行驶，这部分能量也被浪费掉。美国波士顿 Levant 公司开发出一种系统，可以将其转换成电能，用于电池充电或其他用途，这样可以节约 5％的燃料。荷兰 E-Traction 公司在卡车的两个后轮上安装发动机，消除了耗油的沉重传动装置——结果是竟然能减少 40％的燃料，他们还在卡车后面安装圆形的挡泥板或鳍尾，由于改进了空气动力学性能，燃料消耗可减少 6％。英国和美国的一些公司也在考虑发动机废热回收发电，这也会起到节油效果。

27. 极化激元： 新的光与物质的混合体

半个世纪前激光器的问世，预示着一个新的技术时代的到来。激光得到广泛应用，从家用 CD、DVD 和蓝光设备到金属片的切割和焊接、去除白内障、烧死癌组织或击毁卫星等。

另一个令人兴奋的变革是"极化激元"。这些类似粒子的能量组合既不是光，也不是物质，但具备这两者的某些性质。与电子之间相互排斥不同，极化激元之间很容易接近，因此可以产生相干激光。

2007 年英国南安普顿大学的研究人员研发出砷化镓极化激元激光器[1]，只需要普通激光器十分之一的能量，这可能会生产出更好、更可靠的蓝光设备。利用基于这些"光-物质混合体"的新技术，新型节能 LED 和更先进的电脑也

---

[1] Christopoulos S, G. Baldassarri Ho "ger von Ho" gersthal, Grundy A J D, et al. 2007. Room-temperature polariton lasing in semiconductor microcavities. *Physical Review Letters*，98（12）：126405（4）.

在开发当中。

28. 核聚变——对 "无限" 能量的追求

恒星（包括我们的太阳）可通过核聚变产生能量。这种过程是其中两个或两个以上的原子核（如氢原子）融合在一起得到较重的原子（如氦原子），同时产生巨大的能量。太阳就是通过这种核聚变反应产生热量，温暖着地球并使生命延续。

现在，美国劳伦斯·利弗莫尔国家实验室国家点火装置（NIF）的科学家正在建造一个庞大的激光器（大约有 3 个足球场大小），来尝试复制太阳的这个过程。激光融合氢的两种同位素（氘和氚），先是使一道激光束在大约 1 英里的距离内来回弹射生成巨大的能量，然后分解为 192 个光束汇聚在一个含有氘和氚的微小空间。这些汇聚的光束温度将达到 1 亿℃，比太阳还要热，产生的压力超过 1000 亿个大气压。由此产生的聚变反应所产生的能量远远超过激光。如果进展顺利，海水（氢及其同位素的来源）将成为我们这个星球非常重要的能源资源。

未来可能会在每个国家建造成千上万个这样的小型人造太阳（核聚变电站），替代地球上目前最主要的能源——化石燃料，为国家电网提供电力。

29. 借鉴飞机发动机设计的风力涡轮机

在欧洲和美国的很多地方你可能会看到很多高大的风力涡轮机，每座风机都有三片巨大的桨叶。这些风机的发电效率不高，大约有一半的空气没有通过叶片而是从周围散去，因此会损失一部分发电量。美国 FloDesign 公司借鉴飞机喷气发动机的设计开发了一种新型风机，它的大小只有传统风机的一半，但是能够产出同样多的电力。叶片用引导空气通过的护罩包裹，从而增加了电力输出。由于其尺寸更小，所以可以在一英亩场地内安装更多的风机。

目前这种风机的小型样机正在进行风洞试验，然后会把直径放大到 12 英尺，功率可达 10 千瓦，接下来将生产兆瓦级风机。

30. 氢燃料——比化石燃料更便宜

替代燃料的研究已经取得了令人振奋的成果。英国 Cella Energy 公司宣布开发出了一种完全基于氢的新型燃料，具有特定能量密度（143 兆焦/千克）的液态氢是一种非常好的燃料，煤油的能量密度较低（约 43 兆焦/千克）。不过，液态氢需要在零下 253℃ 下储存。Cella Energy 公司开发的这种氢燃料利用纳米技术形成含氢化合物微珠，汽车发动机不需要做任何改造即可使用，还可以用普通油泵加油。

卢瑟福·阿普尔顿实验室正在开展一项高度保密的合成燃料项目，这种燃料预计每加仑成本约 1.5 美元。

31. 氢燃料——来自菠菜

菠菜是一种健康食品，富含铁和维生素，现在它有了令人惊叹的新用途，科学家用它来制氢，并用作汽车燃料！田纳西州美国能源部橡树岭国家实验室（ORNL）的研究表明，可以将光合作用复制到用菠菜蛋白质制成的膜，通过光照制氢[①]。

其他方面也取得了一定的成功，例如，利用太阳光和金属催化剂水解制氢和氧。未来石油可能不会用于汽车或发电机，但是可能会作为制药和其他工业的原料。

32. 空气混合动力汽车

当汽车的发动机怠速运转或下坡行驶时，其实不需要发动机做功，这时发动机的能量就被浪费了。这部分能量可以用来为发动机补充动力，从而节省燃料消耗。这类气动系统可以安装在汽车上，汽车减速时发动机压缩空气，在不需要发动机做功时推动车辆前进。同样，制动过程中的能量也可以储存到空气压缩机中备用。这类混合动力系统可以用在汽油、柴油或天然气发动机上，而且制造成本也比需要昂贵电池组的混合动力汽车便宜得多。

瑞典隆德大学的研究人员已经成功试验了这种系统原型。这是隆德大学 Sasa Trajkovic 博士论文的研究主题[②]。结果显示，如果持续使用他们的发动机

---

① Cardoso M B，Smolensky D，Heller W T，et al. 2011. Supramolecular assembly of biohybrid photoconversion systems. *Energy & Environmental Science*，4（1）：181-188.

② Trajkovic S. 2010. The pneumatic hybrid vehicle—a new concept for fuel consumption reduction. Lund University Doctoral Thesis. http：//lup. lub. lu. se/luur/download? func = downloadFile&recordOId =1748970&fileOId=1749967.

及空气压缩机，城市公交车可以节省燃料60%。该技术在汽车低速和急速行驶时作用更好。

33. 路灯发电

路灯一直被视为耗能产品。位于丹麦Aarhus的Scotia公司开发出新型路灯，在白天通过太阳光发电，然后输送到国家电网，晚上再使用电网的电力。这些路灯满覆光伏电池，甚至在阴天也可以发电，发电量比消耗的电量还多，因此被认为是环保友好的。

34. 用嗜纤维素的细菌制造生物燃料

石油价格的上涨对许多国家的经济造成影响，因而寻找替代燃料的需求日益增长。一些嗜纤维素的细菌或许可以给我们带来答案。纤维素恰好是我们这个星球上最常见的有机化合物。棉花中90%是纤维素，而木材中纤维素的含量也高达50%。事实上，植物材质中大约含有33%的纤维素，因为它是绿色植物初生细胞壁的主要成分。成百上千的相连葡萄糖单元组成直链，这些直链构成了纤维素。过去，人们通过很多努力已成功地将纤维素转化为乙醇等生物燃料，但一直面临着转化经济性的问题。这是因为纤维素比淀粉更加难以分解成其组成成分糖原，因为纤维素中的葡萄糖单元是连接在一起的。

现在，美国能源部生物能源科学中心（BESC）的科学家们取得了突破性进展：他们使用转基因纤维素降解微生物（解纤维梭菌），成功地将纤维素直接转化成了异丁醇[①]。异丁醇是一种更为理想的生物燃料，可以不需改造而直接用于汽车发动机，同时具有和标准汽油相近的热值。一旦这种产品实现商业化生产，人们将可以用由草制备的生物燃料来开车。

35. 用电来灭火

电通常会由于短路引起火灾。而哈佛大学的George Whitesides及其同事止在研究用电来灭火！虽然电的灭火能力早已为人所知，但一直没能很好地理解

其背后的科学原理。现在认为，电流束可以使火焰中的烟尘颗粒带电，从而破坏火焰，最终将火灭掉。

如果将电流束像喷水那样喷向火焰，火焰会迅速熄灭。科学家将一个600瓦的放大器与一节棍子连在一起，制成了灭火电棍，用来发射电流束。在前期工作的基础上，科学家正在开发背包式电灭火装置，将来消防人员可以利用它们发射电流束灭火。同样，可以在建筑的屋顶上配备电流放大器代替水喷头。这种系统可以节约大量的消防用水，避免水损坏建筑物和里面的财物。

36. 喷气式飞机——使用生物燃料飞行

生物燃料是可以用微生物制取的燃料，它们也可以从有机食物或餐饮废物中提取。它们的形态可以是固体生物质、液体生物燃料或沼气等。因为它们的原材料通常是通过光合作用过程形成的，所以可以被视为太阳能资源。

2011年3月18日，航空领域取得了一个令人振奋的进展。一架F—22"猛禽"喷气式战斗机使用由传统航空燃料和生物燃料按1∶1比例混合制成的燃料进行了试飞。其中的生物燃料是从一种十字花科植物——亚麻荠（或简称"亚麻"）中提取的。战斗机的飞行速度比音速快50％（1.5马赫，约为510米/秒或1800千米/小时），并成功地完成了测试。虽然荷兰航空和日本航空等公司早已在他们的航班中使用了从亚麻中提取的生物燃料，但这是第一次成功地用于F-22喷气式战斗机。亚麻在美国广泛种植，通常是作为小麦的一种轮作作物。与传统燃料（每桶100美元以上）相比，从亚麻中提取的生物燃料（约每桶70美元）具有价格竞争优势。

37. 人造树叶

树叶和某些藻类及很多种细菌能够进行光合作用。光合作用利用太阳光的能量将大气中的CO_2转化为有机化合物，如糖等。同时，氧气作为反应副产品被释放出来。这一过程可以维持大气中氧气的含量，吸收CO_2，从而减缓全球变暖，并提供人类生存所必需的食物。光合作用过程每年捕获的能量约为100太瓦——大约是地球年耗电量的6倍。

多年来，科学家们一直在尝试开发"人造树叶"——利用太阳光将水分解成氢和氧。这样生成的氢可以储存在燃料电池中发电。麻省理工学院的化学教授Nocera等已经开发出了一种材料，它比树叶更薄，包含两种位于硅电子体系上的廉价催化剂——硼酸镍与钴化合物，可以实现树叶的功能[1]。将这种树叶放在一加仑水里并连到燃料电池，足以为发展中国家的一个小家庭提供一天的电力。据称，这种材料产生的能量比天然树叶多出 10 倍。

38. 来自阳光和温室气体的生物燃料

一般情况下，石油和其他化石燃料的燃烧会生成 CO_2 等温室气体，这是全球变暖的一个主要原因。那么我们是否可以反向为之，即使用二氧化碳来生产生物燃料呢？以这种方式利用二氧化碳有益于我们的环境，这可以通过种植能够生产生物燃料的作物来实现。不过，美国明尼苏达大学的 Larry Wackett 教授等发现可以利用两种细菌来实现[2]：第一种细菌（聚球蓝细菌）利用太阳光将 CO_2 转化为糖；随后，这些糖通过第二种细菌（希瓦菌）转化成可以作为燃料使用的某些化合物。该产品已被命名为"可再生石油"。

39. 废机油——用作汽车燃料

全世界的汽车每年大约产生 8 亿吨废机油，虽然有些通过非环保的工艺回收，但大多数被丢弃。这些工艺包括在缺氧的条件下将废机油加热到很高的温度（高温分解），将其分解成一些气体、液体和固体，生成的气体和液体可以用作燃料，但这一过程受热不均导致效率不高。剑桥大学的研究人员发现，通过向废机油中添加一种微波吸收材料，然后利用微波对其进行加热，可以将 90% 的废机油转化为传统的汽油和柴油[3]，这是将废弃物转化为有用材料的新途径。

40. 捕获风能——来自行驶的火车

疾驶的火车行驶时产生了大量的风能，这其实是一种被浪费的能量。现在，中国的工业设计师蒋虔和意大利设计师 Alessandro Leonetti Luparini 给我们带

---

[1] Nocera D G. 2012. The artificial leaf. *Accounts of Chemical Research*，45（5）：767 – 776.

[2] Frias J A，Richman J E，Erickson J S，et al. 2011. Purification and characterization of olea from Xanthomonas campestris and demonstration of a non-decarboxylative Claisen condensation reaction. *The Journal of Biological Chemistry*，286（13）：10930 – 10938.

[3] Lam S S，Russell A D，Lee C L，et al. 2012. Microwave-heated pyrolysis of waste automotive engine oil: influence of operation parameters on the yield, composition, and fuel properties of pyrolysis oil. *Fuel*，92（1）：327 – 339.

来了一个令人振奋的概念：捕获这些能量用于发电。只要在铁轨上安装风电设备，火车驶过时形成的风可以驱动涡轮机发电。1 千米的铁轨上可以安装大约150 个这样的设备，它们产生的电力可以提供给电网或附近的村庄。

41. 微型风力涡轮机——向蜻蜓学习

微型风力涡轮机必须能够在微风中正常工作，但它们在暴风中也必须能够保持稳定，不能旋转太快，这一直是工程师们面临的一个挑战。大型风力涡轮机可以通过叶片设计使它们在大风时停止转动来解决，传感器将风速状况发送给计算机，计算机控制涡轮机的转速。但微型涡轮机采用这些方案就过于昂贵了。

不过，大自然已经给我们提供了答案。蜻蜓在其飞行过程中非常稳定，即使在高风速中也是如此。这得益于其轻巧灵活的翅膀构造，其表面有小的突起，这些突起会产生很多漩涡，从而形成蜻蜓特殊的空气动力稳定性。现在，日本文理大学的 Akira Obata 教授发明了一种微型风力涡轮机，是在研究蜻蜓翅膀的基础上设计的。这些微型风力涡轮机远好于以前的那些。毕竟，大自然是最好的老师！

42. 灵活的太阳电池——令人兴奋的进展

目前，市场上销售的硅基太阳电池的效率约为 18%，这限制了其商业应用，因为发电成本过高。目前，太阳电池的发电成本约为 4 美元/瓦，比其他发电方式高出 10 倍左右，这使其缺乏经济性，除非是在那些没有连接电网的偏远地区，用太阳电池发电可能更经济。太阳电池可以用多晶硅制造，虽然转换效率不高，但制造成本较低。

下一代太阳电池可以使用成本很低、可批量生产的印刷材料。它们都是基于新材料（铜铟镓硒、碲化镉、非晶硅和微晶硅）。虽然这些材料的效率较低，为 10%～15%，但由于其生产成本低，所以非常有竞争力，预计很快就会超过第一代晶体硅太阳电池。瑞士研究人员发明了柔性太阳电池（利用铜铟镓硒制成），效率为 18.5%，与晶体硅太阳电池几乎相同，但生产价格很低，一旦大规模生产，将可能大大改变太阳电池市场。这一突破是在瑞士联邦材料科学与技术实验室（Empa）薄膜和光伏实验室取得的。一家初创公司 FLISOM 将生产和销售这种新型太阳电池，制成可批量生产的透明太阳能电池板，可以安装到窗户和墙壁上。

43. 生物电池

生物燃料电池通过模仿细菌过程发电。这一研究已经有将近一个世纪的历史。最早用细菌发电的是英国杜伦大学的一位植物学教授，他在大约一个世纪前成功利用大肠杆菌菌株实现了发电。日本科学家 Suzuki 于 1976 年又做了进一步研究。微生物燃料电池有一个阳极室和一个阴极室，通过降解有机物发电。然而，人类还没有很好地理解其中的确切机制。

2011 年 5 月，英国东英吉利大学的一个研究小组报告说，他们揭开了产生电流的细菌蛋白质的确切结构。大自然的设计有利于电子从细菌细胞内部到外部的运动，从而产生电流。这一成果发表在《美国国家科学院院刊》上[①]，可能会引领生物电池的快速发展。现在，我们已经开始了解大自然是如何在一个细菌细胞中实现这一功能了。

44. 电动汽车的 "电池油"

电动汽车的一个大问题是充电时间。现在我们看到了解决之道，就是用预先充好电的电池液来为电池快速充电，操作起来就像给空油箱加油那么方便，把用过的电池液抽出来注入新的即可。这项技术是麻省理工学院发明的，用的是比又大又贵的液流电池好得多的半固态液流电池，它更轻、更便宜，能量效率高 10 倍于老式电池。研究人员拿它与石油相提并论，称为"剑桥油"（译者注：剑桥是麻省理工学院所在地）。

电动汽车已不再是刚出现时慢吞吞的模样，现在最快的电动跑车可以在 3 秒内从零加速到 60 英里/小时（97 千米/小时）！有这种性能的汽油驱动的汽车都很少。

45. 傲视群雄的电动汽车

电池技术的进步让人们可以造出超酷的电动跑车。在 2011 年 9 月法兰克福

---

① Clarke T A, Edwards M J, Gates A J, et al. 2011. Structure of a bacterial cell surface decaheme electron conduit. *Proceedings of the National Academy of Sciences*，108（23）：9384-9389.

车展上展出的"概念一号"就是电动汽车快速发展的体现,它有 4 台电动机,分别安装在每个车轮上,可以在 2.8 秒内从零加速到 62 英里/小时(100 千米/小时),最大速度可达 190 英里/小时(305 千米/小时),行驶里程 370 英里(600 千米)。

46. 竹子做的风力涡轮机

在黑漆漆的街道上独行不免令人神经紧张。设计师埃尔伯托·瓦斯奎兹提出了一种从风塔到叶片到主轴都是用竹子制造的风力涡轮机,叶片末端装有 LED 灯,旋转时可发出不停歇的绚丽光彩。这种垂直风机安装在路边,不仅可以照明,还能产生魔术般富于情调的效果。这种竹制风机已经安装在哥伦比亚卡塔赫纳市,这里以风速高且稳定持久知名。

47. 用纸和风充电

索尼公司在 2011 年东京生态产品博览会上展示了一种只用纸来充电的生物电池。这种电池的水溶液中含有一种酶,掺入纸后,酶将纸分解产生葡萄糖并产生电流。这个过程与白蚁啮噬木头并分解成纤维素产生葡萄糖类似,白蚁就是靠这些葡萄糖获得能量的。生物电池的原理与其类似,产生的电力可带动一台电风扇。

德国设计师 Tjeerd Veenhoven 发明了一种风力充电器,可以把 iPhone 放在这种充电器的橡胶卡座上,另一端是风扇叶片,叶片旋转时产生电流给 iPhone 充电。

48. 捕获能量

在你看电视、听广播、用手机打电话的时候,周围充斥着大量电磁能。我们能否利用这些"废"能量呢?佐治亚理工学院的教授马诺斯·坦泽尼斯发明了一种方法,利用喷墨打印技术加上传感器和超宽带天线来捕获电磁能,经过交流-直流转换后存储在电容器或电池内,收集到足够的电量后可以为小型器件供电。现在这种装置已经可以让一种温度传感器工作,预计最大可以提供 50 毫瓦的电力。

49. 利用废弃物作燃料的汽车

生物质气化后产生的气体可以为汽车发动机提供动力。生物质与氧或高温蒸汽经处理后可得到含氢、甲烷、二氧化碳和一氧化碳的气体。英国人马丁·培根和一批志愿者通过这种方法，将咖啡馆里收集来的咖啡渣转换成生物气驱动汽车，时速达到66.5英里（107千米），创造了吉尼斯世界纪录，这辆车也因此取了个可爱的名字"咖啡车"。

50. 给电动汽车免费充电

电动汽车制造商称他们的产品是"绿色"的，但人们会质疑为电动汽车充电的电力却是来自化石燃料。福特公司设计了一种适合在车库安装的太阳能面板，为电动汽车电池充电，这样就可以开一辈子车而不用付电费，避免燃烧化石燃料了。

51. 呼吸发电

生物器官移植的一个主要问题是需要有可靠的电源保障移植器官的正常工作，如果用电池，病人就需要定期做手术来更换电池。为了解决这个问题，研究人员通过"压电器件"利用人体自身运动来产生电能，压电性是指当向特定材料施加机械应力时（在材料中）产生电荷聚集的特性。

威斯康星大学麦迪逊分校的研究人员发现了一种产生电能的新方法：利用人的呼吸发电。他们开发了一种非常薄的具有压电性的材料，能够植入鼻腔，从呼吸产生的空气流动发电，这种微瓦级的电能可以驱动传感器。

52. 画布上的电力： 染料敏化电池

把太阳电池嵌入画布中，画也能发电了。早期这种电池的效率比硅基太阳电池低得多，但随着染料敏化电池的发展，这一情形已大有改观。

瑞士洛桑联邦理工学院光子与界面实验室的科学家模拟了植物的光合作用特性，利用卟啉和钴成功地将这种电池的效率提高到12.3%，电池呈绿色，提醒我们自然界是怎样利用太阳能的，这种电池还可用于制造太阳能面板。

53. 海草能源

随着油气价格的上涨，生物燃料越来越引起人们的关注。生物燃料是在有机物的参与下，在 CO_2 转化成有机化合物的过程中释放能量（这个过程被称为"碳固定"）。例如，生物乙醇就是由甘蔗或玉米中的碳水化合物经过发酵生产的。草、树叶及其他含纤维素的生物质都可以用来生产乙醇。如果用谷物、玉米或甘蔗生产生物燃料就会占用本来用于种植粮食的土地，而世界上人口的不断增加（已超过 70 亿人[①]）给地球带来了水资源短缺、沙漠化等种种压力。我们很难将宝贵的土地用来生产燃料。

位于美国加利福尼亚大学伯克利分析的生物结构实验室利用生物化学方法来解决这个问题，他们成功地将普通海草转化为生物燃料。在智利，一家企业在海边养殖了 200 英亩海草（褐微藻），利用这项技术通过发酵工艺生产乙醇。他们估算，如果用全球 3% 的海岸水域种植海草，每年可以生产 2270 亿升生物燃料。

也许在明日世界，海岸将成为能源宝库。

54. 来自废水的能源

宾夕法尼亚州立大学的科学家开发了一种微生物电解法将废水中的有机物分解转化成氢。这种"微生物电解电池"直接在废水中燃烧产生氢。科学家认为这种方法可以提供几乎取之不尽的能源。

55. 依靠阳光飞行

2010 年，一架仅靠太阳能驱动的由超轻碳纤维制成的飞机航行至 5000 英尺高度，并持续飞行了 14 天，创造了三项世界纪录。这架名为"Zephyr"的高海拔、长航时无人飞机由一家英国航空企业 QinetiQ 制造。飞机机翼上覆盖有如同纸一样薄的非晶硅太阳电池阵列，多余电力储存在特制的锂离子电池中，使其能够昼夜不间断地飞行。QinetiQ 公司目前正在开发更先进版本的 Zephyr 飞机，能够持续飞行数年。这类无人飞机可用于监控、通信、轻量运输和研究用途。

---

① 2014 年已达 72.4 亿人——译者注。

德国人也已加入到这场竞赛中。他们正在制造能够在高达 15 千米的平流层持续飞行数年的太阳能飞机。这一名为"ELHASPA"的飞机于 2011 年 11 月 13 日进行了首飞，以示范技术的可行性。ELHASPA 飞机翼展达 23 米，机长 10 米，机翼上表面覆盖有太阳电池。

由于上述高海拔、长航时飞机的制造成本仅为卫星制造成本的 1%，有望替代卫星之用。他们应该能够以低成本实现卫星的大部分功能。

56. 行走发电

来自英国格连菲尔德大学、萨尔福大学和利物浦大学的一个科学家团队开发了一种新型设备[①]，可在人行走时收集膝盖的能量并转化为电力！这些电力可用于驱动如心率监视器和 GPS 系统等装置。状如圆形杯子的这种设备安装在膝盖外侧。设备外圈有 72 个金属环，当人行走时金属环会振动，随后将振动产生的能量转化为电力。格连菲尔德大学的 Michele Pozzi 博士正在领导开发这种预期定价 15 美元的低成本设备。

工业设计师 Kyle Toole 在数年前已开发了另一种设备，不是利用膝盖的弯曲，而是利用脚后跟着地来收集能量。他应用的原理是当磁场改变时，将产生电流（法拉第定律）。这一名为"Etive"的设备利用相斥磁铁，能够用约 5 小时为 2000 mAh 的锂离子电池充满电。

57. 利用风力涡轮机收集能量和水

风力涡轮机已被用于生产电力，尚未被用于从空气中收集水。但事情将会有所改变。法国发明家 Marc Parent 开发了一种利用风力涡轮机收集空气中的水的新奇设计，并于 2012 年在阿布扎比进行了示范，利用风力发电的制冷/冷凝装置从干燥的沙漠空气中提取了 130～200 加仑（500～800 升）的清洁淡水。

高达 78 英尺（24 米）的风力涡轮机与水冷凝器系统相连。风力涡轮机功率 30 千瓦，转子直径 42 英尺（13 米）。发出的电力用于冷却设备冷却空气，湿气凝结生成水。如果不需要水，装置可用来为周边地区提供电力，适用于需要持续提供生存所需的电力和/或淡水的沙漠地区、偏远岛屿或受灾地区。

---

① Pozzi M，Aung M S H，Zhu M，et al. 2012. The pizzicato knee-joint energy harvester: characterization with biomechanical data and the effect of backpack load. *Smart Materials and Structures*，21: 01075023-9.

这套装置设计坚固，能够维持 30 年之用。而在那些缺乏风力资源但太阳能资源丰富的地区，可使用 30 千瓦的太阳能电池板替代风力涡轮机，运行冷凝/过滤设备。

58. 利用饥饿的白蚁制生物燃料

白蚁是一种讨厌的动物，咬噬木材，造成许多房屋损坏。但你能想象它们能够用于生物燃料生产过程中吗？研究证明，白蚁消化木材的能力能够用于生产生物燃料。

乙醇可通过糖或淀粉发酵来生产。来自甘蔗工业的糖浆如同玉米、甜菜根和小麦中的糖或淀粉一样，是非常好的原材料。而树叶、草或木材中的纤维素原料较难转化，面临的主要障碍是纤维素生物质细胞壁中存在的保护性木质素，它使人们无法轻易得到细胞中的糖。美国普渡大学的 Mike Scharf 博士及其同事发现了在白蚁肠道中的某些生物（原生动物）中存在一种酶的混合物，具有降解木质素的非凡能力[1][2][3]。这使得白蚁能够提取出木屑和其他纤维素生物质中的糖，从而发酵生产乙醇。

59. 藻类分解水制氢

氢是我们周围最常见的元素，占到宇宙质量的约 75%。恒星的主要成分都是等离子态的氢。氢原子融合生成更重的原子发生聚变反应，产生巨量的光和能量。实际上花园中的花朵即是沐浴着太阳内部产生聚变反应发出的阳光。植物在阳光的照射下发生光合作用茁壮生长（通过植物体内存在的叶绿素将二氧化碳转化为有机物）。光合作用无疑是神奇的自然发动机，推动地球上的生命繁衍。因为氢易于在空气中燃烧，副产物仅为水，可视为能源生产的重要来源。

① Boucias D G，Cai Y，Sun Y. 2013. The hindgut lumen prokaryotic microbiota of the termite Reticulitermes flavipes and its responses to dietary lignocellulose composition. *Molecular Ecology*，22（7）：1836 - 1853.

② Raychoudhury R，Sen R，Cai Y，et al. 2013. Comparative metatranscriptomic signatures of wood and paper feeding in the gut of the termite Reticulitermes flavipes (Isoptera：Rhinotermitidae). *Insect Molecular Biology*，22（2）：55 - 171.

③ Sethi A，Slack J M，Kovaleva E S，et al. 2013. Lignin-associated metagene expression in a lignocellulose-digesting termite. *Insect Biochemistry and Molecular Biology*，43（1）：91 - 101.

但大气中仅存在痕量的氢单质（按体积计仅为1ppm[①]）。

水分子中存在氢键。如果我们能够从水分子中分离出氢原子，海洋将成为这一重要元素取之不尽的来源。通过光电化学电池中的特定催化剂利用阳光可实现上述途径，从水中生产纯氢。瑞士联邦材料科学与技术实验室（EMPA）的科学家联合巴塞尔大学和阿贡国家实验室通过利用蓝绿藻的捕光蛋白质，能够提高光电化学电池的效率[②]。借助于植物的力量，促进海水制氢替代石油，将可能成为未来真正的绿色能源来源之一。

60. 汽车激光大灯

宝马汽车公司在其概念车i8中引入汽车激光大灯，将比传统大灯能耗更低。为避免激光对路上其他汽车的乘客产生有害影响，光线通过穿过大灯里的荧光体材料变得柔和，并转变为纯白光，不伤眼且明亮白净，对人畜安全。激光产生的光强比LED灯高出上千倍，且能耗要低一半以上。

61. 手机电池寿命提高10倍

手机经常在我们最需要它的时候没电了，真是令人沮丧的经历。现在美国西北大学工程与应用科学学院的化学生物工程教授Harold H. Kung开发了一种新技术，找到了一种可将锂离子电池寿命延长10倍的方法。电池可在15分钟内充满，且正常使用时间超过1周。科学家通过在一层石墨烯中插入硅制成了这种电池阳极。石墨烯是一种由碳原子构成的六角形呈蜂巢晶格的单层片状二维材料。这一技术还有潜力应用于电动汽车电池上。

62. 可再生能源领域新进展

随着燃料成本的上涨，且全球变暖开始对气候造成影响，向可再生能源转型越来越受到重视。与太阳能或风能相关的一个问题是如何保证在太阳下山或风力减弱后还能持续提供能源。正是在此期间，电池储能系统的效率和容量变

---

① ppm指用溶质质量占全部溶液质量的百万分比来表示的浓度，也称百万分比浓度。

② Bora D K，Rozhkova E A，Schrantz K，et al. 2012. Functionalization of nanostructured hematite thin-film electrodes with the light-harvesting membrane protein c-phycocyanin yields an enhanced photocurrent. *Advanced Functional Materials*，22（3）：490−502.

得愈发重要。大规模储能和向电网供电成为一大挑战。斯坦福大学的研究能够提供一种解决方案。他们开发了一种新型廉价高效的高功率电池电极，能够储存大量电力[1]。

现有电池失效是由于长时间离子移动造成电极损坏。斯坦福大学研究人员开发的新型电极（由亚铁氰化铜纳米颗粒制成）利用纳米技术为电极构建了一种开放式结构，能够允许离子往复移动而不损害电极。基于其开放式结构，离子能够在电极中快速移动，从而使充放电过程非常迅速。这种电极材料可用作高电压阴极。科学家正在开发相应的阳极，从而组装完整电池投入使用。

63. 太阳能发电新技术

近年来太阳能技术应用得到了快速发展。澳大利亚联邦科学与工业研究组织（CSIRO）开发出了一种技术，仅使用阳光和空气来发电。这一"发电塔"利用约 450 面反射镜阵列反射阳光加热压缩空气。热空气随后膨胀穿过约 30 米高的塔，膨胀过程用于直接驱动涡轮机发电（"布雷顿循环"涡轮机）。产生的电力足以供 100 户家庭之用。

而在另一项研究中，俄勒冈州立大学和韩国岭南大学的研究人员成功利用连续流微反应器制造太阳电池薄膜吸收层[2]。技术涉及在一个连续流微反应器系统中将纳米结构薄膜沉积到不同表面（如铜铟硒）。这一创新技术有潜力大幅降低新型薄膜太阳电池的成本，并实现商业化发展。

另一项发展是使用硅墨水太阳电池。相比于传统太阳电池通常为 15% 的转换效率，美国公司 DuPont Innovalight 开发的这种太阳电池转换效率达到了 19%。这一专利材料由硅纳米粒子构成，纳米粒子分散在环境友好的化学混合液中形成硅墨水。相比于传统太阳电池，低成本工艺使得硅墨水印制的太阳电池能够使用更薄的衬底。

石墨烯是一种蜂窝型晶格结构碳原子单层材料。日前佛罗里达大学研究人员发现，掺杂了特殊化学物质三氟甲烷磺酰胺（TFSA）的石墨烯能够将这一类

---

[1] Wessells C D, Huggins R A, Cui Y. 2011. Copper hexacyanoferrate battery electrodes with long cycle life and high power. *Nature Communications*, 2: 550. DOI: 10.1038/ncomms1563.

[2] Park M S, Han S Y, Bae E J, et al. 2010. Synthesis and characterization of polycrystalline CuInS2 thin films for solar cell devices at low temperature processing conditions. *Current Applied Physics*, 10 (3): S379 - S382.

型太阳电池的效率提高到 8.6%[①]，相比于之前石墨烯太阳电池最高 2.9%的转换效率，这是一个重大进展。原型太阳电池由涂覆了一层经过 TFSA 化学处理的石墨烯的硅晶片组成。

64. 利用血液驱动电子设备

植入式医疗设备如起搏器，能够挽救生命。但这类设备需要电池供电。起搏器电池使用 8 年后就需要进行外科手术予以替换。类似的人工心脏泵通过可在体外充电的电池供电，但需要用一根电线穿过患者的皮肤。如果能够开发一种方法利用人体自身的内在能源系统为设备提供电力将是非常棒的事情。现在德国弗赖堡大学微系统工程部的 Sven Kerzenmacher 博士正在开发这类系统，利用患者血液中的葡萄糖作为能量来源，为植入式医疗设备供电。

这种生物燃料电池使用贵金属（如铂）可抗腐蚀和氧化，利用血液中的葡萄糖和周围组织液中的氧气发生电化学反应来产生电流。基于此目的已开发了由铂金属制成的电极。

这就是奇妙的科学世界，你可以变成行走的电源！

65. 可印刷的液体太阳电池

南加州大学（USC）的科学家开发了能够悬浮在液体中的新型太阳电池，可涂在或印在玻璃或塑料表面[②]。这一微小的太阳电池无法用肉眼看见，尺寸仅有 4 纳米，因此一个针头上可装备约 2500 亿个这类电池。由于如此微小，这类太阳电池可像报纸一样印制，大规模生产可能将非常便宜。

这种太阳电池使用面临的一个问题是需要提高其效率，并使单个纳米晶之间能够互相连接。南加州大学的研究人员解决了这一问题，他们发现了一种合成材料，这种合成材料能够帮助稳定纳米晶，并在纳米晶之间建立微桥以传输电流。这就可以制造一种稳定的导电液体。在不远的将来，我们可能将利用太阳能窗户和墙壁来替代太阳能面板！

① Miao X C，Tongay S，Petterson M K，et al. 2012. High efficiency graphene solar cells by chemical doping. *Nano Letters*，12（6）：2745－2750.

② Webber D H，Brutchey R L. 2012. Nanocrystal ligand exchange with 1，2，3，4-thiatriazole-5-thiolate and its facile in situ conversion to thiocyanate. *Dalton Transactions*，41（26）：7835－7838.

66. 印刷式太阳电池

印刷式太阳电池可以用标准的喷墨打印机打印！虽然这些印刷式电池的效率只有 5％左右，但是由于生产成本非常低，这使得它们具有很高的成本有效性。开发这种印刷技术的俄勒冈州立大学的研究人员希望能够很快地将这种电池的效率提高到 12％。这些电池因为含有铜、铟、镓和硒，所以被称为"铜铟镓硒"（CIGS）太阳电池。超薄太阳电池甚至可以作为墙面材料来将太阳光转换成热能和电能为住宅提供照明、供暖和热水。

太阳电池技术通过跨越式发展正在逐渐扩大。波音公司旗下的 Spectrolab 公司已经开始生产世界上最有效的太阳电池，转换效率达到 39.2％，比正常商业可用的太阳电池高 2 倍以上。全球大约有 60％的卫星用太阳电池是由 Spectrolab 公司制造的。

67. 量子点：下一代太阳电池

太阳电池利用来自太阳的能量来发电。太阳的能量是以光子的形式体现出来的。太阳电池中光子激发电子从一个能量级到更高能量级，导致通过材料产生电流。这样产生的电是直流电（DC），可用于灯泡照明或操作其他电子设备（如风扇等）。

商业可用的太阳电池通常是由硅晶片组成的，效率在 14％～18％。最新开发的"多结"太阳电池采用其他材料，转换效率更高（在 38％～42％），但生产更加困难而且成本也高。因此，要考虑两个重要的竞争因素：太阳电池的制造和安装的价格，以及电池的效率。

该领域的一个突破是低成本量子点太阳电池，它使得效率得以提高，而且可以喷在屋顶或窗户等表面。量子点太阳电池由半导体细小颗粒（纳米颗粒）组成。这些颗粒可以很容易地喷到表面，不需要安装和使用太阳电池板。最初斯坦福大学的研究人员用有机材料制备纳米粒子，但现在，多伦多大学的科学家与阿卜杜拉国王科技大学的科学家合作发现，用无机材料可以制备更高效率的量子点太阳电池。这类太阳电池的转换效率已经达到了 6％，预计在不久的将来可以实现商业化。

68. 水驱水母机器人

美国弗吉尼亚理工大学的科学家已经发明了一种惊人的机器人，类似于水母。它可以通过驱水游泳。这种机器人被称为"Robojelly"，其表面涂有一层铂，与周围的水反应来发热。这种热能可以用来提供动力，这样人工肌肉可以弯曲，在水中快速游泳。Robojelly 是由美国海军研究办公室资助开发的，它是未来无人侦察潜艇的原型，在扫描海洋时不易被发现。Robojelly 已经设计了月球水母（海月水母）。

69. 环游世界 （太阳能供电）

2012 年 5 月 4 日，首艘太阳能游轮完成了它的首次环球之旅。这艘船长 102 英尺、宽 49 英尺，被命名为"TÛRANOR PlanetSolar"，历时 18 个月完成环球之旅到达摩纳哥。船上覆盖有面积为 537 平方米的太阳电池板，这些电池板为 4 部电机提供电源，可以每小时 14 海里①的速度航行。

随着科技的进步，太阳电池的效率更高、重量更轻、成本更低，同时电池板的生产效率也更高，更多的船只、汽车和飞机将采用太阳电池板运行。

70. 运行的汽车 （利用旧报纸等）

由于燃料价格上涨及绿色技术的快速探索，科学家们正在不断地寻找新的清洁能源。这个星球上最丰富的原料之一是纤维素。这是木材、树叶、棉花和大多数植物材料的主要成分。科学家长期以来一直在寻找可以将纤维素转化为丁醇的细菌。丁醇可以作为一种生物燃料来驱动汽车引擎，目前已经实现了突破。新奥尔良杜兰大学的科学家已经发现了生产生物燃料的菌种（代号为 TU-103），可以将纤维素（旧报纸中也有）转化为丁醇。

丁醇作为生物燃料与乙醇相比具有几个优点：可以直接使用，无需改变发动机；价格便宜，燃烧时产生更多的能量，腐蚀性小；可以通过目前已安装的管道泵入；使用丁醇会明显减少烟雾和二氧化碳的产生。

71. 行驶的汽车 （利用橘皮等）

石油产品的价格不断上涨，尤其是在过去的 20 年中，这迫使很多国家的科学家寻找新的解决方案来满足能源需求。化石燃料主要用于驱动汽车内燃机。

---

① 1 海里＝1852 米。

现在，德国弗劳恩霍夫学会已经发现了一种新的方式来驱动汽车——利用橘皮和其他水果/蔬菜废弃物！由于这些材料的木质纤维素含量低，它们非常适合于发酵来生产甲烷，并将其作用于汽车。

ETAMAX 项目是由 Energie Baden-Württemberg（EnBW）能源公司开展的，该项目采用膜处理产生沼气。戴姆勒公司也参与了这个项目，开发使用天然气的试验车辆。该项目由德国联邦教育与研究部（BMBF）资助，金额约 800 万美元。

72. 利用煤炭的燃料电池

燃料电池将化学能转换成电能，然后用于不同的用途。目前可用的燃料电池类型很多，如氢能电池（通过氧化氢与氧结合形成水产生能量来发电）。燃料电池的发电成本已经从 2002 年的 1000 美元/千瓦左右降到目前的 50 美元/千瓦，而且新技术的不断探索会使成本进一步降低。燃料电池可用于汽车、轮船和潜艇。

美国佐治亚理工学院的研究人员开发出一种新型燃料电池——利用煤气运行。煤首先经过气化，然后产出的煤气用于燃料电池中。这种新的燃料电池跟以往的类型相比成本更低、效率更高。

73. 太阳能伞

Vodafone 提供资金开发一种太阳能供电的伞，可以在雨天遮雨或晴天为您的手机或其他设备提供电力。伦敦大学学院开发出这种被称为 "Booster Brolly" 的伞，其外表面缝有太阳电池板和一个电池（在手柄上通过太阳能充电），可以在 3 小时内为智能手机充满电，任何多余的能量可以用来点亮手柄上装有的 LED 灯。为了解决信号微弱的问题，这种伞可以通过使用高增益天线和低功率信号复示器的组合，收集最近的手机发射信号。产生信号的区域可以允许用户和附近的人连接到网络。

Booster Brolly 在 2012 年 6 月的怀特岛音乐节进行了示范。

74. 太阳能塔（热空气发电）

Enviromission 公司在美国亚利桑那州建造了一个巨大的太阳能塔。这个塔能够产生 200 兆瓦电力，仅仅是利用炎热的空气！它不需要太阳电池或反射镜，仅依靠阳光直射到非常高的塔（大约 800 米高）下面的一大块场地来产生热空气。这种太阳能塔技术早在 10 年前在西班牙就已经成功示范发电。这种技术需要阳光直射到面积约几百平方米的一大块场地。通过收集热空气（80～90℃），同时允许其从塔中扩散。塔需要非常高，每百米的高度得到的温度下降 1℃。热空气在塔内迅速上升。地面的热空气和逸散到塔顶的热空气温度差别很大，上升速度越快（涡轮机旋转速度随之加快），产生的电力就越多。

75. 世界第一块储能膜

新加坡国立大学的科学家利用纳米技术研发出世界上第一块储能膜。这种膜是由聚苯乙烯基聚合物制成的，夹在两块金属板之间。研究人员声称，储能膜比传统充电电池（如铅酸电池或锂离子电池）更具成本效益，可以存储更多的能量，还不需要液体电解质（会在损坏时溅出）。

第7章

环境相关的发展

1. 全球变暖——巴基斯坦面临的灾难

联合国秘书长最近警告说，世界正在"走向深渊"。海平面的上升将会淹没卡拉奇等许多沿海城市。巴基斯坦和其他一些南亚国家处于极度危险之中。在未来 50 年，即使全球平均气温仅上升 2～3℃，巴基斯坦的大部分地区也可能将不适宜居住。由于缺乏水资源，作物将无法种植，数千万人将死于大规模的饥荒。随着大量人口遭受饥饿和死亡，巴基斯坦和印度之间并不能排除因水事纠纷发生核战争的可能性。

过去几十年里，印度已经明智地修建了许多水坝，但巴基斯坦似乎因历届政府未修建更多的大型水坝和水库而后悔不已。模拟研究预测，在未来 20 年，随着冰川的迅速融化，巴基斯坦将面临巨大的洪灾。这些宝贵的水资源必须想办法储存，并且不允许破坏和浪费。20～30 年后，随着河流干涸，巴基斯坦可能面临长期的干旱，因此在未来 10～15 年，巴基斯坦必须有足够的蓄水量，以满足至少 5～7 年的需求。

2. 气候定时炸弹

科学家们担心，北极冰雪正在快速融化。据阿拉斯加大学研究，目前西伯利亚一些湖泊的面积比几年前大 5 倍。灾难性后果还可能包括洋流的变化，洋流变化又严重干扰季风降雨，影响农作物生长及约 20 亿人的生存。尤其是南亚地区极易遭受气候灾害。

北极地区似乎更容易发生气候变化。永久冻土层（冻土、水和岩石）蕴含大量的有机碳，这些有机碳来源于冻结 1 万多年的植物和动物。北极地区的冻土快速融化，能以二氧化碳和甲烷的形式向大气中释放约 1000 亿吨埋藏的碳。以甲烷水合物形式储存在冰冻海洋下的大量甲烷也将被释放。甲烷是一种更强的温室气体，其大量释放能加速全球变暖。

研究人员正在探寻有效吞噬二氧化碳的细菌，这种细菌在从大气中去除二氧化碳的同时还能生产副产品有机燃料。同时，研究人员也在探索可吸收热量的人造化学沙尘暴。然而，这可能为时已晚，除非我们控制化石燃料的燃烧，尤其是发达国家。气候定时炸弹正在滴答作响，它可能会比预期提前爆炸，将威胁数十亿人口的生存。

3. 喜马拉雅山出现棕色云团——我们的冰川正在融化

充满大量烟尘的棕色云团覆盖了喜马拉雅山的大片区域，这将加速冰川融化。其最终结果可能导致巴基斯坦所有河流干涸，而河流对农业和生活至关重要。阴霾的棕色云团可达 3 英里厚，覆盖区域从喜马拉雅山到印度洋，相当于一个美国的领土面积。因为几乎没有相应的工业排放控制措施，印度上空的气溶胶云团能使全球变暖增强 50%。煤炭和其他有机材料燃烧产生的烟尘颗粒能吸收太阳能，从而加剧全球变暖，进而导致冰川的加速融化。加州大学斯克里普斯海洋研究所和美国国家航空航天局（NASA）的研究已经证实确实存在"棕色云团"这种巨大的污染物。

巴基斯坦迫切需要向联合国和其他国际机构提出这个问题，以便敦促应该对巴基斯坦上空"棕色云团"负主要责任的国家（特别是印度）及时采取措施（在他们的工厂安装除尘设备）。否则，冰川的加速融化最终将导致所有河流干涸，巴基斯坦大部分地区将变为不适合人类居住的沙漠，可能会面临更大规模的饥荒。

4. 受到威胁的沿海城市

由于全球变暖，我们正面临着一个即将发生的灾难。20 世纪，海平面上升了 17 厘米，且上升的速度还在迅速增加。在未来 90 年，海平面可能会上升 1～2 米，甚至更多，这将造成巨大的破坏。海平面上升有两方面的原因：①大气温度升高导致的冰川融化；②海水热膨胀。大约有 6000 万人生活在沿海城市，这一数字预计到 21 世纪末将增长到 1.3 亿。出于安全考虑，可能需要放弃建在海边的大部分住宅区。部分卡拉奇和俾路支省的沿海地区将被淹没，从而无法居住。迪拜的沿海地区也将消失在海中。马尔代夫将会完全被海水淹没，孟加拉国的大部分地区也是如此。欧洲的 5 个国家将受到严重影响，而荷兰受到的影响可能最为严重。毁灭性的飓风伴随着大规模洪灾（目前每 100 年才发生一次）将开始更加频繁地发生，可能每 4 年发生一次，因此有必要放弃而不是重建沿海城市。

5. 使用屋顶花园应对全球变暖

美国密歇根州的 Kristin Getter 及其同事最近的一项研究表明，屋顶花园是一种很好的应对全球变暖和节省空调费用的方式。他们通过测量植物和土壤样品中的碳含量发现，在一个约 100 万居民的城市，如果每幢房屋有一个屋顶花园，那么每年约有 5.5 万吨碳将被捕获。这相当于从道路中除去 1 万辆卡车产生的碳排放量。

目前，屋顶空间通常被闲置。屋顶花园的建设不仅有助于解决全球变暖日益增长的威胁，也可以把屋顶闲置的空间充分地利用起来，使其成为休闲的场所，并发挥冷却房屋/建筑物的强大作用。

6. 牛肉汉堡导致全球变暖

有没有想过你吃的食物可能会导致全球变暖？餐桌上的肉在生产过程中有几个能导致全球变暖的环节。首先从牛或羊自身开始，这些动物在消化过程中能释放大量的甲烷，研究人员试图开发能显著减少动物甲烷排放的新型饲料。牛每生长 1 磅①肉，能产生 3～4 盎司②的甲烷，相当于 5～6 磅的二氧化碳（因为甲烷的升温效应是二氧化碳的 23 倍）。

据估计，肉类生产产生的温室气体约占每年 360 亿吨"二氧化碳当量"温室气体的 20%。同等重量下，生产牛肉对全球变暖的"贡献"是生产鸡肉的 13 倍，是生产土豆的 57 倍。据估计，在美国平均每人每年因消费牛肉"贡献"的温室气体相当于汽车行驶 1800 英里"贡献"的温室气体。因此，当你下次吃牛肉汉堡时要注意：你正在加速全球变暖的进程！

7. 臭氧层空洞

1974 年，美国加州大学欧文分校的 Sherwood Rowland 和 Mario Molina 警告说，一些用作制冷剂的化学物质（氟氯碳化物，CFCs）能在平流层分解，释

---

① 1 磅＝0.45 千克。
② 1 盎司≈0.028 千克。

放出破坏大气臭氧的氯。臭氧保护地球表面免受紫外线辐射的破坏。直到 1985 年，来自英国南极调查局的一个科学家小组发现南极上空的臭氧空洞时，世界才处于高度警惕状态。1987 年，根据《蒙特利尔议定书》，各国同意逐步淘汰 CFCs 和用于灭火器的含溴化合物。世界采取一致行动来解决主要的环境问题，这在人类历史上是第一次。Rowland 和 Molina 与德国的 Paul Crutzen 因揭开了臭氧化学过程，共同获得了 1995 年的诺贝尔奖。20 世纪 90 年代后期，破坏臭氧层的化合物浓度在平流层下降，臭氧空洞逐渐关闭。为什么臭氧空洞出现在两极？极区以外仅有几百个臭氧分子被氯原子破坏，然而在南极臭氧空洞的中心，臭氧分子每天的损失率达到 3%。这是因为极地平流层中的冰粒为氯原子提供了附着面，在这个附着面上，氯原子能迅速破坏成千上万个臭氧分子。据估计，如果在 1987 年没采取行动，到 2065 年，三分之二的大气层将被破坏，从而导致患皮肤癌的人数显著上升。

8. 地球正在失去大气层

外太空是近乎完美的真空，它能对地球大气层产生巨大的吸引力。幸运的是，地球引力阻止了大气层的逃离，所以大气层的损失非常小。对于质量小的物体来说，引力非常弱，例如，苹果也能产生一个非常小的引力，但由于其太小而无法辨别。但当对象是月球或地球时，引力是相当大的。所以，大气分子逃离地球引力进入太空需要达到一定的逃逸速度。目前，地球正在以每秒大约 3 千克氢气和 50 克氦气的速度失去这两种最轻的气体，这在地质时间尺度上是非常显著的。例如，火星是红色的，因为其所有的水蒸气被分解为氢气和氧气，氢气逃离了火星，而剩余的氧气与岩石反应形成淡红色的氧化物。大气分子的逃逸还可以通过太阳加热大气层发生，气体粒子发生电离后，通过电场或磁化的太阳风排斥发生逃逸，或者在地球被抛出大量岩石的小行星轰炸时发生逃逸，最终进入外太空。

随着时间的推移，太阳将变得更热，逃逸的氢气和其他气体将会增加。在未来的 20 亿年中，地球将失去所有的大气气体，仅剩下荒芜闷热、毫无生命的岩石。希望我们的后代那时能发现另一个适合居住的星球。

9. 晴朗天空中的巨型冰块

2007 年 2 月，西班牙马德里清澈湛蓝的天空中落下了一块 20 磅的冰块，撞破了一个工业仓库的屋顶。根据马德里天体生物学中心的天体生物学家 Jesus Martinez-Frias 介绍，在过去的 7 年中，世界不同地区发生这样的事件已超过 50 次。气候专家一直在预测极端天气事件，如强大的飓风或干旱，但没有人想到巨大的冰块能突然从晴朗的天空落下，摧毁房屋等建筑物。这种奇怪的冰块被称为"大型冷冻流星"（megacryometeors），它们是在低层大气（对流层）湍流中形成的，重量可达 200 磅。大型冷冻流星从湍流中抛出将导致冰晶体的重复涂层，最终增长到巨大尺寸。大型冷冻流星被认为是气候变化的直接后果，它将导致对流层中湿度和湍流的增加。

10. 细菌能引起降雨吗

瑞典科学家提出，细菌释放的一些可能影响云形成的表面活性剂，能导致降雨。斯德哥尔摩大学的 Barbara Naziere 研究表明，一些细菌分泌的某些强大的表面活性剂能刺激水滴的形成。一项对巴西、瑞典和芬兰上空云层的研究表明，云层中含有微量的类似于细菌分泌的已知表面活性剂结构的物质。

11. 极光产生的原因

你知道在夜空能看见地球两极附近灿烂美丽的光辉是因为太阳吗？太阳带电粒子（太阳风）以每小时 100 万英里的速度进入地球磁场，在地球磁层内发生弯曲，地球高层大气分子或原子被激发（或电离）成为高能粒子照亮夜空，产生极光。高强度的太阳风能引起天空中出现绚丽多彩的发光现象，绿光和红光是由宇宙粒子和氧气碰撞产生的，而蓝光是由宇宙粒子和氮气相互作用产生的。幸运的是，磁层对我们起着保护作用，使我们免受宇宙射线的辐射，从而防止癌症的发生。

12. 太阳黑子造成威尼斯洪水

葡萄牙大学的研究人员发现，太阳黑子的爆发周期与威尼斯洪水之间存在相关性。威尼斯每年都要经历频繁的洪水，通常发生在 10～12 月。科学家通过比较 1948～2008 年每小时海平面的变化情况，发现这些洪水均发生在太阳黑子最多的时期。极端潮汐同样遵循太阳黑子活动周期为 11 年的规律，表现出当太阳黑子的规模最大时洪水出现峰值。因此，下次计划前往威尼斯时，最好首先检查一下太阳黑子的丰度。

13. 利用太阳光净化水以拯救遭受洪水的人群

根据世界卫生组织（WHO）统计，世界上每年有 40 亿例腹泻，约有 200 万人死于此症，腹泻患者主要是 5 岁以下儿童。这个问题在洪灾之后尤其严重。

现在的科学技术能提供既廉价又简便的方法使脏水变成安全的饮用水吗？是的，这种技术被称为 "SODIS"（太阳能水消毒技术），仅需要一个 1 升的透明塑料瓶（PET）和阳光！这些塑料瓶允许紫外线通过，杀死细菌，从而使水可以饮用。如果水源比较浑浊，应该先通过过滤去除污粒。1 升的塑料瓶消毒效果最好，但也可以使用 2 升的。该塑料瓶在阳光下至少放置 6 小时，然后水就可以直接饮用了。透明塑料瓶不能是旧的或严重划伤的，应去掉任何标签，以保证光线顺畅地通过。

这种简单的净化水方法是由贝鲁特美国大学的研究人员于 20 世纪 80 年代发现的。瑞士联邦水产科学与技术研究所（EAWAG）与发展中国家供水与卫生设施部门（SANDEC）合作，已经在 33 个国家对该方法进行了推广。在被世界卫生组织推荐作为一种安全水处理方法之前，爱尔兰皇家外科医学院通过临床对照试验证明了该方法的有效性。

消毒过程包括 3 种不同的机制。第一，太阳辐射（UV-A）直接攻击细菌，通过干扰其代谢过程杀死它们；第二，UV-A 与水中溶解氧发生反应，产生高活性氧和过氧化物杀死细菌；第三，红外线加热水，如果温度上升到 50℃ 以上，消毒速率将增加 3 倍。

14. 利用 HAARP 控制世界气候/农业

高频主动极光研究项目（HAARP）是美国一个极具争议的研究计划，该计划由美国空军、海军，美国国防高级研究计划局（DARPA）和阿拉斯加大学共同资助，其目的是操纵电离层。电离层是从地球表面约 70 千米扩展到 300 千米的地球大气层，该区域的大气非常稀薄，紫外线和 X 射线很容易穿透。但周围仍有许多气体分子与这些射线反应生成离子，故名 "电离层"。据称，HAARP 旨在通过操纵电离层中的离子来控制天气，从而控制世界（因为粮食依赖于天气）。HAARP 使用电磁频率发射强大的脉冲能量束来激发电离层的一定区域。强大的激光控制的能量能加热电离层，以控制天气变化，使其成为潜在的毁灭性战争武器。欧洲联盟（以下简称欧盟）正式对美国的这一机密计划表示担忧。

用常规手段研究电离层很困难，因为空气太稀薄以至于气象探测气球无法达到，卫星也无法操作。HAARP 所使用的主要仪器被称为"电离层研究设备"（IRI），是一个强大的高频无线电发射机，在阿拉斯加 Gaskona 美国空军的一个 33 英亩矩形区域的地方包含 180 个天线。该计划旨在向电离层发送脉冲或连续的 3.6MW 信号。美国声明 HAARP 的主要目的是对电离层进行科学研究。

加拿大渥太华大学的 Michel Chossudovsky 教授在文章《华盛顿的新武器有能力引发气候变化》（*Washington's New World Order Weapons Have the Ability to Trigger Climate Change*）中指出，"最近的科学证据表明，HAARP 已全面运作，具有潜在的引发洪水、干旱、飓风和地震的能力。从军事角度看，HAARP 是一种大规模的杀伤性武器。它具有选择性破坏全球农业和生态系统稳定的潜力"。

HAARP 是一种无害的研究工具，还是比核武器更致命的大规模破坏性武器？我们可能无从知晓。

15. 因太热而无法生存

由于化石燃料的燃烧，全球变暖使世界温度上升，我们的生存可能会受到威胁。我们的身体只能在一定的温度范围内发挥作用。人体正常的核心体温约为 37℃，但如果上升到 42℃ 以上，我们就会死亡。我们的皮肤有毛孔，汗液能通过蒸发从毛孔排出以达到降温的效果，但如果湿度上升，蒸发（相应的降温效果）就会降低，对我们的身体造成压力。在干燥炎热的天气，因为皮肤的降温作用，我们在短期内可以忍受高达 50℃ 及以上的气温，但我们的皮肤却不能承受连续几小时的超过 35 ℃ 的温度。

然而，当空气变得极为潮湿时，在高温条件下生存变得困难。仅在法国 2003 年就有约 13 800 人死于中暑，在世界范围内，每年有成千上万人死于炎热的天气。儿童和老人是最脆弱的。因此，"湿球温度"（水银温度计包裹在湿抹布中记录的温度）被认为与人体压力更加相关。当湿球温度持续几小时达到 35℃ 以上，即使健康的人也将无法生存。目前，最大的湿球温度几乎没超过 31℃，但随着全球温度的升高，由于海洋的蒸发，湿度也会增加，湿球温度也会不断上升。

新南威尔士大学与普渡大学的合作研究指出，由于温度和湿度的增加，地球上许多地方在一个世纪内将变得不适合人类居住。根据政府间气候变化专门委员会（IPCC）的研究，世界二氧化碳水平上升一倍可能会导致全球平均气温上升3℃。随着湿度的增加，如果我们像目前这样继续燃烧化石燃料，那么在未来10年内地球的许多地方将不再适合人类居住。

16. 清洁环境的建筑物

位于美国纽约皇后区的现代艺术博物馆（MoMA）的户外建筑，不仅可以净化空气，而且可以为参观者提供遮阴处，建筑物下面还有水。该项目是由美国纽约布鲁克林的HWK事务所设计完成的。这项迷人的建筑物称为"温迪"（Wendy），明亮的蓝色尖刺结构可以从不同的角度喷射出二氧化钛纳米粒，捕获并中和空气污染物。该项目的设计者认为每安装1个这样的设施，就可以消除260辆机动车的尾气污染。这种"环保亭"安装在道路两旁，未来可能会减轻道路周围的环境污染。

17. 巴基斯坦信德省的洪水

在过去的几十年，全球包括地震、飓风、龙卷风、火山喷发、热浪等在内的自然灾害剧增，而且这种增长趋势的确令人震惊。纵观整个人类历史，自然灾害已造成不计其数的人员死亡，并造成了巨大的经济损失。据瑞士再保险公司（Swiss Re）统计，仅2010年，全球灾害造成的经济损失就高达2220亿美元。2008年，卡特里娜飓风导致了约800亿美元的损失，而同年巴基斯坦发生的地震造成了8万人丧生，经济损失达数十亿美元。2010年，巴基斯坦信德省遭遇的洪水灾害所造成的经济损失估计高达430亿美元，而2011年的损失程度也类似。2011年日本大地震的经济损失令人震惊，高达2000亿～2400亿美元。自1998年以来，科学家们都在持续关注频发的全球灾害，并不断发出警告。

自然灾害受到了陆地系统和地外系统等诸多因素的影响。过去几十年的全球变暖，至少导致了局部地区与天气相关的自然灾害的发生频率和强度日益增加，这些与化石燃料大量燃烧等人类活动及森林资源面临枯竭息息相关。另一个主要因素是太阳。太阳耀斑是一种最剧烈的太阳活动，在太阳黑子周期里产生的紫外线辐射、粒子辐射进入大气层影响地球气候。巨大的磁场索导致了太阳风暴的喷射，"日冕物质抛射"（CMEs）是几十亿吨等离子体和内嵌磁场从日冕层向星际空间的喷发。太阳活动对地球有着深远的影响。1989年，太阳的日冕物质抛射进入大气层，太阳风暴产生的电流导致北半球约1500万千瓦的电网瘫痪。此次太阳风暴造成加拿大魁北克地区电网停电，600 万人遭受停电之苦。太阳系的几何形状和轨道的变化也会影响地球的气候系统，地球绕太阳公转时，地球公转黄赤交角的存在引起太阳直射点相应地在南北回归线之间做往返移动，从而造成了地球上四季的交替。太阳辐射量的变化引起海洋平均温度大约上升 0.5℃，导致海洋潮汐和洋流的出现。

此外，还有一个因素可能是地球磁场发生周期性的逆转。这种极性颠倒在地球的历史上间隔不规律地发生过几百次，最近一次大约在 78 万年前。在过去的 150 年中地球磁场强度降低了约 8%。甲烷"打嗝（脉冲式喷发）"（海洋中以甲烷水合物的形式存在的液态物质逐渐释放出甲烷气体）也将进一步加剧全球变暖。巴基斯坦信德省的洪水和北部地区的地震似乎只是一个开端，未来的道路坎坷不平。

第8章

遗传学研究进展

1. 人类能否延缓衰老过程

人类是如何衰老的？我们能否延缓衰老过程、延长寿命？这些问题已经吸引了许多药物化学家和生物化学家的注意。成年人体内每天有 500 亿～700 亿个细胞死亡，这是由在每个细胞结构基础上的程序化细胞死亡引起的，即细胞凋亡（apoptosis）。8～14 岁的儿童体内每天有 200 亿～300 亿个细胞死亡，并被更多的新生细胞代替——一年以后，更替过的细胞重量可达到儿童的整个体重——太神奇了！对于细胞是如何知道何时该停止增殖并死亡的信号过程，科学家们正在深入研究。通过干预这些过程，可能诱导细胞使其存活更久，从而使寿命延长。干预衰老过程的新药将被开发出来，使人类能够更长久地健康生活。

紫外线或其他形式的射线对 DNA 的损伤是引起衰老和死亡的原因之一，原因是 DNA 分子内会因此发生结构缺陷。幸运的是，某些酶可以修复 DNA 的受损部分；不过，随着年龄的增长，修复机制的效果会逐渐下降，DNA 受损的程度累积，最终导致衰老和死亡。氧气对人类生存至关重要，但其在活跃状态下（氧自由基）也会与人类的衰老有关，因为它也会损伤 DNA 分子。因此，抗氧化剂对人体非常有益，如维生素 C 或存在于红葡萄等蔬果中的某些化合物。在过去的 100 年中，通过改善世界上大多数国家或地区的医疗卫生条件，科学家已经大幅度延长了人类的寿命。

2. 合成生物学——令人兴奋的新前沿

生命能够在实验室里合成吗？天然组织中不具备的属性能够在新的活体组织里设计出来吗？现有的生命体能被合成改造出自然界中不具备的新属性吗？这些就是目前"合成生物学"这一全新领域积极探索解决的问题。

这一快速发展的学科正在不断发现颇有前景的应用。在医药领域，通过再造植物或微生物的遗传结构，可能以更加廉价和高效的过程生产传统药物。例如，青蒿素是一种抗疟疾药物，一般从生长在东南亚的红树沼泽中的青蒿中提取，但其需求量很大，而产量非常有限。科学家们成功地将来自三种不同生物体的基因插入到大肠杆菌中，使其生产出了青蒿素的前体，而成本则降到了直接植物提取过程成本的一半以下。通过类似的方法，不同生物体的分子机器还可用于设计生产抗HIV病毒的药物、用于替代能源的氢，或者用于去除土壤中的重金属等污染物、生产能够在血管中游动和在肿瘤部位杀死癌细胞的生物"微型潜艇"等。

2007年，美国的克雷格·文特尔（Craig Venter）和他的团队第一次利用化学物质制备了合成基因组。其后，诺贝尔奖得主汉密尔顿·史密斯（Hamilton Smith）在实验室中利用更简单的模块成功构建了一个普通细菌的整个DNA，向合成生命的创造迈出了重要一步。同时，一些学者也提出了很多伦理方面的问题，以及与其相关的风险等。

"创造"这个字眼应谨慎使用。人类并不能真正地从"无"创造出"有"，也不能将"有"毁灭成"无"。这听上去很奇怪，但却是很少有人意识到的事实。取出一张纸将它点燃，你可能以为已经成功地破坏了它，实际上并非如此。如果你称一下灰烬和产生的气体的质量，你会发现其总和与纸的原始质量相同，你只是成功地改变了它的形式。

就算世界上所有的诺贝尔奖得主联合起来，也不能"创造"哪怕一只苍蝇的翅膀！

3. 人类与猴子——99%相同

从遗传的角度来看，人类与猴子几乎完全相同。在构成人类基因组的30亿个"密码"中，29.85亿个与猴子是完全相同的，二者基因组的差别不到1%。这很令人吃惊，因为猴子看起来与我们的差别是那么巨大——在体貌、智力、语言能力和手的灵敏程度等各个方面都是如此。大多数基因的差异在自然界的体现非常微小，而某些序列则非常关键。例如，一组基因与大脑皮层的发展关系密切，另一些DNA序列则决定了我们形成语言、消化淀粉，或者驾驭双手使用复杂工具的能力。

甚至有些基因使我们更加好斗——确实没有哪种动物像人类这样无情地残杀同类——历史上的战争已经证明了这一点。如果能够进一步破译人类基因组，了解到那些控制侵略性的基因，也许能够通过关闭这些基因而使人类社会更加和谐。

4. 会说话的老鼠和猴子？

为什么人类可以说话，而老鼠和猴子不能？是什么赋予了人类这一独一无二的特点？如果是基因的话，那么到底是基因组的哪一部分呢？同时，如果我们使动物们做出类似的基因改变，是不是有一天就可以和动物实现语言交流了？英国的一个研究团队在 1990 年发现，一个英国家族（被称为 KE 家族）的半数以上成员患有一种严重的发音和语言紊乱症，这使他们不能正常说话。经过剑桥的科学家们诊断，其原因是一种基因（FOXP2 基因）受损而导致的缺陷，人们目前通常把这种基因称为"语言基因"。

德国马普进化人类学研究所的研究小组培育了能够产生人类语言基因的转基因小鼠——结果十分惊人！小鼠能够发出完全不同的声音，其大脑的学习过程也表现出有所提高。因此，基因可能与大脑中某些必要能力的形成有关，这些能力可使发声所需的舌、唇、喉和肺协调作用。如果能够同时提高大脑的功能，帮助其产生思维能力，搭配其语言能力，那么未来也许会出现会说话的转基因猫、狗、老鼠和猴子了！

5. 利用基因驯化野生物种

有些人远比其他人好斗。这种趋势的极端情况常常体现在一些沉迷于暴力罪行的罪犯身上。在动物群体中，也有一些因其固有的野生特性而未被驯养的物种，包括狼、狐狸、猿猴、斑马、猎豹、犀牛、非洲水牛等。

1970 年，俄罗斯科学院细胞遗传学研究所进行了一项有趣的实验。每一代的老鼠被反复分成"好斗的"和"驯服的"两种趋向，被分开培养。经过 30 年的重复分组试验，两组老鼠表现出截然不同的行为特征。驯服的一组表现出非常温驯的趋势，而好斗的一组则非常野蛮和凶猛。很明显，某些基因与这种特性相关，不管是人还是动物，都是如此。人们对银狐也进行了类似的试验，经过八代的筛选，得到了一种新型的家养银狐，它们已经丧失了大部分的野性，像快乐放松的狗一样耷拉着耳朵、摇晃着尾巴。人们还通过类似的选育方法，驯养了水獭和貂。

6. 合成生命的诞生

2010 年 5 月 20 日，克雷格·文特尔和他的同事宣称创造了首个可自我复制的合成细菌细胞，开启了一个新时代，也提出了关于生命属性的基本问题。这一激动人心的进展预示着科学进入了新的时代，并可能引起工业革命和信息技术革命。此次开发了一个由完全合成的基因组控制的合成细胞，科学家希望能够利用这一过程操作细菌细胞，用于生产生物燃料、药品或其他有用的化学品。科学家究竟做了什么呢？他们并没有使用天然 DNA。合成 DNA 的结构是用计算机设计的。基本构造模块成功地连接在一起，构成了一个长度上包含 100 万个单元（核酸）的回路。这个合成基因组被插入一个细菌的空细胞中，就成功地控制了这一细胞，并通过复制过程在细胞中产生 10 亿个备份。这种自我复制的能力是合成生命体的关键标准。我们必须理解，我们并不能从"无"创造出"有"，也不能将"有"毁灭成"无"，我们只能改变物质的状态。如果我们燃烧一张纸，所产生的灰烬、二氧化碳、水蒸气和其他气体的质量总和会与"破坏"前的纸张质量相同。我们唯一成功完成的事情是把这张纸转化成了灰和气体。同样的，纸的生产也是由木浆和其他添加剂从其他形式转化而来的，而不是哪个人从无"创造"了这张纸。

这项工作提出了严重的伦理问题。科学家们是不是在试图扮演上帝？这项工作在发展新的动植物物种方面要把我们引向何处？我们是会创造出把人类摧毁的怪物，还是将开启一个友好的人造生命的新时代，通过各种不可思议的方式使人类受益？在未来的岁月里，合成生物学的发展将毫无疑问地以各种方式影响我们的生活。

7. 合成角膜带来的希望

在数十万计的病例中，角膜捐献是防止失明的唯一办法，但是角膜捐献者少之又少，以至于每年都有很多人因为角膜损伤和缺少捐献者而失明。仅欧洲就需要 4 万个角膜。德国弗劳恩霍夫应用高分子研究所的 Joachim Storsberg 博士开发了一种由高分子制成的人造眼角膜，能够很好地约束周围的组织细胞，并使眼睑能够无摩擦地扫过角膜。这项研究在 2009 年试验成功，并获得了 2010 年的约瑟夫·弗劳恩霍夫奖。

8. 转基因作物——究竟是好还是坏

世界人口正不断增长，预计到 2050 年将达到 90 亿人，而地球的养育空间有限，受到气候变暖的影响，干旱和饥荒的可能性也在提高，特别是对巴基斯坦等影响颇大。为了养活更多的人，在过去的几十年，转基因作物得到了快速发展，实现了产量增长、营养成分提高和抵抗能力增强。最近比较引人瞩目的作物包括抗病虫害的豇豆、抗真菌的香蕉、抗病毒的红薯、高产量的谷子和抗干旱的木薯等。一种新型的转基因大米——黄金大米即将在菲律宾种植，这种米含有维生素 A 原，能够解救数以千计的缺乏维生素 A 的儿童的生命。在夏威夷，木瓜树饱受木瓜环斑病毒的祸害，而新型抗病毒育种的推广拯救了木瓜产业。反对转基因作物的声音很多，但只要谨慎采取安全的监管措施，我们不应过于恐惧，而应该在饥荒和干旱真正到来前充分加强多种转基因粮食作物的研究基础。只有科学才能拯救人类。

9. 快速基因测序——数分钟搞定

我们所有的遗传信息都包含在基因中。试想那是一个微小的微缩项链（DNA），包含着大约 30 亿个四种颜色的珠子（实际上是四种不同类型的核酸分子）。这些珠子（核酸）的排列方式决定了我们的每一点：身高、头发和眼睛的颜色、心脏或大脑的结构等。这些珠子的排序就是人们所说的遗传密码。首个被破译的人类遗传密码是 2007 年 Jim Watson 教授耗费了 100 万美元和 2 年时间完成的。而利用目前可用的快速测序仪器，已经可以在 2 个月以内、4 万美元以下完成同样的任务。

帝国理工学院的科学家开发了一个带有微孔（仅为 50 纳米宽）的微芯片，当分子项链（DNA）从孔中穿过时，单个核酸（项链珠）就因其引起的电流特征改变而识别出来。这一过程非常快速，以至于能够在数分钟内识别出含有 31.6 亿个核酸的整个基因组！最近相关研究论文（*Nano Letters*，2007 年，DOI：10.1021/nl071855d）的合作者之一 Joshua Edel 透露，这一设备的规模正在升级，以便能够达到每秒 1000 万个分子的序列识别速度。

10. 暴力罪犯的犯罪基因

美国酒精滥用和酗酒国家研究所发现了一种可能与冲动及无法控制暴力犯罪行为有部分关系的基因（名为"HTR2B"）。这一基因是从在芬兰服刑的 228 名暴力罪犯体内的遗传信息中发现的。这些被判决犯有谋杀、纵火、殴打和攻击罪的人，大部分都异乎寻常地具有这种"冲动基因"。

这一基因的存在限制了血清素 B2 受体的形成，因此影响了脑部负责约束个人行为和预见其行为后果的部分功能。这一基因的存在增强了暴力倾向，但并不是所有拥有这种基因的人都必然暴力。其他精神方面的原因也会引起暴力行为。

11. 克隆灭绝的古代生物

克隆技术已发展得非常迅速，克隆灭绝动物将很快变为现实。2008年，日本理化学研究所发育生物学中心利用一项全新技术，成功从冰封16年的组织中克隆了一只老鼠。该研究组试图克隆一只猛犸象，这种体毛粗乱的巨型象已经在4500年前灭绝，但留下了大约1.5亿具遗体，冰封在西伯利亚。日本研究人员已经成功地提取了猛犸象的卵细胞核。一旦他们成功地克隆了猛犸象的胚胎，就可以将它植入一个代理母象的子宫中，并在22个月后看到小猛犸象的出生。

如果这个办法行得通的话，我们也许可以让恐龙在地球上再次漫游呢！

12. 英国发现老化基因

英国伦敦大学国王学院的研究人员发现了造成人体老化的基因。这些基因与长寿和健康密切相关，可通过日常饮食、环境等特定的外部因素触发。这一发现已经通过数百对不同年龄组双胞胎基因组成的相似性与差异性进行了验证。研究表明，影响老化速度和寿命长短的4个关键基因与胆固醇、肺功能及母亲的寿命相关。这一发现深入解析了人体老化过程，为抗老化新疗法的研发提供了线索。

13. 黑死病基因组测序完成

在1330～1347年，全球大约有四分之一的人口死于鼠疫，也就是黑死病。据称，该病源于14世纪30年代的亚洲北部，并于20世纪40年代传到欧洲，期间导致了全球7500万人死亡。加拿大麦克马斯特大学与德国蒂宾根大学的科学家已经对引起瘟疫的鼠疫杆菌进行了全基因组测序。检测用的细菌是从伦敦的瘟疫坑，也就是掩埋瘟疫病人尸体的地方提取出来的。

那些源自14世纪瘟疫病毒的变种每年都会造成约2000人死亡。对原始瘟疫病毒遗传结构的了解将有利于研发有针对性的药物。此外，通过对比原始病毒及其现代变种，科学家们试图更深入地认识这种生物体在数百年间的进化。

基因组测序技术的快速发展开启了医疗新时代。对微生物遗传结构的理解有助于更好地认识那些可用于药物设计的生物体。同样，对人类基因组的快速测序加深了对许多疾病的遗传性病因的认识。"个性化医疗"这一根据个人基因构成来定制药物的全新领域已经进入了快速发展阶段。

14. 转基因蚊子

每年有超过 2 亿人遭受疟疾的折磨，且部分有记录的数据显示年死亡人数已达 80 万，其中 90％来自撒哈拉沙漠以南的非洲地区，大部分是儿童。疟疾和登革热、黄热病经由雌性埃及伊蚊的叮咬传播。其中，疟疾可使用氯喹等抗疟药进行治疗。从药用植物青蒿中提取的青蒿素也是非常有效的一种药物。这在传统中医里已有很长的使用历史。很多新的抗疟药也是以此为基础研制的。但药用植物的供应量有限限制了其大规模推广。

加州大学欧文分校的科研人员找到了另一种解决途径：通过对埃及伊蚊做转基因处理，破坏雌性蚊子的飞行能力，令其在孵化后无法离开水面，进而死亡。同时，不受影响的雄性则携带变异基因与正常雌性交配，由此逐步扩大影响。研究人员希望利用这种通过遗传学手段实现种族灭绝的方法降低携带疟疾病毒的蚊子数量，从而拯救数百万人的生命。

15. 源自奶牛的人体母乳

母乳喂养的诸多优势已经得到公认：相比牛奶而言，母乳中氨基酸（蛋白质的组成成分）、糖与脂肪的配比更适合婴儿；所含酶类、维生素和矿物质更有益于婴儿消化吸收；其中的抗体还能预防多种传染病，尤其是在婴儿刚出生的几个月。

但是，许多母亲没有足够的乳汁，只能求助于配方奶粉。为此，中国农业大学农业生物技术国家重点实验室的科研人员研制出转基因奶牛，可产出类似于人乳的牛奶。他们将人乳基因植入克隆牛胚胎中，然后将胚胎植入代孕牛体内。最终产出的小牛长大后就能产生"人乳"了。这种乳汁对传染病的抵抗能力类似于母乳，且比正常的牛奶更有营养且更甜。其有望进入超市卖场，以满足一定的需求量。

16. 美国发现长寿基因

数百年来，长生不老一直是小说作者喜欢描述的主题之一。现在，科学正在逐渐将其变为现实。随着生物化学、药物化学和基因组学的快速发展，人类已经开始认识到生物钟对老化过程的响应机制。对细菌、蜘蛛、昆虫、老鼠等动物的研究，为我们展示了细胞产生、生长到最终死亡的过程。

美国生命科学领域成果最多、质量最高的研究机构之一的索尔克研究所和加州大学洛杉矶分校的科研人员在 2011 年 11 月发表的论文中声称，对果蝇肠道干细胞中的 $dPGC-1$ 基因进行修饰后，不但可以延长肠的寿命，还能将果蝇的寿命延长 50%。也就是说，只要保障一个器官的年轻、健康，就能延长昆虫的寿命。令人振奋的是，这个基因也存在于人体中。同年 9 月，瑞典科学家发现了一种酶，使得进食较少的人活得更长。

在细胞中，有一种名为"线粒体"的"发电厂"，能够将食物中的糖与脂肪转化为细胞生长所需的能量。控制日常饮食中卡路里的摄取量，可以迫使 $dPGC-1$ 基因在超速模式下运行，增加线粒体的数量，进而延长寿命。也就是说，少吃点，活久点。

似乎上帝固定了我们一生能享用食物的数量，是海吃胡喝 30 年，还是少饮少食 120 年，取决于我们自己。

17. 蜘蛛丝和萤火虫：神奇的基因疗法

蜘蛛是一种神奇的动物。已知的蜘蛛种类为 4 万种左右。它们织出的网轻而坚韧。蜘蛛网的黏液所包含的两种蛋白质经历了数百万年的进化，是使得蜘蛛网如此有力的根本原因。萤火虫也是一种神奇的生物，在夜晚会发光。这是因为其体内名为"荧光素酶"和"虫荧光素"的两种蛋白质发生了化学反应，以光的形式产能。美国塔夫茨大学的科研人员对蜘蛛丝蛋白进行改良，然后与萤火虫的两种蛋白相结合，研制出一种针对乳腺癌的基因疗法。

基因疗法通过将功能基因导入基因组或修饰缺陷基因来治疗某些疾病。科学家通过修改蜘蛛丝的基因结构并植入一个基因，令其附着在病变细胞上，同时产生令萤火虫发光的两种蛋白质。这种转基因蜘蛛丝蛋白会选择性地附着在乳腺癌患者的癌细胞上，然后发光，使得病变区域能够很容易被识别。

18. 操纵植物的生物钟基因——让作物全年生长

动植物体内都有一些基因负责调控其生物化学、生理学和行为等功能。人体内的昼夜节律（cycardian rythms）就是以 24 小时为周期进行循环运作的。植物的光合作用流程也是以这样的方式来确定何时开花能够吸引到昆虫，从而帮助其繁殖的。人类已熟知，植物的这一机制是按照时间划分的，"早上基因"和"晚上基因"在白天和夜晚轮流行使功能。耶鲁大学分子、细胞与发育生物学研究所的科研人员发现了一种名为"DET1"的基因，负责调节这些基因在植物中的运作。这意味着，我们有可能控制植物的生物钟，令其全年生长，而非在某个特定的季节。

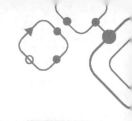

第9章

医疗卫生研究进展

1. 减肥科学

肥胖是影响人类健康的重要因素。世界卫生组织的统计结果显示，世界上超重或过度肥胖的人口约为 20 亿，几乎占全世界人口的三分之一。引起肥胖的原因很多，现已查明有一种被称为 FTO 的"肥胖基因"，据调查 16％的欧洲人体内存在该基因。该项研究在线发表在 2007 年 4 月 12 日的《科学》杂志上（DOI：10.1126/science.1141634）。

导致肥胖的另一个重要原因是睡眠的缺乏。既然人清醒时消耗的卡路里多于睡眠时，是否可以推测减少睡眠有利于减轻体重呢？事实正好相反，美国疾病防治中心的一项研究发现，在 87 000 名美国人中，每晚睡眠少于 6 小时的人 33％患有肥胖症，与之相对应的是，睡眠时间为 6～9 小时的人只有 22％会发胖。早前的一项研究表明，一些食欲调节激素（胃饥饿素和瘦素）的分泌在失眠时会受到干扰，从而造成人食欲增加，使人对咸或甜食品的需求增大。

许多环境因素也会诱发肥胖的产生，如一种名为双酚 A（BPA）的化合物，随着塑料容器、玩具、牙刷和水瓶的使用而遍布各地。这种化合物被确认具有模拟天然雌性激素的作用，它会破坏正常细胞的脂肪代谢机制，所以喝矿泉水时应该留意了！

"减肥药"的研究工作还在进行中，这将是一桩价值数十亿美元的大生意。目前只有两种被批准的可长期使用的抗肥胖药物，其中一种是西布曲明[①]，它可抑制食欲，但有副作用，且只能降低边际体重（marginal weight）。

人工甜味剂也存在副作用。美国普渡大学的研究指出，人造甜味剂会使老鼠体重迅速增加。

儿童内耳感染也与其日后肥胖的发生有着一定的关联。慢性耳部感染还可能破坏味觉，导致人们更爱吃甜食，从而吸收过多的热量。

褐色脂肪含有一种叫作"生热蛋白"（thermogenin）的蛋白质，它是存在于

---

① 译者注：临床实验表明，西布曲明可能增加服用者患心脏病及中风的概率，因此自 2010 年起，欧盟、美国、中国等地的药监部门已经陆续暂停了相关药品的销售使用。

大多数年轻人体内的能快速燃烧卡路里的物质，但是随着年龄的增长，其含量会越来越少，40 岁以后就会消失。研究人员正在设法从正常脂肪中恢复它的存在。

2. 减少饮食可长寿

已知限制蠕虫、苍蝇和老鼠的食量，对延长它们的寿命具有重大意义。威斯康星大学麦迪逊分校的研究人员发现，被喂食低热量（比对照组的卡路里少 30％）食品的猴子，其寿命明显比那些享用正常饮食的长。在这个实验中，科研人员对 76 只猴子（恒河猴）进行了长达 20 年的监测。37％的低热量饮食猴子活到监测过程结束，而只有 13％的正常饮食的猴子在实验结束时还存活。实验结果发表在《科学》杂志上（DOI：10.1073 / pnas.0900152106）。这是到目前为止，减少饮食有助延寿的最有力证据。

长寿的秘密很简单——少吃点就好！

3. 褐色脂肪的减肥作用

一项发现表明减少身体里多余脂肪的关键，竟然是另一种特殊类型的脂肪——褐色脂肪！褐色脂肪能够燃烧卡路里，将食物直接转化成热量。以前人们曾认为这种类型的脂肪组织只存在于某些动物体内，但新证据表明它也存于某些人的体内。不需做任何运动，50 克的褐色脂肪一天就能燃烧 500 卡路里[①]的热量。这或许可以解释为什么有些人总是瘦削，而另一些人则肥胖。褐色脂肪能燃烧卡路里而正常脂肪则不能，原因是褐色脂肪的细胞里有一种特殊的蛋白质（生热蛋白）。

4. 摄入纤维素有助减肥

被身体吸收的热量来自不同的食物，人体消化这些食物同样需要能量，从而相对地减少净卡路里的摄入量。如果两种不同食物的热量水平相同，其中一种富含纤维素，则含纤维素的食物供给的净热量较少，因为人体消化这些纤维素时会消耗掉部分热量。而且，肠道中存在的某些微生物也需要消耗一定的纤

---

① 1 卡路里≈4.186 焦耳。

维素。

同时，硬性食物不易消化，如食用粗磨小麦面粉制成的面包后的排泄物中未消化部分比用精粉制成的面包多约 30%。东京大学的研究人员通过对 450 名女性调查后发现，那些吃硬性食物（比较难于咀嚼）的女性比吃软性食物的女性腰部更加纤细（《美国临床营养学杂志》，86 卷 206 页）。

5. 效果惊人的减肥新药

一种可以快速减肥的新药正在美国进行临床试验，其减肥效果十分惊人。该药物名为"ZGN433"，由马萨诸塞州的 Zafgen 公司开发。它可以在不节食或不特意锻炼的前提下，在一个月内平均每周减重 1 千克。这种快速减肥的效果是史无前例的。该药分解脂肪的强大能力来自其对参与生成多余脂肪的酶MetAP2 的阻断作用。

常见的减肥食品添加剂多被证实无效，且有害健康。这种新药的出现将有望打破这种现状。

6. 长寿的秘密

自古以来人们一直在探索长寿和保持年轻的秘密，现在人们可能会从鼹鼠身上找到答案！

老龄化的主要原因被认为是由活性氧所引起的氧化反应，这种活性态的氧又被称作氧自由基，它是破坏人体 DNA 和重要蛋白质的罪魁祸首。在人体的生物系统中有一个"搜索和修复"机制，会自动监测受损部位并去除或修复这些部位，但当人变老后，这些修复机制会逐渐减弱，使得氧化损伤逃脱监控。这些氧化损伤对人体生物系统的伤害会随着时间累积而使人逐渐呈现老态。

德克萨斯大学健康科学中心的研究人员一直在寻找可生存 30 年的鼹鼠比其他啮齿动物活得长的原因。例如，老鼠的平均寿命只有 3.5 年，而鼹鼠的平均寿命约是其 10 倍，相当于人类活了 700 岁！研究人员发现鼹鼠体内蛋白质受到的氧化损伤相对较少，并且其"搜索和修复"机制的活性也相对较高。因此，也许未来人们会感谢鼹鼠为人类保持年轻态和长寿所做出的贡献。

7. 节食和老龄化

美国纽约西奈山医学院的研究人员进行了一项研究：寻找减少食物的摄入

量和延长寿命之间的联系。他们认为，人均寿命缩短源于葡萄糖新陈代谢所引起的生命系统"氧化应激反应"。因此，通过药物或减少葡萄糖的摄取量，控制某基因活动来调节细胞功能，从而中断葡萄糖的新陈代谢，可以达到延长寿命的目的。相反，高卡路里的饮食因氧化作用较强会促使老化加快，甚至会引发糖尿病。参与此过程的基因活性受特定蛋白质（转录因子、CREB 结合蛋白、CBP）的调控。

有趣的是饥饿（大幅减少食物摄入量）并不会使寿命延长，只有适量少食才可以。所以少吃些，但千万不要饿坏自己！

8. 延缓衰老

从古至今，人类一直在寻找永葆青春的秘诀。现代科学或已发现部分答案。众所周知，某些动物如线虫、果蝇、小鼠等少食就可延长它们的寿命。例如，减少小鼠每日摄入热量的 30％～50％，其寿命就可延长 50％。哺乳动物与年龄有关的疾病（如心脏病、癌症、阿尔茨海默病和 2 型糖尿病等）的发病率也会随着食量的减少而降低。一项长达 20 年的研究结果表明，限制热量的摄入的确会延长猴子（恒河猴）的寿命（《科学》，325 卷 201 页）。不过该研究成果是关于动物的，那么人类呢？近年国际上成立了一个名为"国际卡路里限制协会"的团体，现有成员 3000 名，其成员遵循每日摄入热量低于正常推荐卡路里的 10％～30％，饮食以蔬菜为主。据称，其做法对健康的好处已经变得越来越明显。

根据华盛顿大学的研究，该团体成员的心脏似乎比其他美国人要年轻 15 岁。胰岛素生长因子（IGF-1）会参与某些动物的老龄化过程，另一种分子（TOR）也被证实与衰老进程有关，因此阻断这些分子可以延长某些动物的寿命（该项研究结果发表在《老化细胞》，9 卷 105 页）。还有证据表明，一个特别设计的减少氨基酸摄入的饮食方案，甚至不需要限制卡路里就可延长寿命（《自然》，462 卷 105 页）。

就目前而言，在新的抗衰老药物进入市场之前，减少卡路里的摄入量，多吃蔬菜和定期锻炼，是使人们活得更健康、长寿的最佳方案。

9. 振奋人心的抗衰老研究新成果

人们对抗衰老产品的需求巨大，每年仅在美国就有 500 亿美元的销售额。

这些产品包括抗皱霜、激素、替代药品、维生素、植物添加剂和营养品等。但是，大多数产品的疗效根本没有接受过检测。生产这些抗衰老产品的厂家大肆占领市场的行为，常常会受到医学专家和医疗协会的质疑。而干细胞技术、组织修复、器官移植和基因治疗将代表抗衰老疗法的发展趋势。

被称作"端粒"的染色体终端的 DNA 重复区域被视为人体内的"老化时钟"。在人类生命过程中，细胞被重复划分，端粒会逐渐变短，从而使人类寿命受到限制。有研究表明，在细胞分裂中未经历细胞端粒缩短的细胞可以继续无限期分化。如果可以找到一种方法来保护端粒不退化，就可能减缓甚至扭转衰老进程。Sierra Sciences 公司、TA Sciences 公司、GeronCorporation 公司、PhysioAge 公司和西班牙国家癌症研究中心（CNIO）合作开展了对端粒的研究。研究发现一种编号为"TA-65"的天然化合物可以显著活化人体内的端粒酶，从而使端粒的长度延长。据报道，该活性物质对人体无害，可能使人类的寿命延长至 125 岁以上。该项研究成果发表在 2010 年 9 月 7 日出版的《抗衰老研究》杂志上（http://www.liebertonline.com/doi/abs/10.1089/rej.2010.1085）。

10. 选择性消除记忆

人们可以选择性地消除记忆，这很快就不再只是存在于科幻电影里的一个梦想。美国佐治亚医学院大脑与行为研究所的研究人员对小鼠的新旧记忆进行了选择性地消除。他们发现可以通过脑细胞交流蛋白质（αCaMKⅡ）的形成（"过表达"）来消除部分记忆，同时唤醒某些特别记忆。该过程并不会损害正常的大脑细胞，并可成为消除创伤性战争记忆或过多忧虑的手段。（《神经元》，2008 年 10 月，60 卷 2 期 353-366 页。）

11. 抗皱的远古细菌

某些蓝绿藻类已在地球上生存了 34 亿年。它们通过光合作用从太阳光获取能量。这些藻类暴露在紫外线的辐射下会受伤。数百万年来它们已经形成了一种特殊的机制来保护自己免受太阳紫外线的辐射，这种机制涉及一种名为真菌产孢吸光色素（mycosporines）小分子的合成。波士顿哈佛医学院的研究人员已找到了在远古细菌中负责制造有效过滤太阳光物质的基因，并成功地把这些基因转移到其他有机体如大肠杆菌中，使其产生同样的太阳光防护分子。瑞士的 Mibelle Bio-chemistry 公司已开始通过直接从远古细菌中提取该活性成分制造防晒霜。

12. 干细胞让失明者重见光明

干细胞主要有两种类型：一种是胚胎干细胞，来自动物（胚囊内细胞团）的胚胎；另一种是成体干细胞，存在于多种器官的成熟组织。干细胞可以转变为各种类型的细胞（神经细胞、肾细胞、心脏细胞等），因此能被用于修复损伤或治疗患病的器官。实际上，干细胞研究促成了医学实践的重大变革。最近取得的一项重大进展是关于人类视力恢复方面的：让化学烧伤的失明患者重见光明。意大利的摩德纳大学通过干细胞治疗，使107名患者中的82名的视力恢复到近乎正常的水平（《新英格兰医学杂志》，DOI：10.1056/nejmoa0905955）。多数病人只是一只眼睛烧伤，因而可以从病人的另一只正常眼睛获取干细胞，治疗的结果是使不透明的角膜重新恢复透明。

13. 心脏物质

心脏衰弱时，血液携带氧的能力可能受到影响。最新的一项研究是关于如何诱导血液将其携带的氧更多地释放出来的方法。法国斯特拉斯堡大学的诺贝尔奖获得者Jean-Mari Lehn教授运用特殊化合物ITPP（myo-inositol trispyro-phosphate）成功诱使心脏受损的小鼠血液释放出更多的氧（《美国国家科学院院刊》，DOI：10.1073/pnas.0812381106）。通常血红蛋白只能释放其携带氧的25％，但与ITPP结合后，血红蛋白可释放出更多的氧气，从而使小鼠的身体状况得到明显改善。如果服用该化合物的水溶液，小鼠的运动水平将提升35％；如果注射该化合物，则提升率将达到60％。这种化合物极有希望尽快用于临床。

14. 撞击或心脏疾病引发大脑损伤的防治

由撞击或心脏病发作引起的大脑损伤可能给患者留下终生残疾。科学家们一直都在努力寻找通过药物或手术干预防止脑损伤发生的方法。一个有趣的现象是，当大脑温度缓慢降低2～4℃（大约每小时最多降1℃）时，大脑损伤会得以缓解或抑制。通过一个致冷头盔或鼻腔喷入全氟化碳冷空气流可以进行这类治疗（《英国麻醉杂志》，DOI：10.1093/bja/aem405）。该疗法比给身体降温表现更好，因为后者可能会引发感染和肺炎。

15. 心脏损伤的修补

心脏病是当今人类最大的杀手。近年来快速发展的干细胞研究给予心脏病人新的希望，通过干细胞培养可以产生不同类型的心脏组织细胞。很多利用干细胞的心细胞疗法试验正在美国、德国、英国、韩国和巴西开展，这些干细胞通常来源于病人自身的骨髓。波士顿麻省综合医院的研究人员发现了多能细胞池中的干细胞可转化为不同心脏细胞的证据。该研究成果发表在 2009 年 7 月出版的《自然》杂志上。干细胞疗法可能因此而成为未来治疗心脏疾患的主要方法。

16. 干细胞造血

近年来人们在干细胞领域取得了众多激动人心的成果，促使医药行业发生重大变革。干细胞可以转化为心脏、肾脏和其他类型的细胞，因此可用于修复各种受损器官。最初的观点认为干细胞只能由胚胎细胞形成，由此曾引发许多争议。但现在发现干细胞可以由人体其他部位如骨髓、皮肤细胞产生。研究人员还研发出可模拟干细胞的另一类细胞——诱发多能干细胞，它在某种激发因素的作用下可以转化为其他多种类型的细胞。胚胎干细胞现已被用于输血，它可产生数量充足的红细胞。Advanced Cell Technology 公司正开发此项技术。相信不久的将来，人类将研制出自动造血机，从而为临床输血提供无限量的血液。干细胞的出现开启了医药大变革的时代。

17. 皮肤造血

加拿大麦克马斯特大学的科学家们有了一个惊人的发现，他们找到了一种可将皮肤细胞直接转化为血液的方法！该大学 Michael G. DeGroote 医学院干细胞和癌症研究所的研究人员在过去两年里都在重复此项研究工作，成果发表在2010 年 11 月 7 日出版的《自然》杂志上。

同时，这种通过病人自身皮肤大规模造血的方法也直接公开发表在网络上（http：//www. medicalnewstoday. com/articles/207003. php）。

18. 干细胞能治疗糖尿病吗

巴西的科学家们发现了一种用干细胞治疗糖尿病的方法。由 Julio Voltarelli

领导的科研小组从 15 名 1 型糖尿病患者的血液中分离出干细胞。科研人员首先用药物故意破坏了这 15 名患者脆弱的免疫系统，并去除了攻击胰岛的受损细胞，接着再向患者注射干细胞，以在患者体内快速产生一个强健的新系统。患者今后就不再需要继续注射胰岛素，至少可以减少胰岛素的注射量。该项研究在 2007 年完成，当时人们对这一结论还有争议，但现在已被再次证实（《美国医学会杂志》，301 期 1573 页）。该疗法未来可能取代传统胰岛素疗法。目前，巴基斯坦有两个实验室参与了此项前沿研究：旁遮普大学的分子生物学卓越中心，以及拉合尔和 PanJwani 博士分子医学和药物研究中心（国际化学与生物科学中心）。

19. 干细胞——攻击癌症的制导导弹

近年来，干细胞研究取得了许多可喜进展，为治疗心脏、肾脏和其他疾病开辟了崭新途径。其中，干细胞有望被制成攻击癌症的制导导弹。位于美国加州杜尔特的贝克曼研究所的科研团队将修饰后的干细胞注射入患有脑癌小鼠的脑中，接下来用抗癌药物 5－氟二氧嘧啶对小鼠进行治疗。研究发现接受干细胞预处理的小鼠相对于没有接受干细胞预处理的小鼠，脑中的肿瘤质量减轻了 70%。

干细胞易在癌细胞周围堆积。干细胞和抗癌药物疗法的合并使用不仅可以破坏肿瘤细胞，还可以抑制其二次增生，甚至可能定向治疗单个癌细胞。

20. 干细胞——新生代药物

干细胞用于修复受损器官的相关技术近年来得到迅猛发展。人类干细胞分为两大类型：一类是胚胎干细胞；另一类是成人干细胞。因为干细胞可以转化（异化）成其他类型的体细胞，所以干细胞可用于修复人体内的受损组织。通过细胞培养也可将干细胞转化成其他类型的细胞，如神经细胞、皮肤细胞和肠细胞等。

英国伦敦帝国理工学院的研究发现，通过使用某些药物可以诱导骨髓选择性释放某类型的干细胞。由此可以通过诱导病患自身的骨髓选择性释放干细胞来代替其他供体所提供的干细胞。何种特殊组织被修复和再生，取决于所释放干细胞的类型。这种可以选择性激发患者释放自身干细胞的方法是该领域的又一次重大突破，可能会带来一种修复受损心脏组织、加速骨折和韧带康复的全新疗法的诞生。

21. 可溶解心脏支架

每年有数百万人的冠状动脉会被植入一个微小的金属网管，以便血液不间断地流向心脏。然而，这种金属网管可能会在植入几个月后引发血管硬化。这种金属网管还会遮挡 X 射线和核磁共振扫描，在极少数情况下还可能导致凝血块的产生。雅培（Abbott）最近研发出一个由可生物降解材料聚乳酸制成的支架，它可在 1～2 年内自动溶解，并使血管仍保留原有的形状。

22. 抗击癌症干细胞

癌症干细胞的存在被认为是癌肿能耐受抗癌药物的主要因素，它可引起常规癌细胞已被化疗药杀死后的癌症复发。麻省理工学院的科学家们利用正常人体细胞制造了具有与癌症干细胞相似特性的细胞，并对它的药物敏感性进行了研究。在对成千上万种化合物进行筛选后，研究人员发现了一种化合物——盐霉素，它可以有效地杀死那些耐药细胞而不对正常细胞造成过多伤害。这表明，癌症干细胞不是不可战胜的，这一发现可能导致一种癌症新疗法的出现（《细胞》，DOI：10.1016 / j. cell. 2009. 06. 034）。

23. 打开血管——攻击癌细胞

牛津大学的科学家们发现，增加癌肿的血液供应量会使肿瘤细胞更易受到抗癌药物的攻击。癌症组织的血液供应量通常较少，从而导致预防和治疗癌症的药物难以到达病变区域。牛津大学研究发现四种药物可以增加肿瘤的血液供应量，从而增强化疗药物的效果。

这与常规采用的阻断肿瘤区域的供血以抑制肿瘤细胞生长的方法正好相反。其实这两种方法并不矛盾，而且可以互补使用。首先，可由增加血流量的药物来使肿块软化，接着用化疗药物来杀死癌细胞，最后可以用堵塞血管的药物来阻断病变区域的供氧而使癌细胞饿死（《癌症研究》，DOI：10.1158 /0008-5472-can-09-0657）。

24. 癌症新疗法——光河的运用

近来，一种应用光波穿过预定路线治疗癌症的新方法正在研发中。"等离子激光"所产生的振荡就好像在一潭死水中投入石头而引起水面涟漪的扩散。当光粒子（光子）撞击一个金属表面时，电子的表面振荡通过该表面扩散，并由此产生获取和携带更多光的光河。等离子激光在许多领域皆有应用，如癌症的治疗、生物化学传感器、太阳能电池和光计算等，它已成为物理学热点研究领域之一。

美国莱斯大学的 Naomi Halas 给小鼠注射了结合有癌细胞特殊抗体的黄金纳米粒子。一旦纳米粒子抗体单元附着到肿瘤上，肿瘤就被暴露在弱红外激光中，对纳米粒子进行加热，即导致肿瘤被杀死（《美国国家科学协会公报》，2003 年 100 卷第 13549 - 13554 页）。这种方法对小鼠的治疗效果很好，目前科研人员正在进一步研究，以尽快通过人类临床试验（《自然》，2009 年，416 卷 720 - 722 页）。

使癌细胞暴露在电子波携带的"光河"中，有望治愈多种癌症。

25. 等离子治疗前列腺肥大的新方法

前列腺肥大症或良性前列腺增生症（BPH）是一种常见疾病，50 岁以上的男性患病人数达三分之一，其中大约一半的患者年龄超过 70 岁。BPH 可能会引起排尿困难，如果不治疗还可能导致尿路感染，甚至肾衰竭。常规外科治疗方法是切除前列腺的一部分。在大多数情况下这种手术的预后较好，但有时手术会伴有出血过量，甚至危及生命，同时患有心脏病的患者手术尤其危险。

奥林巴斯（Olympus）公司开发了一种手术方法，用等离子汽化电极（plasma button vaporisation electrode）来治疗前列腺肥大。将等离子汽化电极悬挂在要去除的组织上面，将组织蒸发，并使周围组织凝固，从而保证出血量非常小。由于整个手术过程几乎不出血，并且在手术过程中有良好的可视性，有利于外科医生在医院开展临床研究。临床实验证明，该方法的手术时间及术后恢复期均较传统手术大大地缩短。

26. 早期癌症检测——令人瞩目的进展

每年约有 800 万人死于癌症。主要原因是癌症被检测发现时往往已是晚期。有的肺癌被查出时肿块已经长到了板球大小。因此，有 90％的肺癌患者死于癌症被查出后的 5 年之内。通常常规的癌症筛查方法很难检出早期的癌症，从而使癌症治愈的可能性大大降低。

经过 15 年的努力，来自英国诺丁汉和美国堪萨斯州的科学家和临床医生们研制出一个简单的癌症血液检测方法，它被视为早期癌症诊断的重大突破。该项技术首次采用癌症分子标记法。癌症发生时，生成的少量蛋白质（抗原）促使人体的免疫系统发生抗体反应。该血液测试方法可追踪这一反应活动，让科学家们能立刻鉴定出抗原、相应的抗体及形成的肿瘤类型。这种方法只需要按常规检验方法抽取 10 毫升血液，而检测出来的早期癌症往往仍有治疗价值。美国在 2010 年 6 月开始推广这种方法，而英国此前称在 2011 年年初开始实施。这种检测方法使得肺癌患者和其他 90% 接受测试的固体癌症患者的诊断水平得到显著提升。

27. 预测癌症的转移

每年世界死亡人数的 13%（约 800 万人）缘自癌症，且此比例正随着老年人数量的增长而呈上升趋势。一些新药可使某些癌症患者得以康复，特别是那些被检测出来的早期癌症患者。但许多肿瘤会第二次生长（又称作转移），最终导致死亡。

马里兰州的贝塞斯达美国国家儿童健康与人类发展研究所的研究人员取得了一项重大突破，他们在发生二次生长前的肿瘤中发现了一种特殊蛋白（羧肽酶 E 修饰物），该蛋白质可激活肿瘤二次生长的基因。不过，癌症变化趋势早期检测的实现与有效治疗癌症的强力工具的出现之间尚有一段距离。

28. 让肿瘤发光

为癌症患者动手术时，医生们常会面临同一个问题，即如何保证癌肿已经被完全切除。加州大学圣地亚哥分校的研究人员成功地将某些蛋白质附着到癌症细胞上，并运用某些技术（磁共振或荧光成像）让其发光，从而使原本不可见的肿瘤细胞极易被发现。通过这些"标记物"的使用，90% 的残留癌细胞可被检出和去除，从而显著提升小鼠的存活率。人们期待该技术能尽快被用于临床〔DOI：10.1073/pnas0910261107（2010）〕。

29. 色盲的基因治疗

人类基因组结构的揭示为遗传缺陷问题的解决带来了契机。大约每 12 个男性和 230 个女性中至少有 1 人患有某种形式的色盲或相关的缺陷症。这些疾病通常是由基因突变引起的，它会导致眼睛视网膜上的光吸收色素的失活。如果红色光色素缺乏，会导致红色和绿色物体看起来是灰色的。这种缺陷也会出现在某类猴子身上。华盛顿大学眼科研究所的研究人员发明了一种可以治愈此类缺陷的基因疗法。他们给色盲的成年猴子注射含无缺陷基因的病毒，并训练猴子们去分辨电脑屏幕上的色斑，每次猴子触摸到屏幕的正确位置时就给予果汁奖励。刚开始色盲猴子只能识别黄色和蓝色的斑点，不能正确识别红色和绿色的斑点。在接受基因治疗 5 个月后，猴子们突然变得能够识别红色和绿色的斑点（《自然》，2009 年 9 月 8 日，461 卷 695 页）。这种疗法有望用于人类色盲的治疗。

30. 帕金森病的基因治疗

某些疾病是由有缺陷的基因所引发的。基因疗法就是在人体细胞和生物组织中植入或替代/变更某种基因达到治疗某种疾病的目的。该方法仍处于起步阶段，现已取得了一些阶段性成果。

位于美国曼哈塞特的范斯坦医学研究所的科学家们发现了一种可以缓解帕金森病患者病情的基因疗法。帕金森病是一种神经退行性病变，它会导致病人的肌肉震颤和僵化、行动迟滞和平衡受损。这种病是由大脑中缺乏化学物质 γ-氨基丁酸（GABA）所引起的。科学家们向病人的大脑中导入一种含有可提高 GABA 水平的基因的病毒。临床实验表明这种治疗对病情有明显的改善作用。

帝国理工学院基因治疗系的研究人员还在运用基因治疗其他运动神经元疾病并取得成果。

31. 设计你的下一代

《纽约每日新闻》2010 年 3 月刊载了一则消息：生育研究所可以让父母挑选出生婴儿的头发、眼睛和皮肤的颜色。后因害怕公众的负面反应，研究所被迫取消了该项目，但是此项目的取消可能只是暂时性的，因为这种技术已经实际存在。它包括子宫内受精前对胚胎的测试，以及胚胎植入前的基因诊断（PGD）两部分技术。该技术可以防止成千上万的父母将遗传性疾病传给他们的孩子。

通过对胚胎遗传结构的检测，可以预测人类出生时诸如身高、战斗力和未来智力发展情况等特征。事实上，某些发达国家的国防机构或许已经正在秘密使用这种检测。

32. 对抗艾滋病是否已赢得最终胜利

艾滋病仍是人类的最大杀手之一，特别是在非洲地区。2007 年，全球约有 200 万人死于艾滋病，另有 270 万人感染这种毁灭性的病毒。基因疗法为治疗艾滋病带来了新的希望！一名同时患有白血病和艾滋病的德国患者通过骨髓移植手术替换了免疫细胞，得以痊愈。这一令人惊喜的事件由 Gero Hutter 记录在《新英格兰医学杂志》（360 卷 692 页）上。然而，骨髓移植并非最好的选择。因为骨髓捐赠者非常少，且治疗过程复杂、费用昂贵。美国的 Sangamo Biosciences 公司正在开发一个可以模拟骨髓移植效果的基因疗法。目前对抗艾滋病病毒的最好方法是使用抗反转录病毒疗法（ART）。不过，这些药物都非常昂贵。

33. 流感大流行来了吗

一次流感疫情可以让数以百万计的生命受到威胁，越来越多的科学家们担心这样的历史会重演。1918 年西班牙暴发流感疫情，大约 10 亿人染病，最终造成 5000 万～1 亿人死亡。仅美国一个月内的死亡人数就高达 20 万。猪流感病毒起源于墨西哥，很快波及全球。墨西哥流感病毒与其他现存病毒相比结构上有很大不同，这意味着人类对它还没有产生任何天然免疫力。如果它产生更加致命的变异，将可能再次造成数千万人的死亡。

制药公司不愿在病毒发生持续变异而疫苗功效无法得到保障或大流行尚未形成的情况下，冒险生产大量的疫苗。一旦流感变身骇人杀手，大多数国家将因为没有可应对的疫苗而对之束手无策。1918 年的流感疫情始于春季，开始时并不严重，但到秋季时就变异成为可怕的杀手。如果那场流感发生在今天，很可能会因全球旅行的增多而具有更大的破坏性。令人担忧的是，时至今日，全球并没有做好应对流感大流行的准备。

34. 应对流感取得重大进步

每年会有几百万人罹患流行性感冒，25 万～50 万人死于流感。在流感大流行的年份，死亡人数甚至会上升到数百万。流感是由攻击哺乳动物和鸟类的 RNA 病毒所引起的。在发达国家，老年人对流感的自我获得性免疫是很常见的现象。

然而，病毒是个聪明的骗子，它用"烟雾和镜子"来蒙骗抗体和疫苗的攻击。它外表的蛋白质外壳能迅速发生改变，从而使前一年能识别它的疫苗在一年后对其失去功效。病毒外壳［表面蛋白，蛋白血细胞凝集素（HA）］有多达16种不同形态，使得疫苗对它的识别变得更加困难，造成任何对某一病毒有效的疫苗对其他病毒皆无效。

研究人员已发现病毒的表面蛋白外壳上有一个不会发生变化的区域。该区域的表面蛋白呈蘑菇形，不发生变化的区域就在这个蘑菇形蛋白的根茎部。

美国加州拉霍亚的斯克利普斯研究所的科学家们与纽约西奈山医学院的研究人员，共同开发了一种可有效对抗所有流感病毒的疫苗。动物实验表明，该疫苗可以使感染不同类型流感病毒的小鼠们的病情得到缓解。研究人员将以此为基础开发对所有类型流感病毒有效的人类疫苗（《美国国家科学院院刊》，DOI：10.1073／pnas.1013387107）。

35. 检测猪流感

一次流感大流行可能造成数百万人死亡，一些机场正在运用一种最新的技术来检测流感病人。许多机场加入了"防止传染病通过空中旅行传播的合作安排"（CAPSCA）项目，并安装红外线照相机以检测是否有乘客发烧。土耳其的第一例猪流感病患就是这样被发现的。然而，这个方法也并非完美，因为猪流感的传染可能发生在发烧前一天，某些病人可能因此逃过检测而未被发现。另一种咳嗽探测器也已被开发出来，它可以区分病人咳嗽与正常人清嗓子的声音。这种设备可以被装在手机里，通过监测用户打电话的声音发现病人，并向卫生当局发出警告。

36. 猪流感来啦

人们在冬季将面临巨大的挑战，猪流感的流行程度正在逐年上升。它可能取代常见的季节性流感病毒成为人类健康的最大威胁。1918年西班牙暴发的流感疫情是人类历史上最具破坏性的一次，最终导致了5000万人的死亡。1956年开始于中国的亚洲禽流感疫情曾造成超过200万人的死亡。1968年发源于香港的流感造成全球100万人死亡，仅香港一地死亡人数就达50万。

2011年6月，美国98%的流感病例均为猪流感。澳大利亚维多利亚州报告的流感病例中 99％是 H1N1 型猪流感。有迹象表明，该病毒可能正在变异成为更为致命和耐药力更强的新病毒。对抗猪流感的特效药物达菲产生耐药性的病例时有报道，甚至还有一些达菲致死的报道。因此，疫苗的配备显得极为关键，对于易感人群来说尤为重要。

37. 纳米粒子检测肺结核

肺结核的鉴定涉及大量细菌菌落的培养，因此可能会花上好几个星期的时间。目前一种运用磁性纳米粒子在 30 分钟内识别细菌引发疾病类型的检测方法已被研发出来。这种纳米粒子的表面包裹着抗体，它能与结核病菌结合，从而被磁性扫描器识别。这项工作由哈佛医学院的科学家发表在《德国应用化学》杂志上（DOI：10.1002 / anie.200901791），科学家们希望可以通过应用这种方法提升结核病的早期发现率。

38. 糖尿病的细菌疗法

康奈尔大学的研究人员用生物工程方法培养了一个能分泌 GLP-1 蛋白的肠道微生物（非致病性大肠杆菌）菌株，它在实验室条件下能触发人胰岛细胞的糖应答性胰岛素的释放。用这种细菌治疗糖尿病小鼠时，小鼠的血糖水平恢复到正常水平。人们将来或可开发出一种加入这种工程菌的酸奶饮料，用来治疗糖尿病。这种方法的优势是，细菌只分泌病人所需的蛋白质数量，胰岛素的产生也会适量，从而可以免除病人自我监控血糖水平的麻烦。

39. 治疗感染的磁疗法

一种涂有抗体的氧化铁珠子可用于寻找和捕捉引发感染的细菌或真菌。这些珠子非常小，只有人头发丝直径的百分之一，可直接被注射到病人的血液中。通过透析机中的电磁铁将珠子从血液中吸出并转移到生理盐水中，同时也吸出了附着在珠子表面抗体上的致病细菌或真菌。通过这种方法可以去除 80％的病原体，并使余下的病原体更易于被药物治疗。这种疗法特别适用于那些药物对其无效的由创伤引起的败血病和器官衰竭。每年有很多人死于败血病。该技术未来还可能被用于消除癌细胞或获取干细胞。

40. 用于治疗烧伤的打印机

喷墨打印机常用于文档的打印。美国维克森林大学再生医学研究所的医生们最近取得了一项突破性研究成果，他们发明了一种类似喷墨打印机的设备，可以在烧伤的伤口上喷涂新皮肤细胞，从而大大缩短烧伤的康复时间。这项快速治疗新技术有望最终取代皮肤移植手术。

该设备就像一台彩色喷墨打印机，它包括一个装有皮肤细胞、干细胞和营养液的池子。电脑控制的喷嘴可直接向烧伤区域喷射上述细胞。动物实验表明，小鼠受伤的皮肤肌肉可在 2 周内完全康复，而皮肤移植则需要 5 周的康复时间。同时，这种方法会留下更少的疤痕并使毛发更好地再生。

41. 疟疾疫苗将最终实现突破

全世界每年有 3 亿～3.5 亿疟疾病例报告，有大约 300 万人因此而死亡，其中大多数是非洲撒哈拉沙漠以南地区的儿童。葛兰素史克公司（GSK）研制出一种新疫苗，该疫苗已经在肯尼亚和坦桑尼亚进行了小范围的临床试验，结果证实能降低 65％的儿童感染率。目前，大范围的临床试验正在肯尼亚、布基纳法索、马拉维和坦桑尼亚的 11 家医院的 16 000 名病人中开展。如果试验成功，该疫苗将在明年报请监管部门批准。

42. 新型抗病毒药物——消灭未来的病毒性疾病

对于病毒，科学家面对的主要挑战在于其可能的突发性，比如，HIV、SARS、埃博拉病毒和甲型 H1N1 在人类历史上发生时都是未知病毒。由于无法预测在未来的几年中哪种病毒可能发生变异，为研发和规模化生产疫苗来应对病毒性流行病造成了极大的障碍。美国国防高级研究计划局（DARPA）研究新一代的抗病毒药物，希望这种药物不但能够有效对付目前已知的病毒，还能够应付未来可能出现的病毒。这听起来美好得令人难以置信！研究人员研制出些药物，并在临床试验中证明了其功效。该项研究基于这样一个事实：病毒若离开了宿主将会无法生存。病毒是通过欺骗宿主细胞实现自我复制从而进行繁殖的。如果我们能够识别和限制住宿主细胞中病毒进行自我复制所必需的蛋白质，那将会获得什么样的效果呢？这将会阻止病毒杀死健康细胞，同时防止病毒进行繁殖。他们因此锚定了宿主细胞中的一种特殊的蛋白质（TSG-101），因为病毒需要从宿主细胞中拆解出这种蛋白质。药物 FGI-104 对诸如 HIV、丙肝病毒、埃博拉等许多病毒有良好的效果，可能将书写抗病毒药物发展的新篇章（*American Journal of Translational Research*，1 卷 87 页）。其他的一些研究团队也研发出了与此类似的方法（*Nature Medicine*，14 卷 1357 页）。

这一切目前仍然有待观察，因为我们不确定病毒是否会以某种方式进化变异，从而突破这种新型抗病毒药物的围剿。战斗依然在继续！

43. 能杀灭病毒的陶瓷

英国的 Intrinsiq 材料公司研发出一种新的陶瓷涂料，该项成果基于伦敦大学玛丽女王学院的研究。该研究发现，由二氧化硅和金属碳化物陶瓷制成的纳米粒子可以在 1 小时内杀死 99.9％的病毒。该项研究可用于口罩、空气过滤器、自动取款机、超市手推车甚至纸币等由于公众频繁接触而可能导致病毒传染的物品。

44. 寄生蠕虫有助于缓解过敏

越来越多的证据表明，某些寄生蠕虫导致的传染病可能会对某些类型的过敏病患者有好处。比如，在埃塞俄比亚的实例已经证明，哮喘病患者如果感染钩蠕虫，可以减轻哮喘的严重程度。巴西也有报道称，哮喘病患者如果感染了一种导致热带血吸虫病的扁形虫，其哮喘症状将会减轻（*Lancet*，358 卷 1493 页）。此外，台湾也有案例证实蛲虫病患者更不容易患上花粉症（*Clinical Experimental Allergy*，32 卷 1029 页）。这表明，人体免疫系统由于感染了许多不同类型的蠕虫，而做出积极的响应。英国帝国理工学院的科学家也发现，人体在感染寄生蠕虫后产生的保护效应可帮助缓解流感引起的肺炎。

随着研究的逐渐深入，蠕虫疗法在今后可能会为医学界带来惊喜。

45. 电子药丸

几乎所有药物都有一些副作用，除了对靶向部位产生疗效外，还往往会影响到其他器官，这就限制了药物的给药剂量。显然，如果有某种方法能够有效地控制药物释放，使其主要作用于患病部位，将是非常有价值的。

　　飞利浦（PHILIPS）公司研发了一种电子控制药丸（iPill），它能够被定向运送到患病部位，然后将药物直接释放，最后排出体外且不对身体造成任何伤害。该方法尤其适用于胃肠道疾病，如结肠炎、结肠癌等。这种药丸通过一种微处理器进行控制，医生可以监控其确切的位置、pH 值，以及药物释放的时间。药丸中嵌入了一套微型无线电发射器，它能够将数据传输到由医生操作的外部计算机上，从而监测药丸的位置，并将药物释放到所需位点。药丸中还包含一个微型马达，用于释放药物。

46. 机器人护士

　　她的身材高挑，拥有温柔而敏感的手指，具备柔软而深情的嗓音，她还可以日夜照顾着你，但是她并不是人类，而是一名机器人！她的手指灵巧到可以优美地握住吸管，臂膀强壮到举起你就像托起小孩儿那样容易，甚至可以像背着婴儿一样将你送到其他地方。这就是由日本东京早稻田大学的科学家研制出的机器人护士，名字叫"TwendyOne"，她特别适合于照顾那些需要经常护理的老年病人。她可以很容易地接受命令，如取药、准备茶点，或者为病人提供其他方式的帮助。

47. 细菌 "机器人"

　　你是否想过指挥细菌来执行特定任务，就像指挥机器人一样？现在你真的可以了！加拿大蒙特利尔工学校纳米机器人实验室的研究人员使用了一种磁性设备来控制和指挥细菌建造出一座小型的金字塔！某些细菌（趋磁性细菌）具有天然的内置指南针（磁小体），这能够迫使它们自身遵循磁场的牵引力。在科学家们使用外部磁场诱导时，这些细菌就会形成一个由计算机控制的包含大约5000 个细菌的巨大细菌群，它们能够在 15 分钟内将微小的环氧树脂"砖块"建造成小型的金字塔。在另一项试验中，细菌群被迫使穿过某些血管。科学家计划使用这些微小的细菌作为引擎，以驱动更大的纳米机器人携带特定药物到达感染位点。细菌也可以被用于检测其他由微生物引起的疾病，以及操作"微工厂"进行遗传学和药理学测试。利用美国 Craig Venter 等人最近研制出的"合成生命"（synthetic life），我们可以将计算机设计的 DNA 嵌入到细菌中，利用细菌将新的遗传信息自我复制，从而满足特殊人群对药物、农药、燃料和能源的需求。没有工会、没有抗议、没有争论——数以百万计的微小"工人"依靠小磁场作为动力工作着。

48. 噬菌体 （吃细菌的病毒）

细菌不断发展出新的耐药机制，击碎了我们利用抗生素来消灭它们的梦想。因此，制药公司坚持不懈地研发新的抗生素，致力于对付多种常见疾病（如肺炎、沙门氏菌病、肺结核病）中出现的新耐药菌株。

铜绿假单胞菌引起的耳部感染是一种很难治疗的疾病，这种致病菌表面都有一层保护性的菌膜，这使得利用抗生素杀死它们的难度增加了上千倍。

目前伦敦大学的研究人员已经找到了一个非常有趣的方法来对付这种细菌——利用病毒吃掉它们！该方法所涉及的病毒被称为噬菌体，它可以有效分解保护性菌膜并杀死致病菌，同时不会对体内其他的有益细菌造成任何伤害。

虽然这种方法在以往已经被使用过，特别是在东欧地区，但此次是该方法首次通过临床试验得到证实。这类病毒可能在不久的将来就会跟抗生素一起，被医生用于治疗细菌性感染疾病。

该方法对于人类利用生物来治疗自身疾病具有特别的吸引力：如果细菌产生耐药性，我们就利用病毒吃掉它们。

49. 病毒是导致肥胖的罪魁祸首？

基因导致了我们变胖，还是因为我们吃得太多？或者，还可能有第三个因素——病毒。大约在 20 年前，印度孟买的医学博士 N. Dhurandar 发现了一种奇怪的鸡病毒，这种病毒具有令人惊讶的特性，它能够使被其感染的禽类变得肥胖。该病毒被认定为一类特殊的病毒——腺病毒。那么，人类的肥胖也与它有关吗？我们先来看一组数据：30％的肥胖患者体内具有这种病毒的抗体，表明他们在以往的生活中已经感染上了这种病毒；在瘦人中，这种病毒的感染率仅有 4％（*New Scientist*，2000 年 8 月，5 期 26 页）。此外，还有其他 8 种病毒跟动物的肥胖有关，因此病毒性肥胖理论开始逐渐兴起。

许多以往被认为是遗传或其他因素导致的疾病，目前已被认定是由感染造成的。胃溃疡，以往被认为是由压力引起的，现在大家都知道它是由幽门螺杆菌感染所引发的，使用抗生素就能很容易地治愈。同样的，老鼠乳腺肿瘤病毒（MMTV）会导致老鼠患乳腺癌，它也已被发现可以导致人类的乳腺细胞感染（*Retrovirology*，DOI：10.1186/1742-4690，4 卷 73 页）。

同样的情况会出现在肥胖症上吗？如果真是这样，一种合适的抗病毒药物治疗将可以控制住肥胖。研究证实了这一点：科学家们已经发现，在病毒（ad-36）存在的情况下，人类干细胞在实验室生长过程中将转变为包含病毒的肥胖细胞。因此，治愈肥胖症可能不用等太久了！

50. 塑料抗体——抵抗疾病的新方法

抗体是一种天然的蛋白质，我们的免疫系统利用它来抗击导致疾病的细菌和病毒。抗体的秘诀在于具有数以百万计的可变结构，使得它们可以结合到大量的不同靶点（抗原）。美国加州大学欧文分校的科学家利用纳米技术成功研制出一种完全由塑料制成的抗体，能够有效对付蜂毒。该抗体通过分子追踪能够找到并有效结合蜂毒分子，然后吸收毒液，只留下塑料抗体纳米粒子——该材料具有能容下蜂毒分子的空腔，因此具有捕获它们的潜在能力。在试验中，小鼠首先被注入蜂毒，20秒后再注入这种塑料抗体。大多数注射了塑料抗体的小鼠存活了下来，而那些只注射了蜂毒的都死掉了。这一实验证实了塑料抗体成功捕获了蜂毒分子，使其无法伤害机体。

该项研究为治疗感染或中毒开辟了一种新方式，它能够逐渐发展成为一种对付致命性神经毒气和其他毒素的新型塑料解毒剂（*Journal of the American Chemical Society*，DOI：10.1021/ja102148f）。

51. 真空法治疗中风

中风是全球第二大死亡原因，仅次于心脏病。世界死亡病例中大约10％是由中风造成的，因为中风形成的血栓堵塞了大脑的血液供应，或者使血管爆裂导致出血。大约80％的中风是大脑中形成血栓的"缺血性中风"。

目前的治疗方法是使用一种叫t-pa的药物，该药物必须在血栓形成的3小时之内进行给药。最新的治疗方法是利用真空技术（连续抽吸血栓切除术半暗带系统）从血管中吸出血块。它同样需要在中风发生的几个小时之内使用，以恢复血液供应和预防永久性大脑损伤。这项技术是由Penumbra公司研发的，它首先从病人的腹股沟出发，穿过一根细小的导管直达血管，导管被延伸到脖颈处，然后从脖颈导出一根更细的导管，在真空应用和血栓被吸出之前，延伸到受影响的大脑区域。加拿大卡尔加里大学Seaman MR研究中心利用这套仪器已经拯救了27名患者的生命，并恢复了他们的正常身体机能。该仪器对严重中风的疗效很好，在经过适当优化后应该可以得到更好的应用。

52. 远距离监测心跳

为了长时间监测心脏病患者的心跳，需要患者持续连接带有磁性记录仪的传感器监测设备。他们对此感到非常不舒服，因为这限制了他们的行动自由，尤其是当他们准备睡觉或者想放松一下的时候。

目前，英国萨塞克斯大学工程设计学院的科学家研制出了一种非接触式传感器，在离开患者大约 1 米远的位置，依然可以准确地记录心跳数据。这种"电势场传感器"非常敏感，甚至可以检测到眼球运动或大脑神经纤维的信号。科学家们目前正与一家公司开展合作，共同开发一种便携式家用监测仪，以帮助老年病人在家里测心脏变化，并会在其心跳异变的紧急情况下向医生报警。

53. 纳米疫苗——糖尿病患者的希望

1 型糖尿病也称青少年糖尿病，大约每 400 名儿童中就有 1 名患有这种病。这种病的病因是：当白细胞出现问题时，会开始攻击产生胰岛素的胰腺 β 细胞，从而导致这些孩子血液和尿液中的葡萄糖含量水平升高。1 型糖尿病患者必须定期注射胰岛素，因为他们已经完全丧失了产生胰岛素的能力，而且现今还没有治愈的先例。但是，我们目前仍能看到治愈的希望：加拿大卡尔加里大学 Julia McFarlane 糖尿病研究中心的科研小组使用纳米疫苗治愈了患有 1 型糖尿病的小白鼠，这种纳米疫苗的粒子比细胞还要小数千倍。

这些粒子被涂上了一层蛋白质片段（即多肽），成为治疗 1 型糖尿病的特效药。这种药的优点在于它逆转了免疫系统对胰腺细胞的攻击趋势，但又不会抑制免疫系统的其他功能，如对抗致病细菌和病毒等。Parvus Therapeutics 生物技术公司正致力于使这种新技术实现商业化。

54. 新一代智能绷带

巴特利（Battelle）工业集团研发新一代"智能救援"绷带，它将会实现一些智能化的功能，如传输伤口状况信息，以及在必要的时候释放出治疗药物。这种智能绷带将有助于缩短治愈时间、改善治疗效果。伤口信息将会通过嵌入绷带里的电子传感器传输给医疗人员。因此，这种绷带对于那种多人受伤而伤员们又必须等待治疗的突发性紧急情况非常有用。其另一项重要功能是可以感知伤口的状态，在必要的时候，在医疗人员赶来之前释放治疗药物，从而拯救许多危急的生命。

55. 利用抗体减少中风造成的脑损伤

对于中风患者而言，溶栓药物 rtPA 的给药时效是一个至关重要的问题。该药物只有在中风发生后的几小时内服用才有良好的效果，否则服药的风险将会很大。风险之一是血栓溶解后会造成血压的瞬时增加，从而导致血管破裂造成再次出血。此外，医生通常需要在等待患者大脑扫描结果出来之后，确定了中风的性质才能进行给药，但这一过程耗费掉了不少时间。血管破裂引起出血的中风患者不能服用这种药，因为它会导致进一步流血。正是因为上述原因，只有 5%～10% 的患者可以及时服用这种药物。

目前，法国下诺曼底卡昂大学的科学家研制出了一种抗体，它可以被绑定到大脑神经末梢的特定部位，以减少药物的副作用，从而赢得更多的治疗时间。实验表明，无论是在中风后立即服用还是在中风 6 小时之后再服用，在给药的时候同时加入这种抗体可使小鼠的大脑损伤减少 70%。经过抗体治疗后，小鼠的康复情况也会更好。因此，我们期待这种抗体可以在中风患者被送往医院之前服用，这将使溶栓药物的给药更加安全，同时也能够提高患者的康复水平。

56. 恢复失去的记忆

随着年龄的增长，我们保持记忆的能力逐渐降低。当碰到一位熟人，或者试图去向旁人介绍某人的时候，你明明跟他很熟悉，但是竭尽全力却也想不起对方的名字来，这将导致怎样的失落和尴尬啊！目前，科学家已经在研究这种症状的治疗方法。

英国爱丁堡大学 Jonathon Seckl 博士研究发现，通过阻断大脑中一种特殊的酶（11β-羟类固醇脱氢酶 1 型，HSD1），将有可能修复小鼠的记忆功能损伤并恢复其逐渐丧失的记忆，甚至使其变得可以与年轻小鼠相媲美（*Journal of Neuroscience*，DOI：10.1523/jneurosci.2783-10.2010）。目前，他们正在对人类患者进行这种新抑制剂的试验。

对于那些逝去的记忆，这将是一种多么美好的希望！

57. 电击改善大脑功能

英国牛津大学的科学家研究出一种能够提高数学能力的新方法。具体的实施方法是对右侧大脑（右顶叶皮层）给予电击（颅直流电刺激，TDCS），同时对左脑施加反向电流。该过程使得神经元更容易被激发而增强其功能，从而提高数学能力（*Current Biology*，DOI：10.1016/j.cub.2010.10.007）。

58. 通过欺骗大脑来减肥

大多数人都认为减肥是一件令人痛苦的事情。他们需要通过自我转移视线，来抵制高脂肪美味食物的诱惑，但这往往以失败告终。目前，科学家们设计出了一种非常有趣的减肥方式，跟我们通常采取的方式正好相反。我们不再需要努力转移自己的视线以远离那些美味，甚至我们可以故意将注意力集中在这些食物上，并且想象着我们已经在充分地享受着这些美味。我们通过这种方式来欺骗自己的大脑，这已经被证实可以减少由于节食而带来的饥饿感。

美国宾夕法尼亚州匹兹堡卡内基·梅隆大学的科学家开展了一项研究。参与研究的志愿者被分成两组，其中一组作为对照组，被要求吃特定的食物；另一组作为试验组，需要首先想象几分钟前他们已经在吃着这种食物之后，再开始动手吃。对照组的食用量被视作衡量食物消耗量的标准。研究结果表明，被要求故意欺骗大脑的小组（试验组）成员的食物消耗量明显少于对照组（Thought for Food：Imagined Consumption Reduces Actual Consumption，*Science*，2010 年 12 月 10 日，330 卷 1530－1533 页）。由此可见，减少食量的最好方法就是，当你吃薄煎饼的时候要集中精力，并且当你在吃第一块薄煎饼的时候就要想象着你已经在吃第二块了，你的饥饿感将因此显著减少。

59. 磁刺激大脑促进学习

德国波鸿鲁尔大学的科学家已经证实，通过磁刺激大鼠的大脑有可能使它们变得更加聪明、学习能力更强。该项技术被称为"颅磁刺激"（TMS），可以选择性地激活大脑中的神经元，使大脑的各种区域根据所需进行开启或关闭。这将有助于非侵入性、无痛地促进大脑各区域的互联。目前，TMS 技术已经被用于大脑疾病的研究，如抑郁症和精神分裂症等。

这种大脑磁刺激或许不仅能使大鼠变得聪明，可能在不久的将来也会应用于我们人类身上，让我们的小孩变得更加聪明！

60. 探索我们的大脑

我们人类的大脑拥有数以千亿计的神经元，每个神经元之间通过大约 7000 个突触相互连接，从而呈现出一套神奇的智能通信系统。科学家们一直在努力了解这套系统是如何保持数十年始终发挥功能的。

核磁共振成像是一项描绘大脑图像的现代技术。它依赖于观察大脑内水分子中的氢原子浓度。"扩散核磁共振成像"技术允许远程连接映射，通过观察水分子纵向扩散通过"轴突（连接大脑远距离区域神经细胞的长突起）"来完成大脑图像的绘制。该技术已经被牛津大学的科学家们用于研究中风时的脑组织。科学家们已经发现，数学等技能的发展会导致神经元的大量增多。另一种相关技术——功能连接性 MRI，也被用于观察工作负荷在人类大脑不同部位的影响。美国国立卫生研究院（NIH）投入 3000 万美元资金绘制了 1200 人的大脑图像，以了解这些数以千亿计的神经元是如何相互连接的。

科学家们以往研究过一种身长仅 1 毫米的蠕虫，尽管其大脑只有 309 个神经元，然而绘制它的脑部神经元结构图竟花费了 14 年的时间，该研究成果出版后达到了 446 页（*Philosophical Transactions of the Royal Society B*，3141 页）。由此可见，绘制数以千亿计的人类大脑神经元结构图是怎样的一项艰巨任务。这可能需要科学家们经过数十年的努力，耗资数百亿美元，才可能真正了解我们的大脑这样一台神奇机器的各部件设计和精密程度。

61. 阿尔茨海默病的病源

随着全球人口老龄化程度（特别是发达国家）的加剧，患有阿尔茨海默病的人不断增多，预计将从目前的 25 万人增长到 2050 年的超过 1 亿人。阿尔茨海默病患者的大脑中会产生异常大量的 β 淀粉样蛋白，因此导致脑内形成老年斑块，并最终杀死神经元，造成阿尔茨海默病。迄今为止，还没有能够有效治疗阿尔茨海默病的药物。不过目前，一种与阿尔茨海默病的病因相关的新成像技术可能将取得突破。美国宾夕法尼亚州匹兹堡大学的科研团队研发出一种新的大脑标记物 PiB，该物质能够点亮患者受损的大脑区域，使其能够在正电子发射断层摄影技术（PET）大脑扫描中被检测到（*The Lancet Neurology*，9 卷 363

页）。在以往，患者脑部受损的区域只有在其死后的尸检中才能被检测到。因此，该项技术可以更有效地监测患者，非常有利于阿尔茨海默病的早期诊断和新药的研发。

越来越多的证据表明，老年斑块可能不是造成阿尔茨海默病的根源，而只是它的一种症状表现。科学家们在神经元发现了一种与众不同的蛋白质（被称为"tau"）的缠结。近期研究表明，这种精简版的 tau 蛋白（寡聚体），可能是导致阿尔茨海默病的根源（*Annals of Neurology*，DOI：10.1002/ana.22052），目前一些新药物的研发就是针对这种小分子的。阿尔茨海默病的治愈可能将是多年以后的事了，但我们至少已经逐渐了解这一疾病的形成原因。

62. DNA 测试——几小时完成

DNA 测试的出现已经被证明是犯罪鉴证领域中继 20 世纪前半叶引入指纹鉴别后的又一革命性创新。尽管目前大多数基因测试可以在 24～72 小时内完成，但是从犯罪现场提取测试样品，再送往实验室检测出最终结果的全程可能需要 2 周时间。等到测试结果出来时，犯罪嫌疑人往往早已被释放了。因此，我们非常需要一种快捷的 DNA 测试方法。美国亚利桑那州堪萨斯大学的科学家与英国法医服务机构进行合作，共同研发出一种新型芯片，能够在 4 小时内完成 DNA 测试，在科学家们对这项技术加以改进之后，测试时间预计将可以缩短到 2 小时。如果警车安装上这种便携式的测试仪，将完全可以现场测试犯罪嫌疑人的 DNA 样本。这项技术有望实现商业化，从而为法医界带来极大的便利。

63. 人造卵巢

美国布朗大学沃伦·阿尔珀特医学院妇幼医院的科学家开展了一项不孕研究，他们利用育龄妇女所捐赠的"膜"细胞成功制造出人造卵巢。在实验室条件下，这种细胞首先被培育成一个蜂窝状结构，然后将人类的卵母细胞嵌入蜂窝状结构的槽孔中，该人造卵巢能使卵母细胞发育成为成熟的卵子。

该项研究将有助于拯救那些癌症妇女的卵子，并使其在实验室条件下发育成熟。

64. 返老还童

永葆青春的灵丹妙药一直是许多科幻故事的主题，但是现在科学家们开始使它逐渐成为现实。遗传学的快速发展，特别是在最近的 60 年内，带给了我们许多新知识，让我们开始逐渐了解人类衰老的根源，从而为实现返老还童提供了可行性。伴随着细胞分裂，DNA 也相应地被分裂为两份，形成两个新的细胞。然而，随着时间的推移，每次细胞分裂都会造成少量的 DNA 信息丢失。从抽象角度来看，染色体可以被视作 DNA 分子组成的一种 X 形结构单元，染色体的底部被一顶"防护帽"保护着，这顶"防护帽"是一种缓冲区域，被称为"端粒"。端粒的功能在于保护染色体在细胞分裂过程中不被分解，但端粒本身会在这个过程中受损。随着时间的推移，我们人体器官开始衰老退化，端粒也会逐渐消失，染色体会随之失去保护。

美国哈佛大学的科学家已经找到一种方法，通过对小鼠的实验证实能够阻止甚至逆转这一过程。该方法通过激活端粒酶，来修复受损的端粒，恢复它作为染色体底部防护帽的功能。他们发现，当对小鼠的许多老化器官进行这种自我修复后，小鼠似乎变得更加年轻了。当然，这种做法的副作用是可能会增加患癌症的概率。

65. 治愈脱发指日可待？

25％的男人从他们 20 岁开始便会出现脱发现象。60 岁之后，约 70％的男人会出现这种问题。脱发基因（AR）被认为是造成这种状况的原因，基因治疗法目前已经在老鼠身上试验成功。

费城宾夕法尼亚大学医学院的研究人员发现了一件有趣的事情，长有正常头发的皮肤和脱发部位的皮肤存在同样数量的干细胞，只是脱发部位的皮肤干细胞处于休眠状态。

这些休眠的干细胞需要以某种方法来唤醒，并转化为"祖细胞"，返回脱发部位，最终使人重新长出头发。一种方法是，我们可以首先隔离这些干细胞，将其繁殖成祖细胞，然后使其返回脱发部位，使人重新长出头发。另一种策略是通过使用一种化学信号，来唤醒沉睡的干细胞。比如，涂抹某种适宜的油脂将有可能达到这种效果。

随着研究的不断深入，脱发的治愈将指日可待。

66. 顺势疗法：是科学还是谬论

在讨论顺势疗法的问题之前，我们需要先理解"安慰剂效应"。如果病人服用了某种无效的药丸或有颜色的水，并坚信它能够治好自己的病，的确能够为治疗带来一种有益的影响，这就是"安慰剂效应"。不过，在开展随机性临床试验时需要慎重考虑这一效应的存在，以确定真正的试验效果。安慰剂对于一些病人比较有效的原因在于，如果你真的相信某种特殊的药物会对你的病有效，那么在某些特殊情况下，你的身体有可能会相应地起化学反应。

顺势疗法在世界许多地区广泛地实行。但是安慰剂真的具有超越自身疗效的治疗效应吗？严格控制条件的广泛性随机临床试验已经一次又一次地证明，它除了安慰效应之外实在没有更大的作用。一些临床试验起初表现出了某些积极的效应，但后来都被证实是错误的。

美国国立卫生研究院国家补充替代医学中心报告称："安慰剂的核心理论不符合目前已知的科学规律（尤其是化学和物理学）。"许多发达国家的健康组织，如英国国民健康服务组织、美国医学协会［AMA 科学事务理事会（1997），替代医学：科学事务理事会第 12 号报告（A－97），美国医学协会）、美国实验生物学社会联盟（FASEB）（FASEB J20（11）：1755-18，DOI：10.1096/fj.06－0901ufm，PMID 16940145］，都明确声明：没有确切的科学证据证实顺势疗法药物的使用效果。

很明显，顺势疗法的所有治疗效果都基于以下两方面的原因：第一，安慰剂效应；第二，身体具有自愈的自然功能，即某些疾病通过一定时间的调息能够自愈。值得注意的是，还存在第三个危险的因素：江湖骗子向药物里添加激素。这可能会让你感觉到病情立即得到缓解，但实际上对身体健康有害而无益。

然而，尽管其疗效缺乏科学证据，顺势疗法仍将继续在许多国家广泛实行。

67. 大脑是否能控制肥胖

据世界卫生组织估计，全球肥胖人群大约有 20 亿人，这一数据大约占到了全世界 15 岁以上人口的三分之一。此外，6 岁以下的肥胖儿童约有 2000 万人。

肥胖被认为是遗传基因决定的，科学家们一直在寻找造成肥胖的基因。目前越来越多的证据表明，基因控制着食欲，大脑对于肥胖起着关键性作用。英国埃克塞特的半岛医学院的研究人员在 2007 年发现了一种基因变体，它可能会帮助人们调节体内的脂肪含量。这种被称为 FTO 的基因是在一项涉及 2000 名糖尿病患者的研究中被发现的。目前，造成肥胖的基因已经确定，科学家们通过多项研究找到了 64 个基因变体。尽管科学家们还不清楚这些基因是怎样发挥作用的，但他们认为这些基因可能参与编码了某种与饥饿感有关的大脑蛋白质。

随着时间的推移，我们将能够研发出一种靶向作用于遗传途径的新药，但现在我们必须委屈我们自己，通过锻炼来消耗掉我们摄入的过量饮食，或者通过节食来避免肥胖。

68. 唐氏综合征患者的福音

唐氏综合征是一种基因缺陷疾病，它是由 21 号染色体在细胞分裂中出现了问题（在减数分裂的后期未分离）导致的。它会造成患者的生理缺陷，并损伤患者的学习能力。这种损害将是永久性的，尽管我们可以通过一些特殊的训练来帮助孩子减轻这种病症。另外，患有唐氏综合征的孩子中大约有一半也同时遭受着先天性心脏病的折磨，还有许多同时患有白血病。

为了寻找这种疾病的治疗办法，科学家们在转基因小鼠（类似于患有唐氏综合征）身上进行了实验研究。美国国立卫生研究院的研究人员发现，如果将两种蛋白质（NAP 和 SAP）注射到这种转基因老鼠的母体内，将能够有效预防小鼠出现唐氏综合征。此外，当使用这些蛋白质对小鼠进行口服喂养后，它们的学习能力可以得到显著提高。这项发现让患有唐氏综合征的孩子们看到了治疗的希望！

69. 抗生素和耐药菌的竞赛

致病菌通过基因变异（突变）等方式，形成了一种耐药机制以存活下来。能够耐受抗生素的耐药菌就得以生存和发展。因此，目前存在着这样一个竞赛：一方面，科学家努力研制更强效的抗生素来替代那些逐渐失效的现有抗生素；另一方面，致病菌不断进化变异以对付抗生素并产生耐药性而设法生存。感染耐药致病菌已成为目前大多数医院病房的一大威胁，一些病人在住院治疗期间就是因为这一原因而死亡。

新药（抗生素）研发的巨额成本问题因而恶化。这些新药的研发成本动辄超过 10 亿美元，而且经常由于药物副作用等原因，尚未实现商业化便遭到美国食品药品监督管理局（FDA）的否决，从而使得这些投资完全损失。大多数制药公司已经放弃了他们研制新抗生素对抗耐药致病菌的研究项目，因为这已经不再具有经济可行性。所以从目前来看，我们输掉了这场跟致病菌之间的竞赛，耐药致病菌不断增殖所带来的危险正在持续增加。未来可能会有数百万人因为特效抗生素的失效而死亡。

巴基斯坦卡拉奇大学化学和生物科学国际中心（ICCBS）拥有非常著名的两家研究机构——H. E. J 化学研究所、Panjwani 博士分子医学和药物研究中心。他们近期取得了一项研究成果，即使用一种植物天然提取物来增强抗生素活性以对抗耐药菌。这项研究目前已经发现了超过 12 个具有潜在希望的化合物。

我们可能将因此而返璞归真：在这个星球上，人类的生存与发展需要生物多样性，以及相应的化学多样性，这是大自然以植物王国的形式给予我们的恩赐。

70. 声呐检测中风

声呐是一种利用声波在水下的传播特性，帮助潜艇完成探测和回避其他船只的标准电子设备。声呐分为主动式和被动式两种类型，其中，被动声呐通过接收其他船只发出的声音信号来测定目标方向；主动声呐需要发射脉冲的声波，之后接收目标反射的回波来测定目标位置。

现在声呐已经被应用于检测人类大脑的中风。这种高灵敏度设备可以直接戴在人的头上，监测并传感血液流经血管时所产生的压力波。血液流动中的任何异常情况，包括血管中存在血栓或者血管破裂，都很容易被这种分析仪捕捉监测到。

中风是世界范围内造成人类死亡的主要原因之一，中风的及早诊断对于治疗十分关键。声呐装置有望成为医生的一项重要工具，以检测中风的性质，并及时给予相应的药物治疗。

71. 纳米纤维微粒治疗软骨创伤

软骨创伤往往很难治疗。它们可以自行愈合，但愈合过程不会进行得很好，因为新形成的软骨可能不会具有完全相同的构型、提供相同的功能。愈合过程往往是患者体内的健康细胞进入受伤部位促进创伤愈合，但因为细胞不能均匀地覆盖整个伤口，这种治疗经常无法令人满意。

美国密歇根大学的科学家们已经研发出一种特殊的纳米纤维微粒，它可以捕获病人的细胞并把它们均匀注射到伤口位置。这种纳米微粒能够运送捕获的养分细胞，从而促进软骨愈合。由于这些纳米微粒可以自然降解（以生物降解方式），所以微粒会及时溶解掉而不产生任何副作用。

目前，纳米技术已经被广泛应用到人类活动的各个领域。

72. 用 "棉花糖" 对付难治的伤口

糖尿病患者的一些创伤很难治疗，有些可能需要几年才能愈合，在严重情况下，甚至必须要进行截肢。正常的伤口愈合需要依靠纤维蛋白的形成，这种纤维蛋白能捕获血小板，为伤口的愈合提供覆盖其上的 "脚手架"。目前，美国密苏里州 Mo-Sci 公司的科学家已经研制出一种新型的玻璃状纳米纤维材料，它就像儿童们喜欢吃的棉花糖一样。它可以复制这种自然过程，捕获血小板，从而促进伤口愈合。这种纤维蛋白由硼酸盐玻璃材料制成，生产成本低廉。它最终可以被人体所吸收，所以无需拆除缝线或绷带。

73. 高速活体检查

在手术过程中快速分析组织的性质，确定它们是癌变的还是健康的，几乎可以带来生与死的差别。分析人员需要在分析样本后才能给外科医生提供建议，整个过程大约需要 1 小时，这就会延误外科手术的宝贵时间。目前，核磁共振（NMR）和质谱（MS）技术已经被用来提供瞬时识别功能，从而为该检测过程提速。

被检组织将经受核磁共振波谱仪提供的强磁场和无线电波的检测，在强磁场中将完成一套特殊的 "舞蹈"（即旋进现象）。它们在无线电波影响下 "翩翩起舞"、吸收能量，以此反映它们是癌变的还是良性的。

另一项相关研究中，在使用电极（电子手术）的过程中，针头大小的组织被烧掉，燃烧的烟雾被导入质谱仪中。在该仪器中，不同类型的分子加速通过真空，并根据其质量实现分离。因此，利用该仪器可以快速地识别癌症组织。这种技术被德国 Glessen 大学科研小组首先应用于匈牙利德布勒森的一所医院中。

74. 提前一天预知哮喘发作

哮喘发作非常痛苦，如果病人能够预知它的发生，从而提前购置药物，这对于哮喘病患者将是一个巨大的安慰。目前，西门子公司研发出一种手持式呼吸传感器，它能够在哮喘临近发作的前 24 小时发出警告，从而使患者能提前准备预防性药物。目前，科学家已经发现，哮喘病发作前 24 小时人体内氮氧化物的水平会显著提高，而该传感器能够检测出极低浓度水平的一氧化氮（十亿分之一）。炎症越严重，一氧化氮的浓度越高，因此还可以指示哮喘发作的严重程度。医生也可以据此相应地采取药物治疗。

75. 瘫痪患者的希望

四年前，一名男子遭遇了一场严重事故，导致腰部以下完全瘫痪，但是得益于医学界的一次历史性突破，他现在居然可以行走了。美国加州大学洛杉矶分校、加州理工学院和路易斯维尔大学的科学家们已经成功地将电极阵列植入到肢体瘫痪的患者体内。该设备通过发送电信号来刺激脊髓下半段，脊髓的这部分控制着脚趾、脚踝、膝盖和臀部的运动。它通过这种方式来复制人类大脑信号以引起运动。这套设备并不会绕开神经系统，也不会直接刺激腿部肌肉；它会刺激脊髓神经向下肢反馈所发送的指令。这一突破为脊髓损伤的瘫痪患者带来了希望！

76. 外科手术不会再留下疤痕

当伤口基本愈合之后，外科手术缝合线将被拆除，导致伤口周边的皮肤被扯开，因为起支撑作用的手术缝合线已经不再存在。疤痕组织因此形成，从而造成伤口部位留下疤痕。这种情况造成的毁容在审美的角度上是无法接受的。

美国斯坦福大学的研究小组目前开发出一种新型的敷料，它可以防止伤口由于机械应力而形成疤痕。这种新敷料是一种具有弹性的薄层硅胶，它可以压盖在已经拆线的伤口上。硅胶层随着时间的推移开始均匀地收缩，将伤口周边皮肤紧压在一起，使其不会被扯开，因此在伤口痊愈后不会留下疤痕。

77. 大学科研助力国防军事技术

在美国，每年 4000 亿美元的科研资金中大约有一半来自国防机构，如NASA、海军研究办公室（ONR）、美国空军等。其中的许多任务都被外包给了各大学的研究机构，如麻省理工学院、斯坦福大学、加州理工学院和史蒂文斯理工学院。

新泽西州史蒂文斯理工学院生物医学工程的学生们研制出一套新设备，可以为战场上的士兵提供帮助，这是大学科研机构在军事技术发展中起重要作用的最新案例。它能够解决士兵因为失血过多而死在战场上的问题。这是因为人体失血过多会导致"低体温症",体温持续过低则造成死亡。

史蒂文斯理工学院的研究团队的目标在于开发出一种装置,能够在医疗救援抵达为伤员输血之前,人工加热血液,以阻止或延缓体温过低的问题。目前,该技术试图使用暖毛毯和静脉点滴提高失血后的体温。把体温提高到一定水平以稳定病情需要 16 小时,这是一个关键时期。

史蒂文斯理工学院研制的这种设备可以将这段关键时期缩短到 4 小时。该设备的工作原理在于将温暖潮湿的空气直接导入病人的肺部,随着血液循环流经肺部,可使体温上升到安全水平。

在巴基斯坦,国防部门只有非常少量的工作外包给大学开展,用于国内研究与开发的经费甚至不及国防预算的百分之一。他们只能从别的国家购买昂贵的"玩具"(武器设备)——这些设备往往是一些国家出于政治原因且以过高的价格卖给他们的,并且很快就会过时,之后他们又不得不再继续购买。

美国在巴基斯坦抓捕本·拉登的事件反映出他们在技术上的失败;他们的雷达无法侦测到"隐形"直升机,使他们包括核设施在内的所有设备都很容易遭受袭击。他们应该强制性地将国防预算的 10% 用于大学的本土研发,这可以使他们在无人机、隐形武器及机器人技术方面的研发能力得到提升;否则,巴基斯坦始终是易被攻击的活靶子。

78. 低智商跟儿童传染病有关

世界上最贫穷的国家将可能为本国年轻人的低智商状况花费比想象中更多的费用,这可能造成这些国家在发展和疾病防治之间产生一种恶性循环。新墨西哥大学的研究表明,发展中国家的儿童流行性传染病的增加可能会影响到孩子们的智商水平。研究人员绘制了发达国家(受到传染病的影响较小)健康人的智商水平,并将其与受传染病影响最为严重的发展中国家作对比。在过去,智商水平已经被证明与国内生产总值(GDP)、营养水平和教育有关。但在所有影响因素中,传染病被发现是造成智商水平差异的最重要因素,这表明大脑的功能和发育可能会由于一些传染病而造成永久性损害。

79. 修复受损的心脏

心脏病发作后,心脏中受影响区域内的一些组织可能会死亡。受损组织通常无法修复,但目前人们正在努力利用干细胞或其他技术进行修复。美国布朗大学和印度理工学院坎普尔分院密切合作，研发出了一种由碳纳米纤维和聚合物制成的"补丁"，可修复心脏的受损部位。这种补丁呈网状结构，因此具有一定的灵活性，并可以随着心脏活动进行扩张和收缩。此外，由于它具有良好的导电性能，当被置入心脏受损组织上时，能够允许电信号传输通过。这种补丁可以接种于心脏细胞（心肌细胞），随着神经元的生长，心肌细胞能够在补丁上快速增长。在不久的将来，外科医生可能将会使用这种新工具来修复受损的心脏！

80. 治疗脱发有新招

随着年龄的增长，我们的头发会变少，发线退后，露出光洁的头皮。对于那些爱美人士而言，这是难以接受的。他们会通过戴假发、激光植发等方式来遮掩。科学家们尝试了多种方法，希望能够刺激头发生长。耶鲁大学分子、细胞与发育生物学研究所的一位副教授找到了头发不再继续生长的根本原因。头发生长所必需的干细胞依然存在，但还需要激活血小板衍生生长因子（PDGF）。科学家们目前正在探索如何触发这些干细胞，以刺激头发生长。

秃顶将有望治愈！

81. 治疗癌症的新方法

全球约有 13% 的死亡人口的死因是癌症。数十年来，人们为治疗各种各样的癌症付出了巨大的努力，并获得了一些显著成果。例如，有一种方法能直接将抗癌药物送达癌细胞，并确保药物只在靠近癌细胞后才会释放，以降低这些有毒药物对正常细胞的副作用。此外，美国约翰·霍普金斯大学的研究人员研发出了一种新方法，可以让癌细胞自己产生药物，并在不影响正常细胞的前提下自毁。

该方法利用了由两种不同蛋白质融合而成的"蛋白开关"。这两种蛋白质中的一种可以探测到癌细胞，而另一种则可以将某种没有活性的前药转化为可杀死癌细胞的物质。首先，将此"蛋白开关"引入癌细胞；然后，把无效前药给病人服下。当前药运送到癌细胞附近，"蛋白开关"探测到癌细胞后，就会将该前药转化为活性药物，杀死癌细胞。

82. 单一药物能对抗多种病毒吗

病毒的种类多达数百万种，可引起动植物的多种疾病。人类只对其中 5000

种有较详细的了解。科学家们一直试图研制出一种广谱的抗病毒药物，类似于1928年发现的能够对抗多种细菌的青霉素。可是，虽然有少量药物对特定病毒有效，但很快就因为病毒产生耐药性而失效。麻省理工学院林肯实验室化学、生物和纳米技术小组可能已经找到了答案。他们设计出的一种药物似乎对多种病毒都非常有效。这种药只攻击并杀死那些被病毒感染的细胞。它在识别出这些细胞的典型特征（表现形式为一长串双链RNA）后，会附着在被感染细胞上，然后发送信号，从而引发细胞凋亡。

这种名为"DRACO"的新药对测试用的15种病毒都很有效，包括H1N1流感病毒。

83. 抗癌疫苗——Atlast

每年有大约1300万人被确诊患癌，800万人死于癌症，占全球总死亡人数的13％。癌症一般是由接触致癌化学制剂、体能活动不足与肥胖、传染性疾病或接触核辐射引起的，也有少数是由遗传性基因缺陷造成的。现已发现许多致癌病毒（肿瘤病毒），但一直未能成功研制出疫苗。这是因为早期的疫苗只能通过一个基因来刺激身体的免疫系统，进而克制癌症，但癌细胞通常很快就能适应。多基因的方法由于存在可能触发无法控制的免疫系统反应，使身体不能适应，所以一直未被采用。

英国利兹大学分子医学研究所的科研人员在这方面已经取得了让人振奋的成果。他们使用从同一类组织中提取的基因片段文库来触发免疫反应，获得了许多不同类型的"士兵"（抗原），在对抗癌症的同时，也不会过度刺激免疫系统。将采集自健康前列腺细胞的DNA片段植入病毒，获得的疫苗可治愈老鼠的前列腺癌。这项技术现已应用于人体——希望基因疗法能够治愈人体的某些癌症。

84. 可解决背部疼痛问题的人造椎间盘

脊柱中的椎间盘是一种天然的缓冲器，可防止椎骨的相互摩擦。这些天然的垫子会随着年龄的增长逐渐损坏，也可能因伤受损，导致严重的背痛。单就美国而言，每年用于治疗背痛的钱就多达1亿美元左右。脊柱融合术是一种可行的解决办法，但同时也会降低脊柱的灵活性。另一种方法是更换损坏的椎间盘。目前，美国杨百翰大学的科研人员研发出一种新的人造椎间盘，可用于帮助数百万患有慢性背痛的人群。这种人造椎间盘有弹性且持久耐用，可承受脊柱运动时椎骨间的极端压力。

背痛患者终结病痛指日可待。

85. 人体记忆的基础

按照目前的认知，人的大脑是宇宙中最复杂的物体，拥有上千亿神经元。而每个神经元有约 7000 个突触与其他神经元相连。思考的过程就是通过这些连接实现的。比如，当我们说"母亲"这个词时，大脑中会形成特定的图像。这些图像是怎样精确形成的？信息的储存与回忆又是如何实现的？这是最让人困惑且具有挑战性的科研领域之一。可以认为，思想是抽象、不真实的。但每个思考过程都是以有形的分子为基础，有时甚至能够用已知的化学药品进行控制。比如，抗抑郁药就能抵抗抑郁情绪。

早在十多年前就有人提出，大脑（丘脑下部）神经元中的某些糖蛋白就是记忆储存器，以蛋白质复合物的形式储存记忆。蛋白质之间通过一种名为"氢键"的"动植物胶"进行聚合。每种聚合形式都是独一无二的，随记忆的变化而改变。根据加拿大阿尔伯塔大学与美国亚利桑那大学科研人员最新发布的研究成果，他们已经找到证据，证明这种蛋白质复合物正是在记忆形成与储存过程中形成的。据称，钙-钙调素依赖性蛋白激酶Ⅱ（CaMKⅡ）与微管蛋白就能形成复合物。而形成过程也是人脑的信息储存过程。

按需定制的生物计算机可能是未来计算机的发展方向。

86. 糖尿病患者的生物芯片

糖尿病患者为了检测血液中的血糖水平，需要每天一次甚至数次针刺指尖取血检测。这是一个痛苦的经历。之前，美国布朗大学的科研人员已经成功测量出极低浓度水溶液中的葡萄糖水平。现在，他们研发出一种新方法，利用敏感的生物传感器来测量唾液中的血糖水平，进而确定血液中的血糖水平。

87. 人体中的药丸摄像机

早在 2004 年，日本射频系统实验室公司（RF System Lab）就研发出一种摄像机药丸，能够在人体内拍照。2010 年，奥林巴斯也发布了一款性能更优异的类似设备。一家挪威公司联合该国的奥斯陆大学及其附属医院、挪威科技大学和挪威国防研究机构等合作伙伴，对该技术做了进一步改良。设计出的胶囊由微型摄像机、光源、无线电发射器、电池和微处理器组成。其中，微处理器负责将胶囊拍下的内脏高清视频发送出去。

88. 癌症检测：只需1小时？

一个由美国麻省总医院医生和科学家共同组成的研究小组研发出全球最小的癌症诊断仪，利用磁共振来进行探测，可在1小时内精确检测出癌症。传统的磁共振成像设备需要将人体置于一个环形的磁体内侧，然后激发人体内水分子中的氢原子。癌变区域组织密度大而水分子少，很容易被磁共振成像仪扫描出来。不过，要确定肿瘤是良性的还是恶性的还需要耗时2～3周的测试。这会耽误治疗，有时甚至就是生与死的区别。而新研制的磁共振诊断设备可以在不到1小时的时间内确诊，进而拯救成千上万人的生命。

因为磁性纳米粒子能附着在以某些细胞癌标记物为靶标的特定抗体上，该小组将标记用纳米粒子与活体检测时取出的生物材料混合后，这些粒子就会附着到癌细胞上。通过最终得到的磁共振信号，就能确定是否为癌症。准确度为96％，高于传统方式的84％。此外，这样的磁共振反应方法也能用于检测其他疾病。

89. 来自蟹壳的廉价医药品

甲壳素是蟹类和虾类外骨骼的主要成分之一，在自愈汽车油漆、可与生物兼容的晶体管，以及流感病毒过滤器方面得到了广泛应用。现在，奥地利维也纳技术大学的科学家们发现了甲壳素的另一个重要用途——作为一种抗病毒药制造原料的廉价替代品。

目前使用的抗病毒药是用N-乙酰神经氨酸（NANA）制作而成的。其成本高达2700美元/克，是黄金价格的50多倍。利用一种名为"木霉属"的生物工程菌，可以将蟹壳转化为NANA。除了蟹类和虾类，甲壳素也可以从昆虫的外骨骼、蜗牛壳、鱿鱼和某些真菌中获取。

90. 牙医的福音——无痛等离子牙刷

对部分人而言，拜访牙医是一件让人恐惧的事，他们害怕那些刺耳的机械设备声和牙龈处的疼痛。现在，有了等离子牙刷，这些都将不再存在。这种等离子牙刷由美国密苏里大学和纳诺华公司的科研人员共同研制，可以在填充龋洞前对其进行无痛清洁，且不会造成任何机械磨损。这样处理后，补牙填料可以更稳固地与牙齿结合起来，提升60%的坚固性。清理过程只需半分钟，不但快，而且还无痛。

单就美国而言，每年就有2亿例牙齿修补病例，费用约500亿美元。一个牙齿一般在修补2~3次后就只能拔除。因此，这种有望在18个月内实现商业化的等离子牙刷在推广后，可节约数十亿美元。

91. 用电筒杀死细菌

中国华中科技大学、香港城市大学、澳大利亚CSIRO材料科学与工程分部及悉尼大学的多位科学家组成的联合小组研发出一种新型等离子闪光电筒，可瞬间杀死细菌。该闪光电筒由一个小型的12伏电池驱动，可释放出一束23℃的等离子体，对我们的皮肤不造成伤害，却能杀死细菌。闪光电筒确切的作用机理尚不可知，可能是所释放的微弱紫外线起了作用，也可能是等离子体与周围的空气发生反应，起了杀菌作用。这种闪光电筒的成本有望控制在100美元以下，可供内、外科医生用于局部消毒。

92. 通过呼气分析来诊断疾病

未来，医生可能会拥有一个看起来像温度计的小设备，能够对你呼出的气体进行分析，并告诉你患上了何种病症。利用该技术，现今已经能够通过呼气分析来判断醉酒程度，正在向癌症、糖尿病和传染病诊断方向发展。所依据的原理是，不同疾病有不同的典型代谢模式。因此，患有特定疾病的人在食用或注入了某种化合物（如糖）后，碳-13同位素就会富集起来。通过测试呼气中二氧化碳含有该同位素的水平，就能检测出某种疾病的标记。美国威斯康辛大学麦迪逊分校的科研人员一直致力于研发一种手持型"代谢性呼气测试器"的技术，使其适用于从业医师。

93. 狗能发现癌症

我们都知道，狗鼻子非常灵敏。狗被广泛用于搜寻隐藏的爆炸物。德国席勒赫厄（Schillerhoehe）医院的科学家们发现，狗能够嗅出肺癌早期患者呼气中特有的挥发性化合物，从而检测出癌症。

欧洲每年死于癌症的人约有 34 万。若能在患癌早期就进行治疗，他们可能会幸免于难。肺癌患者都有一些特别的"标记"，狗可以从其呼气中闻出来。科学家们正在对这些化合物进行识别，以便研发出一种可用于癌症早期诊断的科学仪器。

94. 源于指纹的药物测试

指纹通常都被用于确定个人的身份。但现在，英国东英吉利大学的科学家们研发出一种设备，可以从指纹上的汗水检查出人体内的非法药物。该校的附属公司研制的"聪明的指纹识别仪"不但能直接检测出人体服用的药物，还能发现药物分解形成的特有代谢物，既可用于探测非法药物，也是一种监控体内药物水平的健康工具。在一项类似研究中，英国帝国理工学院的科学家们完全利用在指纹识别过程中检测到的手指上的汗水所含化学物质来判定人种、日常饮食和性别等。

95. 吃得更少， 活得更长

许多年前，人们就发现，在不减少维生素和矿物质摄取量的前提下限制饮食，可以减缓老化过程，延长寿命。已证实这种认知对猴子、老鼠、鱼甚至真菌等微生物而言，都是正确的。科学家们对此十分困惑，一直在探索其中的科学依据。

瑞典哥德堡大学细胞和分子生物学系的科研人员似乎找到了答案。人类身体细胞中的过氧化氢是有害的，可通过过氧化物酶 1（Prx1）去除。这种酶在老化过程中会逐渐失活，不能再有效消除过氧化氢的有害作用。最终可能引发癌症与基因缺陷。不过，一种名为 Srx1 的修复酶可修复失活的 Prx1 酶。而限制日常饮食可增加 Srx1 酶的浓度，从而延长寿命。还有一个相关的有趣发现是，随着 Srx1 酶的增加，即使不限制饮食也能减缓老化过程。此外，限制饮食预计还能减少与年龄相关的疾病，如阿尔茨海默病和帕金森病，让人们享受更健康、更长久的生命。

96. 多吃亦能减肥

来自美国加州大学欧文分校、耶鲁大学及意大利安科纳-马尔凯理工大学的科研团队最近获得了一个惊人的发现。他们通过改变小鼠的前脑神经元，减少了小鼠体内花生四烯酸-2-油（2-AG，一种内源大麻素）的产生，使小鼠在食用高脂肪食物后并不会长胖，因为此时它们体内脂肪的燃烧效率远远地高于正常小鼠。以此为基础，科学家们目前已经开始寻找一种适宜的方法，来抑制人体大脑中 2-AG 的产生，从而永久性地解决肥胖问题。

97. 抗击阿尔茨海默病

阿尔茨海默病是最常见的痴呆症之一，目前全球约有 3000 万人受此折磨，尤其是 65 岁以上的老年人。这种患者的早期症状主要表现出严重的记忆力减退，甚至难以记住最近发生的事。随着病情的恶化，逐渐会出现思维混乱、表达困难、烦躁不安，继而出现攻击性行为，丧失长期记忆，甚至造成身体机能的损坏并最终导致死亡。我们虽然已经知道这种病是由于大脑中出现了斑块和神经元缠结的特征性病变，但是确切的致病机理到目前还没能弄清楚。尽管目前开展了大量的临床试验，但是仍然还没能找到适用的治疗方法。

最近，抗癌药物贝沙罗汀（Bexarotene）让人们看到了治疗阿尔茨海默病的希望。在小鼠体内的试验表明，贝沙罗汀能够恢复由阿尔茨海默病造成的生理损害、认知和记忆障碍。美国凯斯西储大学神经学教授 Gary Landreth 领导的科研团队证实，小鼠大脑中与阿尔茨海默病相关的"β淀粉样蛋白"斑块在几个小时内即已被清除过半，72 小时之后小鼠开始变得正常。此外，美国索尔克生物研究所的科学家们研发出了一种名为"J147"的先导化合物，也已经通过小鼠体内试验证实对该病有一定的治疗效果。

医学界对阿尔茨海默病的研究一直在持续进行中，相信在不久的将来我们即能看到特效治疗药物的面世。

98. 转基因蚊子消灭疟疾

美国加州大学欧文分校分子生物学教授 Anthony James 的科研团队在去年成功对蚊子的基因进行了改造，使得新出生的雌性蚊子不会再长出翅膀，从而阻止它们嗜血乱飞攻击人类。虽然经过基因改造之后的雄性蚊子出生时依然是有翅膀的，但是当它们与正常的雌性蚊子交配后，就会将这种基因遗传给后代，因而可以极大地减少传播疟疾的雌性蚊子的数量。

该科研团队进行了更为深入的基因修饰，成功地改造了蚊子的免疫系统

（《美国国家科学院院刊》，2012，6（11），DOI：10.1073/pnas.1207738109）。当疟原虫试图感染这类转基因蚊子时，立刻会遭到转基因蚊子免疫系统的攻击，最终使得蚊子不会再传播疟疾。科学家们希望这些转基因蚊子可以大量繁殖，取代目前的正常蚊子种群，从而根除疟疾。

99. **丝绸治疗炭疽病**

炭疽病是一种由炭疽杆菌引起的人畜共患急性传染病，它通常能够影响山羊、绵羊、牛和马等食草动物。炭疽曾被用于生物恐怖活动，引起了极大的社会关注。人们一旦碰触到它，可能会造成很难看的皮肤疮，如果侵入体内则可能会引起内脏感染甚至死亡。如果不幸吸入，它会从胸部转移至淋巴结并扩散开来，并最终导致死亡。处于休眠状态的炭疽孢子具有一层坚韧的外壳，可以保护它们免受抗生素、辐射和高温的破坏。曾有报道称，这种炭疽孢子可以存活 2.5 亿年。

美国空军研究实验室（俄亥俄州帕特森空军基地）的科学家们发现了杀死这种顽固孢子的新方法——使用一种含氯化物的普通丝绸。他们将丝绸浸泡在漂白剂溶液里之后再晾干，然后这种丝绸能在 10 分钟之内将涂于其上的大肠杆菌全部杀死。当他们把与炭疽杆菌近似的细菌涂在这种丝绸上时，也能观察到与前者相似的活性。科学家们表示，这种氯化物丝绸将来可以用作防御恐怖袭击的防护服或者建筑物的防护性材料（《应用材料与界面》，DOI：10.1021/am2018496）。

100. **细菌防止哮喘病**

哮喘在世界各地尤其是发达国家患病率不断提高，医学界对其致病机制的研究持续升温。有一种理论认为，人类在童年时期需要感染一类细菌，如果没有感染过，会导致人体自身免疫系统的缺陷，从而在以后的生活中容易患上哮喘。来自瑞士苏黎世大学和德国美因茨大学医学中心的科学家们证实了这种理论。他们把哮喘发病率提高的原因归咎于一种胃细菌——"幽门螺旋杆菌"在发达国家的消失。

幽门螺旋杆菌感染范围覆盖了全世界大约一半的人口，它与胃炎、胃溃疡及十二指肠溃疡等疾病有关，甚至在某些情况下还可能会引发胃癌。然而，大约 80% 的病菌感染者并不会表现出任何症状。科学家们在小鼠身上进行了试验，刚出生几天的小鼠感染了这种细菌后，它们体内会形成强大的免疫系统。这将会帮助它们在今后的日子里免受哮喘过敏原的攻击。而早期没有感染过这类细菌的小鼠，则很容易因过敏原而引发哮喘。这个令人振奋的发现让我们更深入地了解了哮喘，并有望借此寻找到新的方法来预防哮喘病。

101. 以脂肪来减掉脂肪

你知道吗？减肥的关键其实取决于体内褐色脂肪的量。褐色脂肪能快速燃烧卡路里，我们每个人的体内事实上都有这样一个燃烧脂肪的熔炉。以往人们认为褐色脂肪只存在于啮齿动物体内，因为它们不能颤抖，褐色脂肪被用于提供热量保持体温。鉴于相同的原因，它也存在于人类婴儿的体内，但是在成年人的体内可能不存在，因为成年人可以通过颤抖来保持体温，而不需依靠褐色脂肪。然而，科学家们发现，褐色脂肪也存在于成人身体的某些部位。加拿大舍布鲁克大学的研究表明，当身体变冷的时候，现有的褐色脂肪会吸收白色脂肪，将其转化为褐色脂肪加以燃烧以保持体温。平均而言，褐色脂肪在燃烧时，每 3 小时可以提供 250 卡路里的能量。在白色脂肪向褐色脂肪转变的过程中，起关键调节作用的是一种名为"PRDM16"的特殊蛋白质。科学家们希望能够找到一种安全的新药物，用以调节褐色脂肪产生，从而帮我们燃烧更多的脂肪以达到减肥的效果。美国达纳-法伯癌症研究所研究称，小鼠试验表明运动可以使普通的白色脂肪转化为褐色脂肪。

或许在不久的将来，你大可将巧克力及高脂肪食物当作主食而无需担心发胖，体内储存大量的褐色脂肪可帮助减掉多余的脂肪！

102. 全新的减肥方法

肥胖对健康有不良影响，甚至会缩短人们的寿命。它增加了患心脏病、2 型糖尿病、某些癌症及骨关节炎的发病概率。人类的平均预期寿命因为肥胖会缩短 6～7 年，每年仅在欧洲就有超过 100 万的人因肥胖而导致死亡。在糖尿病患者中，约有 64％的男性患者和 77％的女性患者都是由于肥胖引发的。

美国普渡大学的科学家们发现，在花生和葡萄中存在的一种化合物能够阻止未成熟的脂肪细胞发展为成熟的脂肪细胞。这种化合物被称为"白皮杉醇"，它能够改变基因功能，从而影响脂肪细胞的形成。研究发现，白皮杉醇与脂肪细胞的胰岛素受体结合于脂肪细胞形成的初期。通过这种结合作用，该化合物可以阻断胰岛素激活基因形成脂肪细胞的能力，从而达到减肥的目的。

103. 能检查驾驶员健康状况的方向盘

德国慕尼黑工业大学与宝马公司合作研发出一种特殊的方向盘，这种方向盘配备了专业的传感器，可以检测驾驶员的健康状态。配备的两种不同类型的传感器能检测出驾驶员的血压高低以及是否处于紧张状态，这些数据信息通过两个传感器进行搜集，并最终通过微控制器显示出来。第一个传感器通过测量驾驶员手指与方向盘接触时的电导来搜集数据，第二个传感器发出一束红外线照射在驾驶员的手指上，通过反射光来测量驾驶员的心脏速率及氧气饱和度。

通过皮肤的电导检测，这种方向盘能够提醒驾驶员，自己在什么时候处于什么状态。如果状态不好，无线电波声级会自动降低，手机也将无法使用。在状态严重不好的情况下，汽车将会自动降低速度，并同时开启应急警示灯，甚至在极端情况下，汽车还能够自动紧急刹车。

104. 抗击癌症的金纳米星

当某种材料的尺寸处于纳米级别时，已会具有一些特殊的卓越性能，这催生出了一个炙手可热的领域——纳米技术领域。1 纳米相当于 1 米的 10 亿分之一（即百万分之一毫米），纳米技术所涉及的物质尺寸介于 1~100 纳米。根据纳米的尺寸度量，我们可以得出 DNA 双螺旋结构的直径为 2 纳米，已知的最小细胞形态生命的支原体，身长大约 200 纳米。

在癌症治疗中，化疗过程存在一个严重的问题：所用药物会同时攻击健康的细胞，并引起严重的副作用。因此，科学家们一直在寻找能够选择性攻击癌细胞的方法，以取代目前名为"霰弹枪"的这种不分青红皂白攻击癌细胞和健康细胞的方式。美国西北大学的科学家研发出一种金纳米星（也称黄金纳米粒子），能够将药物靶向运输到癌细胞的细胞核。由于体内的癌细胞相对于健康细胞而言数量很少，所以这种靶向性药物能够显著减少用药量，并可以降低副作用的发生。当癌症药物被结合到金纳米星上，这些携带抗癌药物的纳米颗粒会被癌细胞的表面蛋白所吸引。这种蛋白质就像一架微型的航天飞机，携带着纳米颗粒飞抵癌细胞的细胞核，然后准确地释放药物，选择性杀死癌细胞。

105. 谢顶症患者的福音

日本东京理科大学的研究人员利用干细胞技术，发现一种诱导无毛小鼠长出毛发的方法。他们利用成人组织的干细胞培育出毛囊，并移植到没毛发的实验小鼠皮肤上，成功地使其长出毛发。这为谢顶症患者带来了福音，同时也为生物工程器官再生疗法开辟了新的发展方向。

106. 盲人重见光明的希望

美国威斯康星州 Wicab 公司的神经科学家们研发出一种名为 "BrainPort" 的设备，使用者可以不用眼睛就能 "看到" 东西。该公司的已故联合创始人、神经学家 Paul Bach-y-Rita 认为，我们能够看见东西靠的是大脑而不是眼睛，因此能开发出一种能使盲人恢复视力的设备。该设备主要包括安装在盲人太阳镜上的小型数码相机，作为可视化数据收集器。收集到的光信号被一个约手机大小、可置于盲人口袋里的微型处理器（CPU）转换成电信号，进行模拟并取代视网膜的功能（正常的人类使用约 200 万视神经来以电信号的形式把光学图像从视网膜传递到大脑）。然后，微型处理器会将信号传送到盲人含在口中的棒棒糖状电极阵列上。舌头上的神经接受到这些信号，再传送给大脑，从而创造被看到的物体图像。随着点滴地学习，使用者可以 "看到" 桌上的刀具和叉子，还可以区分电梯按钮，甚至阅读信件。这种设备最初于 2009 年在美国匹兹堡大学医学中心 UPMC 眼科中心通过了广泛性测试。

与此类似，美国德克萨斯大学的研究团队通过电植入刺激人的大脑视觉皮层，来探索电刺激的可行性。他们也认为人们是用大脑看东西而不是眼睛，如果视觉对象产生的电子图像被传送到正确的大脑区域，那么 "视力" 即可以恢复。大约 10% 的盲人曾经历过生动的幻觉，这是由于视觉大脑皮层机能的亢进，让他们在细节上 "看" 得清清楚楚。按此设想，我们可以在盲人的眼睛上安装一个连接到大脑的摄像头，以此来恢复盲人的视力。此项研究已发表在 2012 年的《自然神经科学》期刊上（DOI：10.1038/nn.3131）。

107. 吸入式巧克力，美味不怕胖

如果你像我一样是个 "巧克力狂"，你就能明白，当看到巧克力时，要想不

吃它是一件多么痛苦的事情。现在，美国哈佛大学生物医学教授 David A. Edwards 发明了一种全新的巧克力食用方式来满足我们的这种欲望，并且不用担心吸收了太多热量而长胖。科学家发明了一种巧克力吸食器，它可以让你用一支小巧的、形如唇膏的吸食装置吸入一阵巧克力粉。这既能够让你获得享用一口巧克力粉的快乐，又能不必担心长胖的问题，因为其中仅含有极少量的热量。由于这些巧克力粉的尺寸在 10 微米以上，所以这些巧克力粉会老实地停留在口中，而不用担心被吸入肺里。目前，吸入式巧克力已经以一个非常好听的名字——Le Whif 在巴黎上市。每包价格约为 13 美元，有四种不同的口味，包括纯巧克力、薄荷巧克力、树莓巧克力和芒果巧克力。

当下次有吃巧克力的冲动时，你可以选择这种吸入式巧克力。

108. 胰岛素替代物治疗糖尿病

全世界糖尿病患者高达 2.86 亿人，约占世界人口的 6%。这些患者中的许多人必须要每天都注射胰岛素。他们不得不日复一日、年复一年地用注射针扎自己的身体，这可绝不是一件舒服的事情，因此科学家们一直在寻找一种口服的治疗方法，使患者避免这种注射式用药。然而，事实证明这非常困难，因为胰岛素是一种蛋白质，如果通过口服摄入，胰岛素在经过肠道时就会被分解，失去活性。

澳大利亚科廷大学的科学家们似乎找到了该问题的解决办法。Erik Helmerhorst 教授的研究团队仔细研究了胰岛素的三维立体构型，确定了胰岛素的活性区域。他们继而筛选了 300 万种小分子化合物，并成功地寻找出了一种可替代胰岛素的化合物。目前，这种化合物分子正在进行优化，临床试验将会在今后的几年中开展。

109. 发光耳机治疗抑郁

季节性情感障碍（SAD）是以与特定季节有关的抑郁为特征的一种心境障碍。其主要症状包括嗜睡、精力匮乏、抑郁。这些症状可能会出现在春夏秋冬的任何季节，并且会年复一年地发作。在北欧国家漫长的冬季中，寒冷和阳光的缺乏导致这种抑郁症更为常见。目前，治疗该症状行之有效的方法包括使用抗抑郁药物和暴露于强光的光线疗法。光线疗法通常需要患者在距明亮光源 30～60 厘米的地方坐上 30～60 分钟。

芬兰奥卢大学的科学家们发明了一款神奇的发光设备，它发出的光线不照在你的脸上，而是照进你的耳朵里。这款 Valkee 发光耳机类似于一个音乐播放器，只是它发出的是光而不是音乐。科学家声称，感光蛋白（OPN3）位于大脑的 18 个区域，其中一个可以通过耳朵里的耀眼光芒来产生影响。临床试验发现，92%的 SAD 患者通过这种方法可以治愈。患者每天只需将这些发光纤维塞进耳朵里 10 分钟，就可以摆脱季节性情感障碍的困扰。这种产品目前已经可以直接从 Valkee 网站上购买，价格约为 294 美元。

110. 药物缓释期可长达数月

在活性药物的表面涂上某种摄入后不会立即溶解的物质，从而使得药丸、药片和胶囊能够缓慢地持续性释放活性成分，这就是微胶囊技术。它也可以通过将药物嵌入某种不溶性材料母体（如丙烯酸类、壳聚糖等）中来实现。这些药物可以通过母体中的小孔进行缓慢释放，这与大部分的片剂和胶囊瞬间释放的方式刚好相反。缓释胶囊非常有利于控制慢性疼痛或癌症，因为药物的持续性缓慢释放正好可以防止癌组织的重新生长。这种缓释材料通常可以连续几天甚至一个星期都具有持续的药效。

美国布里格姆妇女医院的研究人员成功研发出一种新型的植入材料，这种材料能将活性药物的持续释放时间延长至几个月而不再只是几天。这种耐水性材料具有一种纤维立体结构，其间有空气残留。水可以逐渐通过小孔进入这种材料的内部，使空气随着药物一起融合进水中，从而缓慢地移动和释放。因此，嵌入该材料中的药物可以缓慢地持续释放几个月。

111. 在胃中运行的微型火箭

由胃内部的氢气提供动力，携带着急需的药物，以每秒 1000 微米的超级速度拍摄你的胃部，并将药物释放在患病部位——这听起来像是一个童话，但却是真实存在的。美国加州大学圣迭戈分校的科学家们研发出了这种可以靶向性到达目标位点并释放它所携带的药物，以氢气提供能量的"微型火箭"。这种"火箭"外形为管状，长约 10 微米、直径几微米，以聚苯胺为材料制成。该管的内表面镀有一层薄锌，这层锌能与胃里的胃酸反应放出氢气。这些氢气气泡可以推动"火箭"以高达 380 英里/小时的速度高速前进，当然这速度得取决于胃里的 pH。"火箭"外表面被涂布了一种磁性材料，从而可以通过磁性引导使其到达目标靶点（《美国化学会期刊》，2012，134（2），897 - 900；DOI：10.1021/ja210874s）。

112. 脑损伤最小化

美国维克森林大学浸信会医疗中心的科学家们找到了一种可以减少受伤后脑损伤的新方法。当脑部遭受严重伤害时，会导致冲击位点处脑细胞不可逆转地死亡。在受伤部位会释放有毒物质，造成大脑肿胀，从而减少血液向该部位的流动。这将导致此处细胞含氧水平的降低，从而引起更多脑细胞的死亡。这些脑细胞的死亡，常常会造成身体机能的永久性损伤。

科学家们发现，如果将一种生物工程材料的基体直接置于受伤的大脑区域，然后用计算机控制抽成真空，将引起肿胀的多余液体吸出来，进而减少继发性脑细胞死亡，这一过程被称为机械性组织复苏术（MTR）。实验表明，该技术能够有效地减少约50%的脑细胞损伤，实验小鼠能够更快速地从脑损伤中恢复过来。

113. 皮肤细胞转化为神经细胞

干细胞研究领域取得了一项令人惊喜的成果。干细胞最初只能从胚胎获得，而现在我们已经可以从骨髓乃至身体的其他部位来获取。干细胞在受到适当刺激的时候，可以转化成不同类型的细胞，如心脏细胞、肾脏细胞、胰腺细胞等。这项技术是再生医学研究领域令人振奋的一大进步，它为将来修复受损的心脏、肾脏和身体其他部位提供了可能性。

德国马普学会的分子生物医学科学家们提取了小鼠皮肤细胞，并对其进行基因重组，成功地使其转化为神经细胞。这一过程中，他们使用了一种生长因子，用来诱导皮肤细胞顺利地完成向神经干细胞的转化。

114. 重播大脑影像

记录下我们在看到某个画面时大脑的活动情况，再据此重新还原出这个画面，以往只能是科幻小说里的情节。然而，加州大学伯克利分校的科学家们却真实地做到了，他们成功地再现了受试者在观看电影预告片后大脑活动的视觉影像——也就是说，他们看到了受试者所看到的影像！科学家们使用了功能性核磁共振成像（fMRI）扫描仪记录了大脑特定区域的血液流动情况，利用强大的计算机技术将大脑活动与相应的视觉图像关联起来，由此保障了视觉图像的重建。科学家们希望这种方法能够用于"阅读"昏迷或中风瘫痪患者的心理活动。此外，科学家们还通过测定相应的大脑活动情况，成功地重现了受试者的话语。

115. 修复受损的心脏

部分心脏组织会在心脏病发作后坏死。科学家们一直在努力寻求通过心脏自身鲜活组织的再生来修复这种受损心脏的方法。目前，通常使用的实验技术是在心脏受损部位铺设一副微型的"脚手架"使新细胞得以生长。这种"脚手架"是由金纳米线或碳纳米纤维制成的，通过外科手术的方式植入心脏。目前，美国加州大学圣迭戈分校生物工程系的研究人员发明了一种水凝胶，它可以通过导管注入心脏而不再需要做外科手术。这种凝胶是由心脏结缔组织制得的，目前动物实验已证实其良好效果。以此为基础，名为"Ventrix"的一家新公司已经成立，该公司将于明年开始进行人体临床试验。

116. 脑手术机器人

微创神经外科是一项非常精巧的工作。它需要在颅骨处开一个极微小的细孔，然后穿过这个细孔来执行复杂的脑科手术。这项技术对于活组织检查、内窥镜检查、组织切除、深部脑刺激手术以及大脑血液或液体取样都是非常行之有效的。它还可以用于切除脑部肿瘤、治疗癫痫或者帕金森病等。然而，该项技术的风险也很大，外科医生的手术刀稍有一点误差，哪怕只偏离零点几毫米就可能造成患者大脑的永久性损伤。

为此，神经外科医生开始将计算机技术融入这项精巧的微创脑神经手术中来。ROBOCAST 系统是欧盟的一个项目，包括一大一小两个计算机系统，为神经外科医生所使用。首先，较大的计算机在患者颅骨附近定位；然后，神经外科医生使用较小的计算机按照预定路径实施手术。该系统配置有一个轨迹规划器来指导小机器人使用这种手术刀，并在出现无法预料的紧急情况时实施调整。与此类似的还有另一个名为"ACTIVE"的研究项目，该项目能够在患者保持清醒的状态下进行机器人脑神经外科手术。

117. 干细胞绷带

干细胞疗法预示着医学领域里修复受损肾脏、心脏细胞，或者治疗糖尿病及其他疾病的一场革命。干细胞是一类广泛存在于人类、其他动物及其他生物体内的多潜能细胞，它可以增殖产生更多的干细胞，也可以特征化生长成不同类型的组织细胞（如心脏细胞、肾脏细胞、胰脏细胞等）。通过骨髓移植的成人干细胞疗法被广泛地应用于白血病及其他癌症的治疗，已经有较长时间了。

目前，英国布里斯托大学的科学家们研制出了一种特殊的绷带，这种绷带可以播种干细胞，用于治疗非常顽固的软骨组织撕裂。科学家们用针从患者的臀部提取骨髓，然后从骨髓中获得干细胞并让它进行增殖，再将其植入一种特殊的薄膜/绷带，最后将这种薄膜/绷带嵌入到软骨撕裂的部位。绷带/薄膜上的干细胞将会有效促进软骨组织的修复。这种方法目前还处于研究阶段，它可以用于治疗常见的软骨组织损伤（半月板撕裂），这种损伤在运动员身上尤其常见。

118. 电场治疗脑肿瘤

复发性脑肿瘤患者（复发性胶质母细胞瘤或 GBM）可以采用电场进行治疗，以减缓甚至逆转肿瘤的生长。这种新的治疗方法已获得美国食品药品监督管理局的批准。患者需要佩戴的便携式设备重量仅为 3 千克，因此可以几乎毫无困难地照常从事日常工作。这种方法具有许多优点，因为复发性脑肿瘤患者在此前的治疗中只能选择对自己身体伤害很大的化疗法，而该方法则避免了这种伤害。Novocure 公司的这种非侵入性新治疗方法使用了"肿瘤治疗电场"（NovoTTF），这套设备可以铺垫在患者的皮肤上，提供一个低强度的交变电场用于治疗肿瘤。这种方法可使癌细胞在进行有丝分裂之前被杀死，同时不会伤害正常的健康细胞。

119. 鼻腔疫苗喷雾治疗糖尿病

1 型糖尿病是由于人体自身免疫系统攻击胰腺中产生胰岛素的 β 细胞而造成的。其结果是人体内血液和尿液中葡萄糖含量水平的升高。如果不及时治疗，它可以导致心脏病、肾衰竭、中风和失明。通常的治疗方法是无限期地注射胰岛素。这种疾病产生的原因与遗传、环境因素及饮食习惯均有关。病毒也可能是造成这种疾病的原因之一，当病毒入侵人体后，自身的免疫系统在攻击受病毒感染细胞的同时，损害了能产生胰岛素的 β 细胞。

澳大利亚沃尔特伊丽莎医学研究所与皇家墨尔本医院的科学家们取得了一项突破性研究成果，发表于 2011 年 4 月的《糖尿病》期刊上。在临床试验中，受试的 52 例 1 型糖尿病早期（处于不需要注射胰岛素的阶段）患者使用鼻腔疫苗喷雾进行临床治疗均取得了不错的效果。患者在经过 12 个月的疫苗治疗后，科学家们发现它通过刺激人体的免疫系统，成功地使白细胞不再攻击胰腺 β 细胞。

120. 抗海洛因疫苗

美国斯克里普斯研究所的科学家们研发出一种能够防止海洛因服用成瘾的疫苗。该疫苗已在那些试图戒除毒瘾的瘾君子身上证明是有效的。它通过产生一种抗体来发挥作用，这种抗体能够阻止海洛因及其代谢产物到达人体大脑。这些科学家目前已和美国沃尔特·里德陆军研究所的科学家们一起开展合作，以期研制出一种具有双重功效的新型疫苗，能够同时有效地抵御海洛因和艾滋病毒。

第10章

材料科学前沿

1. 难以置信的智能材料世界

想象一下，发生了一场意外交通事故——汽车被撞瘪了。驾驶员走下车，却笑了出来。因为车身是由记忆合金造的，凹陷处的材料能自行修复，就好像有魔力一样，随着材料恢复到原先的形状，凹痕逐渐消失了。那需要补漆吗？不用担心！汽车已被喷了自愈合的油漆，一旦发生刮擦，可以自行愈合。这是科幻小说吗？不，这些材料的的确确就在我们身边。

纳米技术、信息技术和合成化学的快速发展，为我们开辟了神奇的智能材料新世界。由于起初的形状被"记忆"了下来，一旦受到损伤，这些新型的智能材料就会在电流或磁场的作用下自行愈合，并可用作强大的"活性"防弹外骨架，供战场上机械战警般的士兵们穿戴。这些装备如果与士兵的神经系统相连，还可对各种指令立即做出响应。该研究项目由美国国防高级研究计划局（DARPA）牵头，美国陆军研究办公室、海军研究办公室、NASA 兰利研究中心和帕特森空军基地的空间作战飞行器技术办公室等联合参与。航空飞行器采用的新型合金在受到挤压时，触发的电信号会使其做出响应而变形，一旦外力消失，就会恢复原先的形状。智能记忆合金还具有非常有效的"噪声隐形"功能，在开发隐形直升机、车辆方面大有用武之地。这些"活"材料模仿了生物系统，不过它们的内部结构中并没有活细胞，而是植入了纳米机械。在美国国防部紧凑型混合驱动器项目（CHAP）中，由复合材料制成的超薄膜，以及同等重量下强度是钢的 600 倍的碳纳米管正被用于制造宇宙飞船的表层。它们拥有超高强度，且重量轻，如果受到损坏，还能自行修复。一些特殊材料的表面甚至还能储留氢元素，可以形成护盾来抵御宇宙射线造成的致命破坏。用新型"超材料"制造的物体还能真正实现隐形。

国外一些情报机构用具有隐身性能的特殊材料制成昆虫大小的无人机，可以逃避侦查。通过远程遥控，可以操纵它们定位到敌方首脑办公室的墙壁或桌子上，记录下所有正在进行的活动，将声音和视频情报数据传输到几英里外的接收站。

我们生活在这个前所未知而又令人惊叹的科学世界里，创新决定了进步，现实比科幻小说更加奇妙。

2. 看不见的科学

科学家开发出一些特殊的"超材料"，能使物体在光波或声波（以及其他形式的"波"）中"遁形"。光线和声音都是一种亚原子级的波，甚至某些物质也具有波动性。这些超材料因为自身的尺寸和形状，具有可将波弯曲绕开物体的奇特性质。如果将小小的超材料同心环放置在某个物体的周围，它会将光波弯曲，而不产生任何反射或吸收。光波会绕开物体，就好像一股水流绕开一块岩石一样，然后再重新汇合，从而使物体完全隐形。

第一种这样的隐形材料由帝国理工学院的 John Pendry 和美国杜克大学的 David Smith 制备得到，不过仅仅只对微波起作用。其后加州大学伯克利分校的研究人员成功地将可见光反向弯曲。科学家们正在着手设计一种技术，能够使潜艇在声波面前隐形。研究显示，原子波也可被弯曲，因为亚原子粒子是以波的形式传播的。

3. 透明铝——看穿固体物质

牛津大学物理系的研究人员发现，当用强大的软 X 射线激光短暂轰击金属铝时，铝的晶体结构中每个原子的一个核心电子似乎被转移走了，金属铝变得完全透明。透明铝曾经因在电影《星际迷航 4：抢救未来》中出现而名满天下，现在科学幻想似乎变成了现实。此外，通过研究这种物质，可以对同样需要高强度激光内爆激发的小型恒星的生成过程有更清晰的了解。有朝一日在地球上也能对核聚变的能量加以利用。

在另一个相关研究中，英国帝国理工学院和瑞士纳沙泰尔大学的科学家指出，激光有可能使固体物质变得透明。他们制备了一些纳米晶体，当激光穿过的时候，这些晶体变透明了。该发现有望提高人们透视固体的能力，如搜寻埋在坍塌房屋下的人，而医院也不需要用 X 射线做胸透了。

4. 让物体遁形

若干世纪以来，魔术师一直在练习能将物体变没的把戏，如今，科学真的做到了这一点。

2006 年，John Pendry 教授等提出设计一个能使光线绕过物体的斗篷，从而使物体遁形。不久之后，杜克大学的 David Smith 博士利用具有非常规电磁性质的"超材料"成功制得了这样的隐形装置。不过当时他的成果只能掩藏二维物体，而且只能在特定频率的可见光下起作用。

几年后，加州大学伯克利分校和康奈尔人学的物理学家已各自用硅制得光学隐形装置。当把该装置放到物体上时，从某个角度看就会发现物体不见了，地毯上平平的。德国卡尔斯鲁厄理工学院的 Tolga Ergin 克服了这种特殊观察角的限制，他利用新技术使物体在更广的角度都不可见，向着 3D 隐形迈进了一步。开发中的这些技术在军事领域有着用武之地，士兵、武器、战舰、飞机等都可能被隐形。

或许，哈利波特的隐形斗篷不久将从魔幻走入现实！

5. 隐形斗篷——用隐形丝线制成

超材料是一种能使光线弯曲的物质，物体被它们罩住之后就能隐形。现在，人们正在设计、合成一种隐形丝线，它们的组成成分比光的波长更短。

这些丝线同样可以使光线弯曲，并具备普通物质所没有的特殊光学性质。计算机模型显示，这些丝线粗细不超过 1 微米，澳大利亚悉尼光子光学研究所的 Alessandro Tuniz 正在开展这方面的工作。

6. 智能材料和自愈合涂料

在电流、磁场和热的作用下，智能材料能改变形状，这方面的开发已取得长足进步。新型合金具有记忆效应，可以记住起先的形状，一旦被剪切或损坏，能自行修复。美国政府正在资助开发具有智能机翼的新型飞行器，在飞行途中可以像昆虫一样弯曲折叠翅膀，从轰炸机转变为快速灵活的歼击机。镍钛合金具有形状记忆功能，在磁场作用下，可根据需要改变形状。得益于植入的分子纳米机械，铁钯合金也具有非凡的变形能力。碳纳米管的强度比钢高 600 倍。将来这些材料都可能被用来建造宇宙飞船和航天飞机。由长链分子（离子交联聚合物）构成的自愈合材料甚至在被子弹穿过以后，还能自行愈合。

能够自行修复刮痕的涂料使用的是一种来自甲壳质的壳聚糖，常见于螃蟹、小虾、龙虾等甲壳类动物的外壳中。当破损时，这些涂料的微小的、充满液体的胶囊就会释放出新的涂料。

将来，人们很可能开着这样一种车：即便被碰瘪了，车也会自行修复，因为它是由记忆合金和自愈合涂料制造的。

7. 比铁还强的纸

纸可能比铁还强吗？没错，可以！瑞典皇家理工学院的研究人员制备出一种特殊的"纳米纸"，强到可以防弹！这种纸由紧密编织的纳米纤维素纤维构成。纤维素是棉花（约90%）和木材的主要成分。利用酶消化木浆，通过搅拌器精细处理这些纤维，然后制成纸张薄片，其中的纤维素纤维被紧密地交织在一起。这种纸甚至比用于替代赛车轮胎钢的凯芙拉（Kevlar）复合材料还要坚固。

8. 更坚韧的蛛丝

蜘蛛丝是人类所知纤维中最为坚韧的一种。同等重量的蜘蛛丝强度比钢铁还高。通过向大自然学习，科学家们开发出了能够使蛛丝变得更强韧的方法。在自然界中，许多生物的爪子、颌部和刺都含有金属成分，这让这些部位更加强劲。例如，某些蚂蚁的下颌就含有金属锌，而某些海洋蠕虫则含有铜。德国马普学会哈雷微结构物理研究所的研究人员成功地在蜘蛛丝里掺入了钛，使它的强度变成了原来的10倍。通过模拟这一过程来制造人造纤维，科学家希望能够制造出具有超级韧性的织物。

9. 用于癌症治疗的纳米技术

当材料的尺寸降低到百万分之一厘米时，它们就会展现出一些相当特殊的性质，这些性质正被用于开发一些新的药物、化妆品、水净化技术、建筑与制造材料，以及其他一大堆应用。纽约城市大学的科学家们开发出了一种纳米纤维，可以将药物精确地运送到体内需要治疗的病变部位。这种方法可避免药物对身体其他正常部位产生副作用。抗癌药物分子附着在纳米纤维上，当它们对肿瘤部位释放出的酶产生反应时，就会从纳米纤维上分离，实现只针对癌变部位的治疗。

10. 人工软骨带来的希望

膝关节疼痛是老年人的常见病。通常这是关节的磨损造成的。用来减轻骨骼之间摩擦的天然软骨是会磨损殆尽的，并且最终可能需要将其替换。人们尝试着开发人工材料替换天然软骨，这一努力已经取得了一定程度的成功，不过由于关节之间的高度摩擦会使合成材料变硬，所以合成材料在使用了一定年限后就会逐渐丧失原有的功能。

以色列魏茨曼科学研究所的 Jacob Klein 开发出了一种由表面聚合物分子刷制成的低摩擦关节。这些分子刷能够吸引水分子，在分子刷相互之间滑过时，这些水分子的作用就像润滑膜一样，大大降低了摩擦系数。这种材料具有生物相容性，能够和天然软骨相容。

11. 能防火的房子

如果火趁风势，一场迅速蔓延的大火可能吞没整个街区，这样的大火每年都会给人们带来巨大的生命和财产损失。密集分布和靠近森林的房屋就更加脆弱，因为即使大火还没有真正到达，远处吹来的燃烧的余烬也可能将其引燃并吞噬。2009 年，澳大利亚因抢救失火的房屋而导致丧生的人数达到 173 人，巴基斯坦的卡拉奇由于歹徒纵火而烧毁了大量的商铺和房屋。

现在，人们已经开发出了一种新的技术，可以使房屋和其他建筑完全防火。这种技术是用完全防火的帐篷罩住整栋房屋，当按下按钮时，这顶安装在屋顶的帐篷就会打开并膨胀（就像汽车安全气囊那样），并在几分钟内盖住整栋房子。此时两台风扇开始运作，向帐篷内的软管充气使之成为帐篷的外支撑结构，当帐篷撑起来后，防火织物外套就会迅速打开并保护起房屋的屋顶和外墙。类似的帐篷较早前已被美国军方用来保护军事车辆抵御化学攻击，并且已经逐渐进入了民用领域。

12. 自清洁玻璃窗

出淤泥而不染的荷叶能够保持自身的清洁，受到这一灵感的启发，以色列特拉维夫大学的科学家在开发治愈阿尔茨海默病的方法的同时，偶然发现了一种具有新型表面的纳米材料。这种材料的表面有一些小型蛋白质分子（肽）构成的细小绒毛，大约只有 1 毫米的百万分之一粗细，可以很好地防水和隔热。这种材料制成的涂料可以将玻璃的表面密封，防止它们接触到灰尘颗粒和湿气，从而保持清洁。如果把这种材料用在摩天大楼的玻璃幕墙上，可以省去大量人工清洗的劳动。这种材料还可以用在太阳能面板上，让它们免遭灰尘和污物的污染，将太阳能电池的效率最多提高 30%。

13. 纳米技术： 快速充电的混合动力汽车电池

若干年前，人们就知道了混合动力汽车是由汽油及燃料电池（使用氢作为动力来源）或电池（可以重复充电）同时驱动的。不过伴随着充电电池而来的一大问题是：它需要充电好几个小时。现在，麻省理工学院的研究人员开发出了一种实验性的电池，可以把充电的速度提高 100 倍。这种电池里含有一种铁锂磷酸盐"纳米球"，它能让电池的充电时间缩短到以分钟计。如果把这种纳米材料制成的电池用在手机上，充电时间可能只需要几秒钟。或许在不远的将来，加油站会被"充电站"取代。

14. 世界上最轻的固体诞生

中佛罗里达大学的科学家们成功地制备出了世界上最轻的固体。1 立方厘米这种材料的重量只有 4 毫克！因为这种材料是由纯净的碳纳米管制成的半透明气凝胶，所以获得了"冻烟"的称号。气凝胶的 99.8% 是空气，它们比玻璃要轻一千倍，绝缘性能是碳纤维材料的 39 倍。"冻烟"的弹性很好，能够被拉伸数千次。将 1 盎司（约为 28 克）这种材料拉伸平铺，可以铺满 3 个足球场！"冻烟"还是电的优良导体，能够作为传感器应用在电子器件上。由于它是由纯净的纳米结构组成的，它制成的膜在燃料电池催化剂和储能应用上具有许多激动人心的可能。

15. 智能塑料薄膜

苏格兰斯特拉斯克莱德大学的研究人员开发出一种智能塑料薄膜，当包装的食物开始变坏的时候，这种薄膜能变色，以此发出警示信号。不过这种塑料的作用机制仍然高度保密。

来自德国弗劳恩霍夫协会加工工程与包装领域的研究者也有相关的发现。

他们开发了一种特殊的食品包装薄膜，这种薄膜具有杀菌的作用，能让食物的保鲜时间更长。薄膜表面有一层可食用的抗菌物质，当薄膜与食物接触的时候，抗菌物质就慢慢地释放出来，杀死产生的有害细菌。这样一来，食物的保鲜时间就更长了。

16. 比钢铁更强的玻璃

美国能源部劳伦斯伯克利国家实验室和美国加州理工学院的科学家开发出一种特殊的玻璃，强度超过了钢铁。这种玻璃因掺入了少量的钯而具有很好的塑性，能弯曲而不破裂。这种玻璃的抗断裂能力远远高于之前开发的一些最有韧性的材料，有望广泛用于军事领域及工业产品中。

17. 自修复材料

想象一下，衬衫不小心被撕破了，然后奇迹发生了：衬衫自己感觉到了破裂的部分，并开始自我修复，片刻就完好如初。人们已经发明了能记住自己的结构与形状，并能在遭到破坏的时候进行自我修复的智能材料。

这种自修复材料的结构里通常包含微胶囊。当某个部分遭到破坏的时候，微胶囊破裂，释放出一种充当密封剂的液体。这种技术已经被用于塑料及自修复凝固剂中，如果它们产生裂缝，就会自我修复。

人们利用蔬菜油制备出了生物高分子材料，当被加热时，这些生物高分子能恢复到他们最初的形状。艾奥瓦州立大学的 Michael Kessler 博士以及美国、欧洲和日本的几个研究组已经在开展深入的研究。

18. 碳纳米管制成的触摸屏

手机及其他设备对触摸屏的需求越来越大。最受欢迎的触摸屏应该很薄、高度透明，并且具有极佳的传导性能。电容触摸屏由稀有元素铟制成，成本昂贵，人们一直在研究寻找它的替代材料。德国弗劳恩霍夫协会已经开发出一种低成本触摸屏，这种触摸屏由碳纳米管与低成本聚合物制成。

尽管碳纳米管（不同于碳纤维）比人的头发丝还细 5 万倍，长度能达到 18 厘米，但它却非常坚韧。碳纳米管是一种圆柱形的碳分子，其长度与直径的比例大于其他任何材料（大约为 1.32 亿∶1）。它们是在偶然发现"布基球"之后开发出来的，布基球是一种足球形状的碳分子，由英国苏塞克斯大学 Harry Kroto 教授领导的研究团队和美国莱斯大学的 Richard Smalley 教授和 Robert Curl 教授领导的研究团队发现。当时他们正在探索某些化合物（聚氰基炔）是如何形成的，最后把石墨加热到高温，意外发现了这种足球形状的纯碳分子。因为这一发现，他们共享了 1996 年的诺贝尔化学奖。目前，碳纳米管已经在电子、光学及材料科学等许多领域得到了应用。

19. 神奇的视觉错觉

让漂亮女孩消失在我们眼前，这是魔术师已经玩了几个世纪的把戏。现在，科学也能使用"超材料"让通过物体的光线弯曲，从而实现这一切。更有甚者，它或许能欺骗你的眼睛，让你以为看到的是别的东西。中国南京东南大学崔铁军教授研究组进行了这个研究。崔教授和他的同事在 2009 年开发了"电磁黑洞"。现在，他们已经制造出一种新型的"超材料"，这种材料能改变电磁波与铜的作用方式，使它看起来好像是由另一种物质做成的。这一发现可用于防御，使飞机或潜艇隐形，使它们看起来不是由金属制成的，而是像另一个形状的物体，使战斗机看起来像飞鸟，使潜艇看起来像鲨鱼。

20. 石墨烯引领下一次计算机革命

我们都听说过石墨，它由碳原子层叠在一起，呈蜂窝状。如果剥离其中仅有几个原子厚的薄层，就能够得到具有卓越性能的"石墨烯"。2010 年，Andre Geim 和 Konstantin Novoselov 因在石墨烯二维结构研究上的开创性工作而获得诺贝尔物理学奖。石墨烯具有很好的电子迁移率，电子能以令人惊叹的速度覆盖整个表面。莱斯大学的研究人员开发出蚀刻这些原子薄片的方法，单层的材料部分可以像金属一样实现导线的功能。如果一部分石墨烯蚀刻得不一样，形成了双层，这种材料就会像半导体一样，可以做成晶体管。

对蚀刻方式的精确控制，会引领新一代超速计算机的发展。

21. 用香蕉、菠萝或椰子制成的塑料

大多数塑料是通过石油或天然气中的某些化学物质的聚合反应获得的。巴西圣保罗大学的一组研究人员发现，他们能以菠萝叶或茎、香蕉植物和椰子纤维制

造出很好的塑料。他们首先利用这些原料制成一种特殊的纳米纤维素，1 磅这种纳米纤维素可以制造 100 磅增强塑料。这种增强塑料有望用于汽车制造领域。

想象一下，开车的时候坐在用香蕉或菠萝制成的座椅上，这没什么不可能！——这就是奇妙的科学世界！

22. 利用温室气体制成的建筑材料

化石燃料燃烧所排放的二氧化碳，尤其是工厂排放的二氧化碳，正在日益加剧全球的气候变暖趋势。在这些工厂里使用洗气器能将二氧化碳从废气中捕获，不过洗气器所用的二氧化碳吸收液体需要进一步被处理，从中将二氧化碳再收集起来，压缩并储存。但是，这个过程非常昂贵，工厂不愿意承担这笔额外的支出。密歇根理工大学的学生开发出一个新的方法，能从烟囱中捕获二氧化碳并转化成可用于建筑的固体材料。这将使工厂可以通过生产增值副产品，收回这个过程的投资。

23. 智能变色材料

一些鱼类、爬行动物、两栖动物和乌贼拥有出众的变色本领。它们可使皮肤颜色或明或暗，甚至根据环境来改变颜色。在这些动物皮肤上通常还会出现有规律的色带，从而展现出迷人的图案。这主要是通过同时收缩肌肉，继而影响特定的细胞（色素细胞）而形成的。这些细胞含有色素颗粒。当肌肉缩紧的时候，这些包含了色素的细胞就会变大，它们所含有的颜色就变成了主体的可见色。斑马鱼则是另外一种机能。它们体内类似的细胞储有液体颜色。当收缩肌肉时，这些液体颜色会流经皮肤下面，就像彩色墨水一样分散开来。

英国布里斯托大学的研究人员在设计一种智能材料，可以像上面这些鱼类、爬行动物一样变化颜色。他们利用的是柔软、可伸缩的电场活化聚合物（介电弹性体）。施加电流时，这些弹性体材料能够延展开，达到变色的效果，正如爬虫、鱼类体内装有色素的囊袋扩展开一样。通过控制色素和电流，就可利用这些材料制成各种颜色的织物。

可以想象，在将来的聚会上，只要轻按一下纽扣，就可改变衣服的颜色。

24. 可发电的碳薄片

石墨烯由一层碳原子组成，这些原子排列成六边形蜂窝状。它是已知的最薄、最强硬的材料，具有优异的导热和导电性能，已在防腐涂层、晶体管、超级电容器等领域发现了广泛的应用。

斯坦福大学 Reed 和 Mitchell Ong 研究发现，如果施以机械应力，石墨烯能够发电。当有电流通过时，还能改变形状（意即石墨烯表现得如压电材料）。引入氢、锂、钾、氟等其他元素的原子，就可实现这些新的特性。

这在声学、光学、电学及能量收集器件等领域开辟了大量新的应用。

25. 制备神奇材料石墨烯的重要进展

石墨烯是如此之薄，300 万张薄片一张张堆积起来，厚度也仅仅为 1 毫米。石墨烯通常是利用气相沉积的方法制得，但为了达到性能最优，如何保证厚度一致是一大挑战。美国能源部橡树岭国家实验室 Ivan Vlassiouk、新墨西哥州立大学 Sergei Smirnov 率领的研究团队开发出一种新方法，在气相沉积过程中使用氢气。结果显示，石墨烯薄片厚度均一，可用于制备高品质电子元件。

26. 覆金纤维——用于黄金织物

一家瑞士公司研制出等离子涂布机，可将一薄层金涂覆于丝线上。利用一连串快速移动的氩离子轰击金块，剥离出金原子，使其涂敷至慢速通过的丝线上。涂有金的丝线可用来编织漂亮的真丝领带。通过等离子涂覆工艺处理的丝线，在以后的洗涤过程中，黄金并不易脱落。然而，美中不足的是，由此制得的织物成本较高。每条含有 8 克黄金的领带，市场价约为 8500 美元！

27. 新型防蚊衣物

根据世界卫生组织的报告，每年大约有 2 亿人罹患疟疾。这种疾病在 2010 年造成了约 65.5 万人死亡，而实际数字可能要高得多，因为许多死亡病例没有被纳入记录。在这种疾病面前，5 岁以下的儿童是最为脆弱的人群。大多数重症病例是由蚊子携带的恶性疟原虫引起的，另外，还有三种可由蚊子携带的疟原虫也会导致人类感染疟疾，但症状相对较轻。这种疾病广泛存在于撒哈拉以南的非洲、亚洲及美洲地区，特别是在赤道附近的热带和亚热带地区，那里的高湿度、温暖的气候、不断的降雨及死水，为蚊子的幼虫提供了温床。这种疾病对大多数药物产生的耐药性进一步加剧了问题的严重性。人们于是开发了一些喷雾和乳液用于驱赶蚊虫，也常常使用蚊帐来抵御蚊虫的叮咬。

现在，葡萄牙 Nanolabel 公司发明了一种新的衣物处理技术，并声称这种技术的效果远胜过当前的驱虫剂。这一工艺采用了纳米技术。衣物用无定形二氧化硅纳米颗粒浸渍，这种纳米颗粒的核心嵌入了一种化学驱虫剂，其真实特性被严格保密。相关工作在里斯本的卫生与热带医学研究所展开。

28. 新一代机器人套装

美国大兵们现在有机会穿上能够赋予他们超人力量和速度的特殊机械套装。这都要归功于美国国防高级研究计划局（DARPA）10 年的研究努力，十多年前 DARPA 曾为相关研究投入了 5000 万美元。这一项目名（为"能力增强外骨骼"（exoskeletons for human performance）augmentation），旨在开发各种士兵能够穿着的外机械骨骼，增强他们的力量和速度，并且能够让他们长时间负荷大量武器装备和弹药及其他沉重物品，同时不会感到劳累。SARCOS 研究公司的"可穿戴式超能自动机器"（wearable energetically autonomous robot，WEAR）就是该项目的成功产品之一。这身机器套装现在已经可以用燃料电池驱动。

另一个有趣进展是 Trek 航空公司开发的"跳虫外骨骼飞行器"（springtail exoskeleton flying vehicle）。这个家伙的飞行距离达到 125 英里，巡航速度为 70 海里①，并且能够在 8000 米高空保持悬停。这种飞行套装能够装配在单兵身上并帮他们飞抵战场，DARPA 也是 Trek 航空公司开展相关研发的资助者。

29. 向爆胎说不

2011 年的东京车展上，普利司通公司（Bridgestone）展示了一款新式的不用担心被扎破的实心轮胎。这种 9 英寸的轮胎不用充气，胎面和轮框之间由热塑性树脂辐条连接，制备材料可回收。

早在 2006 年，法国轮胎企业也曾开发出过类似的非充气式轮胎技术，并命名为"Tweel"。其后，位于威斯康星州的弹性技术公司（Resilient Technologies LLC）在美国国防部的支持下，开发出了另一种不会被戳破的非充气式轮胎。美国陆军对此非常感兴趣，因为他们的重型军用车辆，如悍马，可能在战场上被爆炸物损伤而无法行动，而弹性技术公司开发出的这种具有蜂窝状内部结构

---

① 1 海里＝1.852 千米。

的轮胎不会被戳破。

30. 向壁虎学习——可重复使用的胶带

注意到昆虫和壁虎能够在墙壁上攀爬，或者在天花板上爬行吗？是什么给了它们这样出色的能力？答案是，它们的腿和足布满了无数细小的"刚毛"。大量的刚毛同时与墙壁表面接触时，产生的弱吸引力（范德华力）就会形成很强的黏性，使这些生物能够轻而易举地在垂直墙面甚至天花板上攀爬。

德国基尔大学动物学研究所的科学家从这些反重力的生物身上获得灵感，开发出一种新型的胶粘剂。他们发明的这种硅胶带的表面有大量的细小茸毛，就像昆虫或壁虎的腿和足。这种新式胶带不使用任何粘胶，但是它的黏性却比标准胶粘剂强得多。这种胶带可以被重复使用上千次，甚至在水下也能有很好的黏性。

31. 智能面料

手机或其他电子设备可由纸或织物制成吗？最近的一个新发现使其成为可能。美国北卡罗来纳州立大学的科学家发现可在纸或纺织品上沉积导电纳米涂层，可用于各种电子器件。纳米涂层的厚度比人的头发丝还要薄几千倍，是由电子传感器、太阳能电池和微电子所使用的相同的无机材料制成的。该材料可以涂于通常用于制造食品杂货袋的纸张、棉织物或聚丙烯等非棉织材料上。

该研究为制造"沟通衣"和智能型织物开辟了新的可能性。艾奥瓦州立大学的研究人员已经用光伏纺织品开发出由太阳能电池制成的领带，可为手机充电。杰尼亚运动公司（Zegna Sport）也已经开发出蓝牙iJackets，穿上该外套可以听iPod，并可通过套筒嵌入式控制器同时使用一部手机。这种智能服装结实、防水。

32. 超硬碳

我们都熟悉碳，煤炭和石墨都是常见的碳形态。女士们钟爱的钻石是碳的一种结晶体，是已知最硬的一种碳形态。2004年发现的石墨烯是另一个令人惊奇的碳形态，这个二维碳原子层掀起了电子行业的革命，并开始应用于柔性触摸屏、轻质航天器、更便宜的电池、小而快的电子设备等。科学家现在又制造出一种新型超硬碳，能够承受极端压力，可与钻石硬度相媲美（钻石用作玻璃刀的刀头，可轻易切割玻璃但自身却不会损坏）。钻石由于其高硬度等特性被应用于许多工业领域。

"玻碳"（glassy carbon）已被人们熟知 60 余年，综合了玻璃、陶瓷和石墨的性能（如耐高温、高硬度、低密度等）。斯坦福大学和卡内基科学研究所的科学家用非常高的压力，制备出新形态的超硬碳。超硬碳属于无定形态（而钻石为结晶态）。钻石强度依赖于晶体生长的方向。超硬碳新形态因此可能比钻石的各个结晶方向具有优势。超硬新材料的性质很可能带来一系列新材料的工业应用。

33. 热电织物

一种名为"动力毡"（power felt）的新型热电材料由北卡罗来纳州维克森林大学制备。该材料充分利用了织物内部和外表面之间的温度差，具有令人惊奇的性质。因为通过体温加热，织物内表面是温暖的，而外表面被风冷却，利用该温度差来产生电力。该新型织物可用于一些需要能量进行操作的器件。应用到手机盖，可以保持为手机永久提供电源，而无需连接到电源插座。热电织物还可以用于闪烁灯的外壳并提供电源，甚至可以用来为汽车的设备提供电力。目前研究人员正在努力采用碳纳米管技术制备出更薄的面料。

34. 看不见、听不着的神奇材料——超材料

作为材料科学的新分支，超材料在过去几年中发展迅速。这些材料能够弯曲光线，使得那些涂有这种材料的物体在肉眼下神奇地"消失"，就连红外线或其他探测器也无法观测到它们的行踪。人们所能看到的仅是超材料后方的景象。"隐身斗篷"未来将应用于坦克、飞机和潜艇等军事装备上，能够更有效地进行伪装，提高战场生存能力。相关领域的研究正在得到美国等国家的国防机构的大力支持。

超材料除了能让光线弯曲，还能使声波"绕道"。德国卡尔斯鲁厄理工学院利用超材料制造了无声的区域，也就是说该区域的任何声音无法被探测到。

35. 吃起来像肉一样的植物制品

美国企业家伊桑布朗（Ethan Brown）与密苏里大学的研究人员合作开发了

一种新型食物，这种由植物蛋白制成的食物外观、触感和味道都和鸡肉一样。这种名为"超肉"（beyond meat）的食物由大豆、豌豆、胡萝卜和无麸质面粉等各种原料，通过特殊的加温和冷却工艺制成。

美国人每年花在真正肉食品上的费用高达 5000 亿美元。肉类产品替代制品，即便能占有其十分之一的市场份额，也是将近 500 亿美元的市场。全球来看，每年有 500 亿陆生生物被屠宰以满足人类的饮食需要，大约有 18% 的温室气体主要由动物肉类制品造成，用植物制品替代肉类能够减轻环境压力。

第11章

当今物理学前沿

1. 寻找 "上帝粒子"

在离日内瓦不远的隧道内，物理学家们进行了一项有趣的实验：探测一种预测的（至今尚未发现）粒子。CERN 建造了一台巨大的环形粒子加速器——大型强子对撞机（LHC）。加速器位于地下 100 米处，周长 17 英里，装有 9300 个超导磁铁，磁铁用液态氦冷却到 −271.3℃，仅高于绝对零度 2℃。这一成排的磁铁将两股质子流相向加速至接近光速（光速的 99.999 996％）。这是人类迄今为止建造的最昂贵的一台机器，预期建造金额为 80 亿美元，筹自 26 个国家。来自多个国家的约 5000 名科学家和工程师参与其建设和运行。

当两股粒子以极高的速度对撞时，将检测到新形成的粒子。人们希望以此再现宇宙诞生之时，也就是宇宙大爆炸后几分之一秒时那一刹那的情况。本实验中探索最多的粒子之一是希格斯玻色子（Higgs Boson），由于该粒子赋予其他粒子重量或质量，被认为是其他所有粒子的教父，因而也被称为"上帝粒子"。宇宙仅 4％是可见的，其余为神秘的暗物质（占宇宙的 22％）和暗能量（占宇宙的 74％）。但愿大型强子对撞机的实验结果有助于阐明物质最基本的构成单位。

2008 年 9 月，对撞机初次启动进行测试，2010 年取得第一次对撞结果，参与大型强子对撞机项目的科学家表示，他们可能"接近"希格斯玻色子（也称作"上帝粒子"）迄今仍令人难以捉摸的"大一统理论"——一种解释我们宇宙中一切基本相互作用的理论也许将最终成形。物理学的新时代也许即将开始。

2. 我们都是由细小的弦构成的吗

量子力学和爱因斯坦广义相对论算得上是物理学中最伟大的两项突破。量子力学向我们解释了自然界在原子层面的混沌性，而爱因斯坦的广义相对论则在宏观层面阐释物理学现象（如行星运动、引力等）。然而，尽管量子力学适用于原子层面，却不适用于宏观层面。与之相似，爱因斯坦的广义相对论不适用于原子层面。我们显然需要一种统一的理论——万用理论。为了实现这两种伟大物理学理论的统一，美国的爱德华·维顿（Edward Witten）提出，构成物质的最基本的材料不是原子，而是比原子更小，在 10 维或 11 维空间中振动的环或弦。这么说，我们可能都是由舞动着的细小的弦构成的。要证明这一理论，即使可行，也行之不易啊！

3. 比光更快？

瑞士科学家进行了一项有趣的实验，该实验有可能揭示不可思议的瞬时传输的可能性（你看过《星际迷航》这系列影视吗?）。一对光子通过光纤被发送到日内瓦市两端的村庄，一个村庄一个。当其中一个光子到达时被测得后，尽管相距 11 英里、另一个马上受到影响。这种不可思议的"量子纠缠"现象早就为人所知，但之前从未观测过如此远距离的"量子纠缠"现象。假设一个光子向其伙伴发出超快信号，那么信号的速度必须为光速的 10 000 倍。根据现代物理学概念，这是不可能的。对于这些诡异的远距离相互作用背后的物理学问题，我们还没有清楚的认识。

4. 变玻璃窗为太阳能电池板

一家名为"Ensol"的挪威公司与英国莱斯特大学物理学和天文学系合作，开发出了令人激动的新型薄膜太阳能电池技术，该技术可将太阳能电池喷涂在玻璃或其他物体表面。这样，玻璃窗户、墙壁或屋顶都变成了发电机，提供建筑物内所需的电力。由于喷涂材料是透明的，所以玻璃窗喷涂后仅略带颜色。薄膜含有金属纳米粒子，粒子嵌在透明复合材料矩阵中。这种材料有望达到标准太阳能电池的同等效率（约 20%），但生产更廉价，使用更方便。

另一项颇具竞争力的技术是由日本 Kyosemi 公司研发的，该项技术使用了也可用于窗户上的 Sphelar 太阳能电池。这些电池在 2010 东京国际光伏能源展（PV EXPO）上展出。电池中含有固化的硅滴，硅滴镶嵌在玻璃内，可从各个方向收集光线，玻璃的两面都能收集，从而提高了能源生产效率。这些 Sphelar 太阳电池还可镶嵌在柔性材料内，这样就能生产表面为穹隆形的材料。

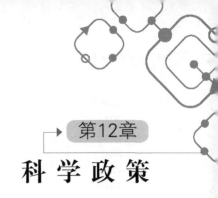

第12章

科 学 政 策

1. 引领 "无声革命"，取得大飞跃

2001~2008 年，巴基斯坦在高等教育方面取得了非凡的进步，进而直接影响了科学研究。科研产出增长简直让人叹为观止：在国际期刊上发表的学术文章数量上升了 600%（图 12-1），同期论文被引用次数（巴基斯坦科学家著作被其他人用于参考的次数）也同样飞速增长（图 12-2）。

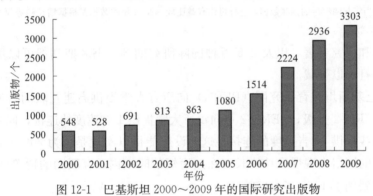

图 12-1 巴基斯坦 2000~2009 年的国际研究出版物

该图显示过去 6 年国际上摘录的巴基斯坦研究出版物数量出现显著增长。数据引自美国费城科学信息研究所

世界上没有其他国家能夸耀在短短的 5 年时间里取得如此迅速的转变。实际上，因其高等教育行业的快速转变而取得的公认，巴基斯坦已赢得了 4 项国际名奖。在 1947~2003 年这 57 年间，巴基斯坦没有一所大学可以进入世界 600 强大学排名。而今天，巴基斯坦有 5 所大学跻身 600 强行列。其中，国家科技大学（NUST）在世界所有大学排行榜中位列第 350 位（英国《泰晤士报》高校排名，2009 年 11 月）。在学科排名方面，在自然科学领域，卡拉奇大学位列世界第 223 位，国家科技大学位列第 260 位，阿赞姆大学位列第 270 位。这是几十年的停滞之后出现的非凡成就。

所取得的主要标志性成就有：

1) 在巴基斯坦创立了一个数字图书馆，该馆被认为是世界上最好的数字图书馆之一。每个公立大学的每一个学生都可以免费借阅 220 家国际出版商的 4.5

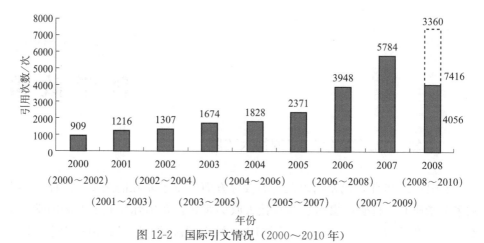

图 12-2　国际引文情况（2000～2010 年）

　　该图显示过去几年国际上对巴基斯坦研究人员的著作的引用量出现显著增长。数据以 3 年为一个期间，显示自当年起两年后的预测数据，这样可作有益比较。2008 年的数据是根据增长趋势预测的第三年（2010 年）的数据

万册课本和研究专著，以及 2.5 万种国际研究期刊。书和期刊都可以用关键词搜索到，且可以下载。

　　2）巴基斯坦教育研究网（PERN）向所有大学提供高速互联网服务。该网络正向 PERN-2 升级，PERN-2 可向每所大学提供 1 吉速度的连接，向主要城市附近的回线提供 10 吉速度的连接。这一设想能得以实现是因为 2001～2002 年，巴基斯坦的网络出现爆发性增长：在这短短的时期内，互联网的覆盖面已从 29 个城市扩展到了 1000 多个城镇。

　　3）大学入学人数已增至 3 倍。1947～2003 年这 56 年间，巴基斯坦大学入学人数只有 13.5 万人，但在 2004～2008 年这 5 年间，大学入学人数增加到了大约 40 万人。

　　4）2001 年，巴基斯坦的大学和可授予学位的机构还只有 59 所。到 2008 年，这类机构的数量已增加至 127 所。另外，现有大学还在边远地区建了 18 个新校区，以便向教育不发达地区提供高等教育机会。

　　5）向巴基斯坦学生提供了约 5000 项博士奖学金，资助他们在技术发达国家学习（发展中国家中迄今最大的奖学金项目），每个学生的资助额约 1000 万卢比①。此外，还有约 3000 项博士奖学金用于资助在巴基斯坦国内的学习。

　　6）巴基斯坦还启动了世界最大的富布莱特奖学金项目（1.5 亿美元）。该项目由巴基斯坦高等教育委员会（HEC）与美国国际开发总署（USAID）联合资

----

　　①　1 巴基斯坦卢比≈0.06170 元人民币。

助，将 640 名学生送往美国常青藤联盟大学深造。

7）2001 年，巴基斯坦将第一颗教育卫星（PakSat-1）送入了太空。虚拟大学的教育频道及巴基斯坦大部分商业频道都已上星。利用教育卫星开展的远程教学计划将大学入学人数从 2001 年的 8.9 万人增加到了 2008 年的 56 万人。

8）巴基斯坦引入了四年制大学课程（获得文学硕士和理学硕士需 18 年），其学历因此可以获得国际承认，而之前巴基斯坦只有两年制入学课程。

9）巴基斯坦采取了若干贯彻质量标准和加强管理的措施。巴基斯坦有史以来首次采用剽窃行为检测软件，对曾经在各高校盛行的剽窃行为进行检查。如有出版物抄袭其他任何研究出版物或论文，软件都能检测出来。

10）取消了总统和省督随意任命大学副校长的权力。现在，他们只能从由杰出学者组成的委员会提名的三个人选中任命大学副校长。

11）通过强制实施至少有两位来自技术先进国家的外国专家对博士学位进行评估这一措施，巴基斯坦的博士学位质量得以提高。

12）提高教员的晋升标准，确保择优晋升。

13）引入了新的终身教授体系，将大学教授的工资提高至每月 32.5 万卢比，而税率则从 35％降低至 5％，减税之后薪资水平相当于提高到了每月 45 万卢比。高薪教职的任命与国际评估挂钩，评估由国际专家小组实施，大学教员受聘 3 年之后作第一次评估，再过 6 年之后再作一次评估。评估十分严格，1.7 万名教员中仅有约 6％能通过这种艰难的考核。

14）在大学设立教学与研究质量保障机构，每所大学既对自身的教学与研究质量实施同行评议，也定期由校外同行作评议。

15）建立了针对所有高校项目的严格监控体系，确保资金的合理使用。高等教育委员会的所有账目在政府审计师审计后，还需由国际审计师再次审计。

国际赞誉

巴基斯坦研究产出的快速增长和大学的蓬勃发展获得了国际公认与赞誉。如今，巴基斯坦的科教项目被公认为发展中国家学习的模范。世界银行甚至在一份综合报告中将这些显著的发展称作"无声的革命"。世界著名科学杂志——《自然》发表了几篇关于巴基斯坦这些转变的述评和文章。在其 2007 年 11 月 27 日发表的题为"矛盾的巴基斯坦"的评论文章（2007 年 11 月 29 日，《自然》，450-585 页，DOI：10.1038/450585a）中，《自然》杂志评述了巴基斯坦截然对立的两个方面：一方面，巴基斯坦是个军事独裁国家，存在诸多相应问题；另一方面，巴基斯坦在高等教育领域实施了极具活力的计划。

美国自由职业高级教育专家 Fred Hayward 教授受美国国际开发总署委托对

巴基斯坦高等教育领域作仔细分析后撰文指出（资料来源：《国际高等教育》季刊，2009 年冬季第 54 期）：

自 2002 年开始，巴基斯坦的高等教育发生了许多非同寻常的变化。高等教育委员会升级了实验室和信息通信技术、恢复了诸多设施、扩大了研究支持、兴建了世界上最先进的数字图书馆之一。巴基斯坦的成就是非凡的——质量显著提升，有几个机构正迈向世界一流水平。（http：//www. bc. edu/bc ＿ org/avp/soe/cihe/newsletter/Number5 4/p19 ＿ Hayward. htm）

另一位教育专家、来自杜宾根大学的 Wolfgang Voelter 教授高度赞扬了高等教育委员会进行的改革。他曾因对巴基斯坦科学发展做出的重大贡献而两度被巴基斯坦政府授予民间奖。他在 2008 年 11 月 28 日出版的《黎明》杂志上发表了一篇题为"黄金时期"的文章，文中写道：

奇迹发生了。巴基斯坦的教育和科技事业发生了巴基斯坦历史上前所未有的惊人变化。参议院教育委员会会长最近称之为"巴基斯坦高等教育的黄金时期"。（http：//epaper. dawn. com/artMailDisp. aspx？article＝23 ＿ 11 ＿ 20 08 ＿ 123 ＿ 003&typ＝0）

联合国科学技术与发展委员会原主任、欧亚太平洋大学网络现任负责人 Michael Rode 教授撰文表示："巴基斯坦取得的进步惊人，其成就使巴基斯坦在许多方面领先于类似国家。联合国科学技术委员会过去数年里密切关注了巴基斯坦的发展，一致认为巴基斯坦的政策与计划是发展中国家发展人力资源、构建以技术为基础的创新型经济的'最佳实践'范例。"（http：//dildilpakistan. wordpress. com/tag/dr-atta-ur-rehman/）

结论

巴基斯坦因其高等教育委员会领导的高等教育行业的革命性变革而赢得了 4 项国际名奖。这些奖项授予了高等教育委员会前主任，包括 2009 年南非德班第 11 届 TWAS（发展中国家科学院，意大利）大会"机构发展奖"、奥地利高级民间奖（2007 年）、英国皇家学会会员（2006 年）和剑桥大学国王学院终身荣誉会员（2007 年）。这些进步之所以成为可能，是因为巴基斯坦政府通过科学技术部增加了 6000％的发展经费后，又给大学增加了 2400％的发展经费。

虽然巴基斯坦的大学在成为世界 100 强之前还有一段很长的路要走，但它们已获得了迅猛的发展，这种发展需要持续并不断扩大。在目前这个知识驱动的世界里，只有那些舍得在高水平教育、科学、技术和创新领域投资的国家才能取得进步。

2. 科学与社会经济发展——四大支柱

我们生活在一个知识已成为社会经济发展的主要动力的世界里。自然资源，如油、气、矿物等的重要性已日益下降。如今，进步所需的四大支柱是知识、技术、创新，以及诚实、有远见、技术上能够胜任、能意识到高技术出口在减轻贫困和迅速改变国家方面的关键作用的领导阶层。领导阶层可能是四大支柱中最重要的。

第一大支柱——知识，可分成四个重要部分，这四个部分必须一起发展以形成一个协调的整体。这四个部分是面向所有公民的初等义务教育和高质量的中等教育、技术教育和国际最高标准的大学教育。为实现这一目标，重点在于吸引最优秀的高素质专业人员从事教育，同时应按国际标准建立统一的考核制度。

第二大支柱是技术。20年后，巴基斯坦会成为船舶建造、制药或计算机芯片的设计与生产领域的世界领头羊吗？哪些机遇是其应该为之付出努力的？"技术前瞻"可以确定改变国家命运的关键项目，这需要与各领域技术专家、工业领袖和经济学家进行深入磋商。芬兰，这个人口不足卡拉奇人口四分之一的国家，在20年前就通过"技术前瞻"确定了通信与农林业的优先地位。

今天，这个小国家仅诺基亚一家公司的出口额就达到了约400亿美元，超过了巴基斯坦出口总额的2倍！2004~2006年，在我的领导下，巴基斯坦也开展了"技术前瞻"工作，技术发展路线图于2007年8月1日获得了内阁的批准。但发展计划仍未付诸实施。登录www.comstech.org可查到题为"巴基斯坦社会经济发展科技型产业愿景及战略"的文章。高等院校人力资源开发工作均围绕这一发展路线图而开展，以使巴基斯坦能生产并出口高科技（因而也是高附加值的）产品。巴基斯坦需进一步发展重点学科研究的卓越中心，为新技术的发展提供所需的科研投入。迫切需要拥有国际公认学历和学位的高水平技术学院培养出具有工业发展所需技能的专业人员。为了生产出与世界标准一致的工业产品，必须有培训计划和执行体系，只有这样巴基斯坦制造出来的所有产品才能满足某些最低质量标准。这一体系，即MSTQ（metrology——计量、standards——标准、testing——检测、quality——品质），对巴基斯坦的出口商品得到国际认可来说至关重要。

第三大支柱是创新。只有当创业精神蓬勃发展时，一个国家才会快速发展。这要求采取若干措施：①一套保护科学家和工程师发明的强有力的知识产权制度。②建立一系列科技园，将新创意在这些科技园里转化成产品和工艺。值得巴基斯坦效仿的科技园有地处伊朗 Ishfahan 的 Ishfahan 科技城和位于土耳其安卡拉的和中东科技大学科技园。③用于将好创意转变成产品的风险投资基金。④促进私营企业研发的激励机制，使全国的研发工作主要由私营企业开展，保障研发工作的商业化重点和目标。⑤建立电子产品、工程机械、药品、运动用品、纺织品等产业集群，产业集群须有厂房和全天候的服务等所有相关设施，保障企业家可在 48 小时内启动生产。⑥简化创办新企业流程，使新企业在 2 小时内即可完成注册，而非耗时几个星期。

第四大支柱，也是最重要的支柱就是诚实、有远见技术上能够胜任、能意识到高技术出口在减轻贫困和迅速改变国家方面的关键作用的领导阶层。在中国，国务院的许多官员是杰出的科学家和工程师。在韩国也一样，其教育科技部部长兼任副总理。

巴基斯坦所幸拥有大量年轻人：1.7 亿人口中年龄在 19 岁以下的年轻人大约有 9000 万！巴基斯坦需要在重点领域向这些年轻人提供良好的教育，这样巴基斯坦才会繁荣昌盛。若非如此，巴基斯坦的前途将一片黑暗。这对政治意愿提出了要求：国家必须下定决心，今后，必要时即便挨饿，也要将所有资源，至少是 GDP 的 10% 投入教育。过去 30 年里，马来西亚将政府预算的 25% 投入教育，因此，马来西亚的出口总额达到了 1550 亿美元每年，而巴基斯坦的出口总额只有 190 亿美元——为什么巴基斯坦做不到马来西亚那样？

3. 科技统治竞赛

我们生活在一个奇怪而奇妙的科学世界里。在这个科学世界里，自人类在这个星球存在以来所获得的知识总量将在未来 8 年里成倍增长！在这个世界里，生活在地球上的科学家中 90% 今天依然在世！这一统计数字令人难以置信，反映了过去 50～100 年间知识的爆炸性增长。

新知识创造能力正从西方向东方转移，尤其是中国和印度。这两个国家成千上万的年轻人正接受培训，他们对社会经济发展过程的影响已体现出来，两国 GDP 年增长率持续保持在 7%～10%。1998 年，中国的在校大学生数量还只有 600 万，而 2014 年已飞速增加到了 2468.1 万。在中国 1700 所高校中，约有 100 所已通过"211 工程"被确认为一流高校，这些学校培养了中国 80% 的博士生、70% 的硕士生和三分之一的本科生。仅清华大学每年就培养出 1000 名高素质博士，是巴基斯坦 130 所公立和私立大学每年培养的博士数量的 2 倍！中国的研究成果从 1998 年发表的 2 万篇研究论文增加到了 2009 年发表的 12 万篇，仅次于美国位列世界第二。

2002～2009 年，在新设立的、拥有高度自主权、直接向总理报告的高等教育委员会的领导下，巴基斯坦在高等教育领域取得了惊人的进步。其计划取得了巨大的进展：大学入学人数增加了 2 倍（从 2002 年的 13.5 万人增加到 2009 年的 40 万人），入学数量也翻了一番（从 2002 年的 59 所增加到 2009 年的 127 所），在国际期刊上发表的研究论文增长了 600％，论文被引次数增长了 1000％。巴基斯坦现在已有 5 所大学跻身于世界 600 强行列在自然科学领域，卡拉奇大学在世界高校排名中位列第 223 位，这主要归功于该校化学与生物科学国际中心出色的研究产出。该中心获得了吉达伊斯兰开发银行颁发的伊斯兰世界最佳科学机构奖，也是首个两度获奖的机构。位于伊斯兰堡的国家科技大学在自然科学领域排名世界第 260 位，伊斯兰堡阿赞姆大学则在自然科学领域排名世界第 270 位。经历了几十年停滞不前之后，能够取得如此备受尊敬的世界排名，可以说是非常难得。一些中立的国际权威人士也对巴基斯坦在短短的 6～7 年时间里取得的成就大加赞赏，如德国杜宾根大学的 Wolfgang Voelter 教授、联合国科学和技术委员会前主任 Michael Rode 教授，以及美国独立专家 Fred Hayward 等。

在印度首席科学家兼印度总理顾问 C. N. R. Rao 教授向印度总理介绍巴基斯坦在其新设立的高等教育委员会的领导下取得飞速发展（参见 2006 年 7 月 23 日《印度斯坦时报》Neha Mehta 所著题为 "巴基斯坦对印度科学的威胁" 的文章）之后，印度决定启动高等教育体制的全面改革。现在印度正在创办 8 所新的印度理工学院（IITs），从而使这一批世界级学院从 7 所增加到 15 所，超过原有数量的 2 倍。印度还将新建 5 所印度科学、教育与研究学院，7 所印度管理学院，以及 20 所印度信息技术学院，从而使印度顶级学院的数量增至目前的 2 倍。跟随巴基斯坦的脚步，印度也大幅增加了大学教授的工资，许多教授的工资增至 3 倍。另外，巴基斯坦却在高等教育 "黄金时期" 后经历了一次后退。新政府不太重视教育，在教育这一关键领域的投入只占国民生产总值（GNP）的 1.6％。巴基斯坦曾每年向国外一流大学派遣约 1000 名博士，但在当前的财政年度却只派出了几十名学生。这表明高等教育领域的危机在日益加剧。如果高等教育委员会得不到充分支持，那过去几年所做的工作将无法继续开展。

巴基斯坦接受过高等教育的新任财政部长会恪守总理 Gilani 在议会上所作的承诺，至少拨出 GNP 的 4％ 用于教育吗？

第13章

空间科学进展

1. 世界上最伟大的奇迹

什么是世界上最伟大的奇迹呢？我们！我不仅指进化的过程、生命的起源，以及造成生命起源的数十亿影响因素所达到的令人难以置信的精确度和协调度，还指的是一个不被大多数人所知的更加神奇的过程——恒星大爆炸及其与我们的密切联系。

我们的身体，主要由大约65％的氧和18％的碳组成，还有氮和许多少量的其他元素，如磷、铁、镁和钙等。这些原子从何而来？它们又是怎么形成我们的呢？

高温燃烧的恒星内部存在着巨大的万有引力，并且温度高达数百万摄氏度，为核聚变的发生创造了条件。在恒星内部原子被重组，然后互相聚合，生成新的更复杂的原子。这些原子的形成正是得益于核聚变。

核聚变反应会产生大量的光和热。我们看到天空中成千上万的星星就是核聚变反应发出的光。核聚变反应也正是太阳能够照亮天空、温暖大地，进而维持生命的原因。氢原子核聚变直接生成氦原子，其他原子则是随后更为复杂的核聚变反应的结果。太阳中心的温度高达1500万℃，其内部核聚变的结果主要产生氦原子。然而，当恒星质量是太阳质量的8倍时，巨大的万有引力相应增大了原子核之间的结合力，为一些比较复杂的元素如碳、氮和一些更复杂元素如铁的形成创造了条件。恒星在坍缩甚至爆炸即超新星爆发时能放射大量的光、辐射巨大的能量，为发生更高能耗的核聚变，形成诸如镍、金、铀等更复杂的元素创造了必要条件。

每个超新星产生的光足以照亮整个星系，并且几周后才会消失。在这段时间内这颗超新星辐射的能量甚至高于太阳生命周期辐射的能量总和。在银河系中，这种超新星相当常见，其爆发周期约为50年一次。恒星上形成的所有物质都将被抛向太空，超新星爆炸所产生的星际尘埃也不例外，这些星际尘埃聚集在一起，最终形成了行星，如我们的地球。实际上，地球上的每一种元素都曾在其所在的恒星内部经历了高温历练。

一个孩子长大成人是通过同化食物完成的，换言之，正是水果、蔬菜及其他源自地球的原子和分子的食物最终形成了我们的肌肉、骨骼和各种器官。爆炸的恒星造就了地球和太阳系中的其他行星，而我们的食物来自地球和太阳系中的其他行星。这使我们得出了令人震惊的结论：我们身体中的每个原子都来自曾经燃烧的恒星中心！组成我们手指、皮肤、眼睛和耳朵等的原子，在很早以前都存在于温度高达数千万摄氏度的某颗恒星中心！这并非理论或假说，而是事实。从爆炸恒星中燃烧的原子神奇地转变成鲜活的、有感知的人类——这就是全世界最伟大的奇迹！

位于法国南部的一项名为"国际高热原子核实验反应堆"的科学实验正在试着去重现核聚变的过程。整个实验基地预计至 2019 年基本建成，聚变实验于 2026 年开始进行。如果实验成功，它产生的能量将是其消耗能量的 10 倍，并且我们将学会复制太阳和其他恒星的化学成分，以满足我们对能量的需求。

2. 生命的奇迹

银河系包含了 1000 亿～4000 亿颗恒星，并且还有成千上万颗与地球相似的行星。为了生命的进化和生存，行星与太阳必须保持恰当的距离。如果行星距离太阳太远，水会结冰，难以进行化学反应生成生命所需的基本物质（氨基酸、蛋白质和核酸）。如果行星距离太阳太近，则水会蒸发，生物同样难以进化。

火星曾被认为是除地球外唯一可能存在生命的星球。1976 年，自从海盗 1 号探测器在火星着陆，没有发现任何生命迹象后，这种观念发生了巨大变化。在过去的 30 多年中，功能强大的新望远镜和太空任务的部署允许我们去探索更多可能存在生命的新世界。自 1995 年起，已有 340 颗围绕各自恒星运转的类地行星被发现，其中大约有 20 个被称为"超级地球"（supper-earths），因为他们的体积和温度与地球接近。20 世纪 90 年代，科学家发现木卫二（欧罗巴，Europa）冰冻的表面之下存在着液态的水，这一发现与美国"伽利略"号太空探测器发回的图像一致，丰富了可能有生命进化的地址簿。2011 年 11 月，"卡西尼"号土星探测器发现土卫二（恩克拉多斯，Enceladus）冰卫星上有一处间歇性喷发的泉水——目前该探索仍在继续。

因为高能量辐射的破坏效应（伽马射线、X 射线和紫外线），超新星爆炸可能会降低其附近行星存在生命的可能性。然而这种爆炸对生命的进化也至关重要，正是超新星爆炸引起的核聚变反应生成了构成生命的必需元素，如碳、氮、硅、磷、钙和一些重金属元素，如铁。这说明各方面的因素必须达到精美的平衡，生命才会得以起源和演化。

核聚变反应生成的构成生命的必需元素首先构成了生命的基石，即氨基酸、蛋白质、自我复制的核酸等，然后形成了最简单的生命形式——单细胞生物，最后发展成了丰富多彩的生物界，这是一个完整的生命起源与演化的奇妙旅程。这段旅程开始于几十亿年前的恒星，目前正以人类的进化与发展向前推进着。

自此，生命奇迹的真相被揭开了，那就是我们身体中的每一个原子都来自几十亿年前燃烧的恒星。

3. 其他星球上是否存在生命

其他星球上存在生命吗？这个问题已经困惑科学家几个世纪了。存在生命的"类地行星"与太阳之间的距离必须适中，以保证水能够以液态形式存在——如果"类地行星"与太阳之间的距离太近，水将会蒸发，然而，如果它们之间的距离太远，水又将结冰，生物均难以进化。2009 年 3 月，NASA 设计的开普勒太空望远镜发射升空，用于搜寻环绕其他恒星运行的类地行星。目前开普勒太空望远镜的行程已达约 1100 万千米。类地行星从恒星前方经过时将遮挡部分星光，而开普勒太空望远镜能通过观测银河系内 10 万颗恒星微弱光亮的递减度检测行星的存在，以搜寻支持生命体存在的类地行星。此外，欧洲卫星"柯罗"（Corot）已经在距离地球大约 390 光年处发现了一个类地行星，其直径大约是地球的 2 倍，然而表面温度高达 1000℃，并不适合生命存在。

4. 一颗可能存在生命的星球

发现有适宜生命生存的星球，无疑会让科学家兴奋不已。如果行星距离恒星太远，行星将因为太黑暗和寒冷而不利于生命的进化，然而，如果行星与恒星之间的距离太近，行星就太热了，水将不能以液态存在。在我们的星系中有几千亿颗恒星，即使它们附近仅存在一小部分与恒星间距离恰当适合居住的行星，那么这类行星也会有数十亿颗，其中可能有很多行星上有水能够维持生命。因此，存在一个适居带，处于适居带上的行星与恒星间距离合适，行星上的水能以液态存在，天文学家已经搜寻这种宜居行星几十年了。现在，他们终于发现了一个。2010 年 9 月 30 日，加州大学圣克鲁斯分校的史蒂文·沃格特（Steven Vogt）和华盛顿卡内基学会的保罗·巴特勒（Paul Butler）宣布，他们在夏威夷利用 10 米凯克望远镜观测恒星的摇摆情况时，发现了"Gliese 581g"，

"Gliese 581g"是围绕红矮星"Gliese 581"运行的行星。"Gliese 581g"距离地球大约20光年，轨道周期将近37天，质量大约为地球的4倍。"Gliese 581"不如太阳明亮和温暖，所以只能维持太阳系生命的约1‰，该适居带距离"Gliese 581"的位置也比太阳系适居带距离太阳的位置更近。

5. 月球对生物进化起作用了吗

行星科学家认为在太阳系形成的早期，一颗火星般大小的天体撞击地球，一部分物质飞溅出去，后来又集聚在一起形成了月球。相对于太阳系其他行星的卫星而言，地球的卫星——月球是最大的。如此大的月球对地球的影响非常明显。月球巨大的引力能使地球自转轴的倾斜角保持稳定，从而使地球的气候相对稳定。如果没有月球，地球自转轴的倾斜角会以数百万年为一个周期在0°～50°范围内变化，地球气候因而也会发生大幅度的变化，其结果将使地球生物难以生存与演化。所以下次抬头望月的时候，请心怀感激，因为它对你是如此温柔。

6. 浩瀚的宇宙

假设我们能以光速旅行，则1秒我们能够围绕地球转7圈！以这种不可能的速度，从一个星球到另一个星球，要花几年的时间，因为它们之间的平均距离为30亿万千米。我们的银河系中大概有1000亿～4000亿颗恒星。宇宙中还有大约1400亿个星系，其中一些比银河系还要大。银河系中至少有1000亿颗恒星——太阳只是其中一颗，而地球只不过是小小太阳系中的一粒尘埃。较之1400亿个星系，地球微乎其微。以正常的思维难以想象我们正在论述如此宽广的概念。如果银河系的边缘某处存在另一个文明，那么外星人将会目睹地球上所发生的一切，但是光从地球到达该星球也要花上数千年时间，所以他们只能看到亚伯拉罕时代、摩西时代或先知穆罕默德时代地球上的情景——这取决于他们距离地球的位置。要看到地球现在的情况，他们则要再等几十个世纪。宇宙的直径被认为有930亿光年，因此即使你能够以光速旅行，仍然需要花900亿年的时间才能穿越宇宙。

7. 宇宙膨胀

爱因斯坦曾认为宇宙是静止的。后来他将此视为他一生中最大的错误。事实上，宇宙大小并非一成不变，而是在快速膨胀。1929 年，美国天文学家哈勃发现所有星云都在彼此互相远离，而且离得越远，彼此之间相互远离的速度越快，但是有趣的是，星系之间的分离不是由任何斥力引起的，而是它们所存在的空间在膨胀，即宇宙在不断膨胀，星系彼此之间的分离运动也是膨胀的一部分。宇宙学家认为在过去的 50 亿年间宇宙在加速膨胀，但在那之前宇宙的膨胀是减速的。

宇宙膨胀源于一种神秘力量——暗能量，暗能量能推动星系彼此远离，从而使星系占据宇宙当中 71.3% 的空间。牛津大学的 Arfan Shafieloo 的研究结果显示，宇宙膨胀的速度可能会减慢。如果是这样，那就意味着暗能量可能也会随着时间的推移发生变化，这就打开了一个物理领域内新的潘多拉盒子，并引发了一个问题：暗能量是否存在？

宇宙大约诞生于 137 亿年前，其直径至少有 930 亿光年。1 光年是光在一年中移动的距离，它大约是 58 790 亿英里！月光（实际上是月球反射的太阳光）从月球到地球只需要 1.3 秒，可以想象 930 亿年光移动的距离有多远——宇宙的浩瀚由此可见一斑。

这就引发了一个问题，如果宇宙只有 130 亿岁，任何物体的移动速度都不超过光速，那么两个星系又如何坐落在相距 930 亿光年的宇宙的两端呢？原因就在于，在宇宙膨胀的情形下，任何速度限制已不再适用。因为宇宙本身在膨胀，所以星系运移的速度可以比光速更快。

8. 无形的宇宙胶水——暗物质

宇宙中充满了一种奇怪而神秘的物质，它的含量相当于我们在所有星系中看到的普通物质含量的 5 倍。这就是"暗物质"。它是看不见的——它既不发光，也不反射光，不能直接通过望远镜观测到。目前，人们只能通过引力产生的效应得知它的存在。在大星系附近存在许多小的星系（矮星系），这些小星系本应该由于巨大的引力作用被撕碎破坏的，但正是暗物质的存在，才使得小星系聚集在一起未被破坏，因为暗物质能对小星系产生与大星系引力方向相反、大小相等的反作用力。

在过去的 75 年里，这种力量一直是一个巨大的未解之谜。1933 年，天文学家 Fritz Zwicky 首次提出暗物质的存在，他观察到一些高速运移的星系，本应会摆脱引力的束缚而被破坏，但是似乎有一种无形的力量使它们又维持在一起。许多科学家一直在寻找地球上神秘的暗物质。弱作用重粒子（WIMP）被看作是最有可能解释暗物质理论的候选对象。WIMP 探测器已经安装在了美国明尼苏达州和加拿大安大略省废弃矿井的深处。意大利首都罗马附近的巨石峰国家实验室曾发布消息，称其探测到了 WIMP，但是最终该发现并没有获得科学界认同。

9. 看不见的宇宙

你知道吗？对于宇宙，大约 74% 是暗能量，22% 是暗物质，仅有 4% 是可见的。确定暗物质的组成是宇宙学和粒子物理学中最大的难题。2005 年，卡迪夫大学的天文学家发现了一个距离我们 5000 万光年的星系，它似乎完全由看不见的暗物质组成。因此，我们的宇宙大约有 96% 是由不可见的暗物质和暗能量组成的。我们几乎对我们身边的这些神秘物质一无所知！因此，这是一个巨大的未解之谜。

10. 宇宙是泡沫状结构的吗

空间和时间组成了时空连续体，而物质可以破坏这种连续性。拿一块布，拉紧它的四个角，在它上面放一个重球。在球的静止处，布向下弯曲。弯曲代表存在万有引力，同样的方式，时空也被行星和恒星吸引而发生弯曲。万有引力是由什么构成的呢？它又是如何与自然界中的其他力相联系的呢？是否有可能研究出一套适用于自然界中各种力的"万用公理"呢？正如爱因斯坦所设想的一样，外太空很光滑吗？或者它是粗糙的颗粒状？行星又是如何相互吸引的呢？几十年来，这些问题一直困扰着科学家，包括爱因斯坦和后来的阿卜杜勒·萨拉姆（Abdus Salam）。

光速一直被认为是一个常数——30 万千米/秒（实际上是 299 792 458 米/秒）。但是，2005 年 6 月 30 日，西班牙 Canarie 群岛上的工作人员在利用大气伽玛切伦科夫成像望远镜（MAGIC）寻找高能量光粒子时发现，5 亿年前所爆发的两组伽马射线中，低能量的伽马射线要比高能量的伽马射线早 4 分钟到达望远镜。这可能是宇宙泡沫状结构的重要证据。NASA 的费米伽马射线太空望远镜也发现，120 亿光年之外爆发的两组光子中，高能量的光子比低能量的光子晚 20 分钟到达望远镜。这些发现激发了我们理解时空和万有引力基本性质的求知欲。

11. 我们的宇宙是颗粒状的吗

在德国汉诺威（Hannover）正在进行 GEO600 引力波探测试验，该试验使用的探测器的干涉仪臂长达 600 米，试验试图寻找一种由中子星和黑洞这样的超密度天体所引起的时空波动（引力波）。虽然到目前为止还未发现任何引力波，但它可能已在无意中获得了半个世纪以来物理学界最重要的发现——时空的根本性限制，即时空不再像爱因斯坦设想的那样光滑而连续，而是颗粒状的。如果该推测是正确的，那么时空就像放大镜下的新闻图片所呈现的颗粒那样。

如果事实果真如此，整个理论物理学领域可能将面临重大的冲击！

12. 我们的太阳系——变动周期为 6200 万年

我们的星球还有一个奇怪的现象——每 6200 万年便会发生一次动植物大量灭绝的事件。这归因于太阳系随银河系运动时上下摆动。银河系是扁平的圆盘状结构，太阳系在银河系圆盘结构中上下升降，每 6200 万年太阳系就会上升至银河系的"北"边（指向处女座星系团的一面），由于受到宇宙射线的影响，生物多样性遭到严重破坏，导致生物大灭绝。目前，太阳系正以 120 英里/秒的速度朝向庞大的处女座星系团方向运动。

13. 太阳系的命运

太阳至多还有 60 亿年的寿命，它将逐渐变得更加明亮和炽热。因为太阳的巨大热量，地球上将不再适宜生命生存，预计 20 亿年后，地球上的生命将全部消失，而太阳的体积也将大约增至现在的 100 万倍而成为红巨星，然后吞灭水星、金星和地球。太阳内部的氢消耗殆尽时，它将开始萎缩，成为一个微小的白矮星。

至于人类文明，英国皇家学会主席马丁·里斯（Martin Rees）认为这也许是人类最后一个世纪。我们疯狂地燃烧化石燃料造成全球变暖，发展杀伤性武器对地球进行大规模破坏，实施危险实验导致新疾病的出现和传播，制造出能吞噬地球的黑洞，我们好像已经以一种自毁的方式对我们的环境造成了严重破坏。

14. 我们的太阳哪儿出问题了

太阳黑子是因太阳表面温度不同而形成的暗色斑点，其活动周期平均为 11年。然而，在过去的两年中太阳黑子的数量减少了很多，也许一些奇怪的事情正在发生。这在过去的 100 年里从未发生过。如此长期的安静是暴风雨来临前的宁静吗？这将会对地球上的生命造成严重破坏吗？

太阳黑子由高密度的磁性活动抑制了对流的激烈活动造成，是太阳表面温度较低的区域。太阳表面的正常温度是大约5780开尔文，而太阳黑子区域的温度是3000～4500开尔文。对比之下，它们显示为黑点，因此被称为太阳黑子。巨大的太阳风暴能比原子爆炸产生的威力高数十亿倍，能够严重地摧毁地球上的生命。太阳耀斑能辐射大量的紫外线，当它到达地球时，被我们的平流层所吸收，导致平流层升温，最终影响我们的天气。

那么接下来会发生什么呢？我们将要经历太阳黑子数增多，地球增温，还是太阳萎缩，黑子数逐渐减少？不管是哪种情况，都会对地球上的生命产生深远的影响。

15. 银河系中的怪物

在距离地球约3万光年的银河系中心存在一个超级怪物。2008年，美国麻省理工学院的天文学家舍普·多尔曼（Shep Doeleman）根据围绕一个不可见点运转的恒星的行为特点进行研究后确认，这个超级怪物就是一个超大质量的黑洞，名为"Sagittarius A"。该黑洞的直径仅有27千米，但其质量却为太阳的约450万倍，因此具有超强的引力，能吞噬任何物体，连光也不能逃离。天文学家目前正在整合地球上多台微波望远镜资源，将其变成迄今最精确的天文观测仪器，以便更清晰地观察到"Sagittarius A"黑洞。

16. 星系碰撞

20亿年前，银河系与另一个大星系发生碰撞，导致太阳系附近的许多恒星的运行速度比银河系中其他恒星的运行速度快。该结论是由法国斯特拉斯堡大学的科学家基于数十亿颗恒星的运行速度通过计算机模拟研究后得出的。星系碰撞后所产生的巨大的冲击波向外扩散，并且引起能量以环形结构分布。该研究解释了银河系中运行速度快的恒星如何与运行速度慢的恒星并存的现象。

17. 月球上存在水

在NASA和印度空间研究组织的合作下，月球存在水已经被证实。月球有水并不意味着月球上存在河流、湖泊、海洋或者水坑，月球上的水分子或羟基物质可能分布在几毫米厚的月球表层，与岩石分子和灰尘结合在一起。肩负着观测和感应月球陨石坑任务的卫星（LCROSS）探测器及其所载火箭主动撞入月球南极附近的凯布斯（Cabeus）陨石坑，科学家对这次撞击所产生的月球尘埃羽流进行了分析研究，分析结果证实了历史性的发现，即月球上有水分子存在。

18. 月球上的银和水

2010 年 10 月，NASA 使用火箭撞击月球，而后使用尾随火箭的传感卫星捕捉并分析撞击扬起的尘埃，分析结果表明，月球上的水远比我们之前想象的多。撞击月球扬起的尘埃中，水分含量达到 5.6%。这意味着，在撞击点附近 10 千米的土壤中可能含有 10 亿加仑水，其中大部分的水以冰的形式存在于冻土层下。此外，本次撞击还发现，月球土壤中还含有银。

所以当你下次听 1909 年的流行歌曲《银色的月亮之光》时，记住月球上真的存在银。

19. 月球陨石坑是什么时候出现的

月球被认为是由 45 亿年前地球与另一天体发生碰撞后的碎片聚集而成的。支持该假说的力证就是月球没有铁核。碰撞发生后，地球上的铁熔融并下沉至地球的深处形成地核，而碰撞碎片形成的月球则几乎没有铁。科学家对月球表面的岩石进行了分析研究，结果表明，月球形成之初有一个熔融表面，只是 9 亿年后，岩浆海洋逐渐冷却凝固了。月球形成早期，火山活动频繁。月球轨道探测器发回的月球表面 3D 成像图引发了月球陨石坑形成的争论。39 亿年前，陨石剧烈轰击月球产生陨石坑，随着时间的推移，外来天体物质对月球表面的轰击次数才逐渐减少。"月光任务"（Moonrise）探月计划将从月球最大的陨石坑采样，以理解月球表面遭受轰击的方式和时间。

20. 月球上的智能机器人

日本宇宙航空研究开发机构（JAXA）正在进行耗资 22 亿美元的"拓荒"计划，该计划预计于 2015 年把类人机器人送上月球表面，并且 2020 年之前建成月球无人探测基地。这些重达 660 磅的机器人不仅装配了滚动式坦克履带、太阳能电池板、高清晰度照相机、地震仪等各种尖端科学仪器，而且拥有一双与人类极为相似的手臂，可用于采集月球表面的岩石样本，并通过火箭发回地球。在接受地面人员遥控的同时，它们亦可凭借特有的机器人智能自行决策，从而实现"月球特区"的高度自治，并且当这些机器人遭到损坏时，他们还具备自我修复功能。将来，这些多任务型智能机器人可以代替人类在众多的空间任务和探索中发挥重要作用。

日本可谓建设太空太阳能发电站项目的先驱者之一。2009年6月，日本政府发布计划，称日本将耗资约210亿美元在30年后建立太空太阳能发电站，预计安装4平方米的电池板，发电量预计可达1吉瓦（约合10亿瓦），可供29.4万户东京家庭使用。2009年9月，日本军工三菱电机和石川岛播磨宣布加入该空间太阳能发电项目，他们将在4年内研制出将太空中的电能不通过电缆，而是通过电束直接射回地面的新技术。

日本拥有汽车和家用电器的高度自动化的制造厂，机器人制造业正在迅速发展，其智能型类人机器人的研发始终处于全球领先水平。目前，日本的智能机器人已经能在医院充当护士，在家里照顾患者了。然而随着机器智能的不断改进，我们会发现智能机器人在他们的能力范围之内已经能做出独立决断了。也许有一天，由于设计错误，机器人系统出现失控，他们可能开始复制自身，并以他们的自身利益为行动前提而不再受控于人类。

21. 运用新的数学工具发现行星

在赫兹伯格天体物理学研究所工作的科学家，已经能应用新的数学工具，研究10年前从哈勃太空望远镜中获得的数据了。该过程涉及创建一个没有行星的恒星数字参考图形。当用我们星系中某个区域的图像与参考图像重叠后，3颗行星便神奇地显现了，每个行星大约是木星质量的10倍。也许将来有一天，一颗蓝色的类地行星可能也会以这种方式被发现！

22. 商业太空旅行

洛克希德·马丁公司正在开发一个"安静超音速运输机"（QSST），从芝加哥飞往巴黎只需不到4小时的时间。更令人兴奋的是，由欧盟资助德国太空公司DLR研发的飞机"Spaceliner"（时速1.4万英里）能在90分钟内将50名乘客从纽约送至悉尼——穿越太空。飞机可以改良成一艘航天飞船，由一架火箭帮助飞机升空。该火箭由液态氢和氧推进器提供能量，在 7 分钟内，飞机将上升 62 英里，至太空底部。多次穿越密集的大气层能使机体温度达到 5400℃。为了保持低温，DLR 的工程师们发明了多孔陶瓷砖来散热。如果愿意花 20 万美元，你便可以进行一次太空旅行了。目前，提前预订美国 Virgin Galactic 公司载客太空游的已达 200 人，总价格已达 3000 万美元。Virgin Galactic 公司的宇宙飞船能将你连同 5 个其他乘客送达 68 英里的高空，整个旅程预计仅需 2.5 小时。许多其他公司（美国、欧洲和哈萨克斯坦的）也相继制订了类似的太空旅游计划。

23. 第一辆太空出租车开通了

2010 年 6 月 4 日，SpaceX 公司在佛罗里达卡纳维拉尔角（Cape Canaveral, Florida）成功发射了 Falcon 9 火箭。根据 NASA 的协议，该公司负责为国际空间站运送物资和宇航员。考虑到成本效益，奥巴马政府一直大力推崇使用商业宇宙飞船运送物资和宇航员，但目前其安全性还受到诸多质疑。

24. 通往太空的充气塔

加拿大约克大学的科学家们提议，建造通往太空边缘的充气塔。可用于宇宙飞船的可充气太空舱将装配成一个 15 千米长的高塔，如果将这个充气塔建造在山峰顶部，可使充气塔进一步延伸至太空 20 千米处，当抵达这一高度时，人们将能够看到任何方向 6 千米之遥的宇宙景象。为了使充气塔保持直立状态，并抵御风的侵袭，还需要对每一个充气太空舱配备陀螺仪和动态平衡系统。这种充气塔能够延伸到低地球轨道中距离地面 200 千米处的高空。

25. 太空有毒废弃物监测

有毒废弃物处理是环境面临的主要挑战，一些大企业经常将有毒废弃物排放在未经授权的地方。目前，利用探地雷达发射天线向地下发射高频电磁波，通过接收并分析反射回地面的电磁波的波形、振幅强度和时间的变化等特征推断废弃物堆放的空间位置、结构、形态和埋藏深度。在新威尼斯协会上，意大利科学家的研究表明，太空中的卫星也可以监测这种有毒废弃物的位置。这种遥感技术将为有效地阻止随意倾倒有毒废弃物提供条件。

26. 从空间天文台观察太阳

太阳只是银河系 1000 多亿颗恒星中的一颗，其直径约为 865 000 英里（大约是地球直径的 109 倍），质量相当于地球质量的 33 万倍。太阳实际上是白色的，只是我们总是透过大气层看它，所以太阳才呈黄色。太阳主要是由氢和氦组成，由众多行星包围，其中包括地球。太阳距离银河系中心 2.4 万～2.6 万光年，其公转周期为 2.25 亿～2.5 亿年。太阳的中心温度约为 1500 万℃，其表面压力大约是地球大气压的 3400 亿倍，而表面温度约为 6000℃。

2010 年 2 月，NASA 耗资 8.48 亿美元发射了"太阳动力学观测台"（SDO）卫星，用于认识太阳磁场及其他太阳活动对地球产生的影响。目前，SDO 卫星已经拍摄到了一些前所未有的高水平数据和图像，未来还将为我们提供更丰富的信息，以便更好地理解太阳的本质，尤其是太阳耀斑、太阳风和大型磁风暴。

27. 神奇的宇宙

宇宙最令我们困惑之处就是恒星、行星、太阳系、星系等主要由神秘的暗能量（74%）和暗物质（22%）组成，而由原子组成的可见部分仅占宇宙的 4%。科学家们一直试图去理解暗能量和暗物质到底是什么。暗物质完全看不见，目前人们只能通过引力产生的效应得知宇宙中有大量暗物质的存在。然而，暗能量因为没有这种效应而更难被发现，但正是暗能量推动了星系的分离，并加速了宇宙膨胀。

2010 年 8 月，NASA 的科学家通过哈勃望远镜，观察了 Abell 1689 星系团。这个星系团被认为是人类观测宇宙的"放大镜"。通过观察 Abell 1689 星系团，科学家们发现，在暗能量的作用下，那些遥远的星系不断地发生弯曲，或者呈现弧形的图像，这意味着在暗能量的作用下，宇宙正处于一种不断膨胀的状态。而这也再次证明了宇宙中的确有暗能量存在。

28. 世界上第一艘太阳帆宇宙飞船

2010 年 5 月 21 日，日本推出了全球第一款以太阳帆技术作为主要推动力的太阳帆宇宙飞船"伊卡洛斯号"（IKAROS）。IKAROS 有一个边长约 14 米的正方形风帆，据介绍，该风帆内置太阳能薄膜电池，由太空型聚酰亚胺树脂制成，重约 15 千克，厚度仅为 0.0075 毫米，即使在高速旋转时也不会卷曲。IKAROS 发射几周后，风帆将打开，安装在风帆上的太阳能薄膜电池将为飞船提供源源不断的动力，飞船飞行 6 个月后到达金星，然后再飞行 3 年来到太阳的另一侧，以收集科学数据。如果试验成功，具有 50 米边长太阳帆的第二代宇宙飞船将会建成。

29. 建立保护宇航员的磁场

在太空中飞行，宇航员面临的最大威胁之一就是宇宙辐射。英国牛津卢瑟福阿普尔顿实验室（Rutherford Appleton Laboratories）的科学家们发现，一块如大拇指般宽的磁铁，便可以使带电粒子流发生偏移，从而保护宇航员免受辐射。火箭先驱阿波罗计划的创造者冯·布劳恩（Wernher von Braun）首次在 20 世纪 60 年代提出，在宇宙飞船上建立保护宇航员免受辐射的磁场的想法，然而，按照他最初的设想，产生的磁场要足够强才可以抵御宇宙射线。而现实表明，这种保护性的磁场只需微弱的磁场强度。

30. 探索宇宙的本质

欧洲大型强子对撞机（LHC）是由 CERN 花费预计超过 80 亿美元，由来自 100 个国家的万名科学家和工程师共同参与完成的，它是当前世界最大、能量最高的粒子加速器，是一种将质子加速对撞的高能物理设备。LHC 横跨法国和瑞士的边界，坐落于日内瓦附近，包含了一个圆周为 27 千米的圆形隧道，因当地地形的缘故位于地下 100 米处。LHC 的问世有助于解答物理学的一些基础性问题，如时空本质、万有引力等。

2008 年 9 月 LHC 正式开始运作，但不久后，用来冷却超导磁铁的液态氮发生了严重泄漏，导致对撞机暂停运转，经过重大维修后于 2009 年 11 月又重新运转。尽管怀疑者担心黑洞将吞噬地球和整个太阳系，但是 2010 年质子束碰撞显示并非如此。质子束的运动几乎能达到光速（每秒只慢 3 米），仅用 90 微秒便可绕 27 千米的大圆环一圈。在 1 秒内，绕该环 11 000 次。两束高能量的质子相向运动发生对撞能产生组成质子和中子的更多的基本粒子（夸克和胶子）。分析这些基本粒子有助于了解宇宙的起源。

2010 年 11 月，大型强子对撞机迎来了又一振奋人心的时刻，让铅离子进行对撞，在实验室条件下重建大爆炸之后的宇宙初期形态。据说，这种形态在大爆炸发生后只存在了很短的一段时间。

31. 太空第一个太阳帆

太阳帆也被称为"光帆",是以恒星或激光的辐射压力作为推动力的宇宙飞船。它们具有由聚合材料制成的超薄帆,同时利用稍强的辐射压和稍弱的太阳风推动飞船前行。辐射压力实际上是由光子产生的,而太阳风产生的压力比辐射压力还小3个数量级。即使是非常大的太阳帆,在这两种力的推动下其产生的加速度也非常小,但是在太空这种绝对真空的环境中,飞行的太阳帆除了可能受到引力的作用外,几乎没有任何阻力,随着时间的推移,太阳帆的速度会变得很快。

2010年5月21日,日本推出了全球第一款以太阳帆技术作为主要推动力的太阳帆宇宙飞船"伊卡洛斯号"(IKAROS)。2010年12月,该太阳帆到达了金星,这是日本太空探索计划的一次巨大飞跃。

2011年1月20日,NASA在低地球轨道展开了一个100平方英尺的太阳帆,随后逐渐降落回地球。在其他国家也拥有相似技术之前,美国的这项高度机密技术可能最终被用于承担将卫星运载回地球的任务。

32. 发现系外类地行星

2009年3月,NASA将开普勒太空望远镜发射升空,用于搜寻太阳系外类地行星。目前它已分析了156 000颗恒星,分析结果表明,适居带上共有1235颗行星可能存在生命。一个令人激动的新发现就是类似太阳系的开普勒-11(Kepler-11)行星系统,该行星系统内至少有6颗公转周期很短的行星围绕着开普勒-11运转。开普勒-11行星系统是迄今为止在太阳系之外发现的行星数量最多且行星之间距离最紧密的行星系统。很少有恒星存在1颗凌日行星(transiting planet),但开普勒-11行星系统拥有超过3颗以上的凌日行星,这种行星系统并不常见。发射以来,开普勒太空望远镜已经确认了54个行星位于适居带。望远镜观测到的仅是宇宙中非常微小的部分,也许在宇宙中存在成千上万颗可能有生命迹象的行星。

开普勒-11行星系统与地球之间的距离很远,约为2000光年。所以,即使以不可能达到的光速前往开普勒-11行星系统,也需要飞行2000年。

33. 智能卫星

正在增多的太空垃圾增大了卫星和漂浮垃圾碰撞的可能性。卫星造价昂贵，因此有必要配备一种能及时发现漂浮垃圾，并让卫星躲避以避免碰撞的设备。南安普顿大学的科学家们已经发明了宇宙飞船人工智能控制系统。该系统在有物体靠近时，可以做出判断，及时逃离危险，还可以直接从网上接收新指令或新信息，实现远程升级。

34. 被恒星吞噬的行星

银河系中有一些饥饿的恒星正以大鱼吃小鱼的方式不断地吞噬周围的行星。由于一直狼吞虎咽，这些恒星最终逐渐膨胀，被称为"bloatars"，这是欧洲航天局的荷兰籍科学家 Loredana Spezzi 在试图解释这些恒星日益增大的原因时提出的。哈勃太空望远镜观测到，在离地球 20 光年处有 9 颗这样的恒星。该研究成果已发表在《天体物理学杂志》上。

35. 六年后到达水星

经过六年半的飞行，美国"信使号"（Messenger）宇宙飞船终于在 2011 年 3 月 17 日进入水星轨道。水星距离地球大约 9600 万英里，但"信使号"宇宙飞船到达水星要进行绕行，途中它曾 3 次经过水星，2 次经过金星，并经过地球 1 次，本次探测远征几乎飞行了 49 亿英里。美国"水手 10 号"（Mariner 10）宇宙飞船曾在 1974 年和 1975 年两度飞越水星，并传回了大约覆盖 45％水星表面的照片，但我们对水星仍然知之甚少。目前，"信使号"已传回了大量信息丰富的照片和科学数据，并将继续沿水星轨道绕行，发回覆盖水星表面 90％的彩色照片。这些照片和数据将为太阳系行星的起源提供线索。

36. 神奇的宇宙

宇宙的年龄约 137 亿年，其直径大约为 930 亿光年。即光从宇宙一端到另一端大约需要 930 亿年。越来越多的科学证据表明，由于暗能量的存在，宇宙正在加速膨胀。宇宙主要由暗物质和暗能量组成，恒星、太阳系和行星中的可见物质仅仅占宇宙的 4%。

宇宙中大约有 1400 亿个星系，星系是宇宙中最复杂的单元。每个星系平均直径约 3 万光年。银河系直径比平均大小稍大，大约为 10 万光年。距离银河系最近的星系叫仙女座星系，它距离银河系大约有 250 万光年。

宇宙经历过精确的调整——若一些物理参数稍有不同，则生命将不复存在。剑桥大学著名的物理学家斯蒂芬·霍金（Stephen Hawking）曾指出，"宇宙中物质的数量和分布恰到好处，普遍存在的力的值，以及中子、质子和电子各自的电荷也精确地相互平衡，这一切影响因素所达到的令人难以置信的精妙平衡使生命的存在成为可能。"

37. 美国旅行者宇宙飞船的惊人发现

在过去的 30 多年里，当掠过行星时，美国旅行者 1 号和旅行者 2 号宇宙飞船有一些惊人的发现，并传回了照片和其他的一些信息。现在美国旅行者 1 号和旅行者 2 号宇宙飞船分别距离地球 110 亿英里和 80 亿英里，这两艘飞船是目前所有仍在运作、还可联系的宇宙飞船中距离地球最远的。

在旅行者 1 号宇宙飞船发射 2 周后，旅行者 2 号于 1977 年 8 月 20 日发射升空。该发射时间经过了严格的计算，以便可以利用行星几何排列造访木星、土星、天王星和海王星。旅行者 2 号于 1979 年和 1980 年分别到达木星和土星，并且传回了这些星球令人振奋的图片，包括木星和土星的卫星及土星的神秘光环。另外，旅行者 2 号还在木星的一个卫星上发现了 8 座活火山，而在从前，人们认为只有地球上才有活火山。

在木星和土星引力的推动下，旅行者 2 号于 1986 年和 1989 年分别掠过天王星和海王星。在太阳系中，海王星的风速最快，达 1200 英里/小时。与木星一样，海王星上也有大暗斑，即风暴区。海卫一崔顿（Triton）是太阳系中最冷的天体之一，其温度达 $-390°F$。Triton 表面有巨大的间歇泉，能喷发液氮至冰冷的大气层。

旅行者 1 号和旅行者 2 号仍在不断前行。目前，旅行者 1 号距离太阳的距离是地球距离太阳距离的 117 倍，所以，旅行者 1 号上的太阳光非常暗淡，其亮度至少比太阳照在地球的亮度低 10 000 倍。来自旅行者 1 号和旅行者 2 号的信号将分别大约经过 16 小时和 13 小时才能传回地球。

旅行者宇宙飞船携带了一张铜质磁盘唱片，它的内容包括用 55 种人类语言录制的问候语和代表不同时代、不同文化的音乐，如果宇宙飞船遇到外星人，那么它将会为他们讲述人类进化的奇迹。

38. 捕捉反物质

137 亿年前大爆炸发生时，宇宙中产生了等量的物质和反物质。人类、星球、太阳系和宇宙的可见部分都是由物质组成的，然而反物质现在在哪儿呢？反物质的概念基于一个前提，即任何基本粒子在自然界中都有相应的反粒子存在。1932 年，美国物理学家卡尔·安德森（Carl Anderson）首次在实验中证实了正电子的存在，即电子的反粒子，拥有一个正电荷而不是负电荷。随后在 1955 年，美国加州大学的科学家们发现了反中子和反质子。物质和反物质相遇能发生剧烈反应，在共同湮灭的同时，释放巨大能量。只要 0.5 克这种反物质，就足以产生如摧毁广岛的原子弹释放的能量。因此，要研究反物质非常困难。最近，科学家们已经可以生产反物质，但是片刻之后，它就与周围物质反应而不复存在。

2011 年 6 月 5 日，加拿大科学家在日内瓦附近的 CERN 进行的反氢激光物理装置（ALPHA）项目实验取得了令人振奋的进展，该实验成功地创造并捕获反氢原子长达 16 分钟。Fujiwara 和同事在一个微小的钢筒中创造了反氢原子，该钢筒的温度低至 -269℃，仅比绝对零度高 4℃。他们还在如此低的温度条件下制造了一个强大的磁场以免反氢原子逃离，这才使反氢原子被成功捕获了 16 分钟，创造了一个新的世界纪录。

这的确是一个重大的突破，在时间上这一突破将允许科学家对反物质的属性进行更加深入的研究。那么，遥远的星系中是否存在反星系、反恒星和反行星呢？这只是理论上的设想，尚未被证明。现在我们已经有了创造和储存反物质的方法，这将会为科学家研究这种神秘物质的本质带来曙光。如果科学家们发现它与之前设想的不一致，那么整个物理学领域将陷入混乱，物理书可能需要重新编写。

39. 机器人天文学家

天文学家需要耐得住孤独和寂寞，也需要耐心和毅力，因为他们要日复一日、年复一年地通过高倍望远镜扫描天空寻找异常信号。机器人的到来解救了天文学家。在一些实验室里，这些扫描天空的艰巨任务已经被机器人所接管。

宇宙不是静止的，受到暗能量的推动，星系之间正相互远离，宇宙正加速膨胀，一些恒星的亮度在不断地发生变化，这种"变星"可能出现一小会儿，然后消失，因此它们也被称为过客。在帕洛马（the Mount Palomar）天文台上，人工智能通过软件可以从高倍望远镜拍摄的图片中消除噪声信号，提供更清晰的图片，用于监测和分析这些"变星"。同样，短暂出现后消失的超新星也可以被监测到。

如果没有计算机，靠人工对天文台收集的数据进行分析，则一个人用一生的时间也分析不完一个天文台一晚上收集的数据。而通过特殊软件，就能将智利、美国夏威夷、澳大利亚、南非、美国得克萨斯州和加那利群岛（the Canary Islands）的计算机联在一起，以方便整合和分析数据。

随着机器人变得更加聪明，人类逐渐被它提供的数据所淹没，关于谁是主人、谁是奴隶的问题，会变得更加说不清楚。

40. 星系碰撞

哈勃望远镜的最新数据显示，银河系将与仙女座星系发生碰撞。但是你无需担心，因为那将是 40 亿年后的事情，并且相撞后再经过 30 亿年，这两个星系才会合并成一个大的椭圆形星系。

在此之前地球却要面临严重的问题。因为太阳正向红巨星转变。这将导致未来 10 亿年内海洋的持续蒸发。再经过 20 亿年，地球上所有的水将蒸发殆尽，最终太阳将膨胀成为一颗红巨星，其体积远远超出现在的大小，地球将被太阳吞噬。

41. 一颗行星环绕一对恒星

虽然科学家已经假设世界上存在着围绕两颗恒星运转的行星（即"环联星运转行星"），但是这样的行星从来没有被发现过。现在，由 William Boruckias 带领的 NASA 的科学家们使用开普勒太空望远镜已经发现了这样一颗行星，它距离地球约 200 光年。这颗行星与两颗恒星之间的距离比地日间的距离近，环绕两颗恒星运行一周大约 229 个地球日。该行星被命名为开普勒 16b（Kepler16b），它的体积与土星接近，位于宜居带的外层，由大量的气体和岩石构成。

42. 类地行星

自古以来，人类一直在探寻是否存在地外生命。搜寻外星人、不明飞行物和生物体的工作也已经持续了数十年。正如人们所知，水对于生命至关重要，所以寻找水是该工作的一部分。此外，还涉及在银河系的宜居带内寻找其他星球，即离各自母恒星的距离适宜，既能得益于母恒星的温度，又不能离得太近而抑制了生命的形成。最终搜寻工作聚焦到了银河系的"金发姑娘区"（Goldilocks Zone）。

开普勒太空望远镜拥有人类发射的航天器上最大的相机，该相机有 95 兆有效像素。通过下载大量的数据来分析恒星的亮度，每个月下载大约 100 千兆字节的科学数据。当行星经过其母恒星的前面，会导致其母恒星亮度稍微变暗。亮度的变化幅度及恢复所需的时长可以为该行星的大小和其轨道提供有价值的信息。开普勒太空船携带着这架太空望远镜于 2009 年 3 月发射升空，并且该太空船尾随着地球一起绕太阳转动。开普勒所指向的方向是太阳系绕着银河系运动的中心，因此开普勒太空望远镜可以最大限度地发现银河系外行星。

迄今，开普勒太空望远镜共观测到约 2300 颗行星，其中约 20 颗位于宜居带。但是最令人兴奋的当属开普勒 22b。它距离地球 600 光年，位于天鹅座和天琴座之间，和地球大小相当，围绕一颗和太阳非常相似的恒星公转，并且刚好位于该恒星的宜居带上。

在该星球上会有小绿人吗？目前，这可能只是猜测。

43. 小行星采矿

某些小行星富含一些贵重金属，如金、铂、铱、铑等。如果可以将它们经济地开采出来并运回地球，将是一笔巨大的财富。现在，一家新公司——行星资源（Planetary Resources）公司联手其他有实力的大公司，准备投资 300 亿美元，计划用机器人到小行星采矿，目的是把铂等贵金属带回地球。该公司的总裁是 NASA 凤凰号火星探测器的前项目经理 Chris Lewicki。该公司的目标有两个：一是开采自然资源；二是进行太空探索。他们希望在出售从小行星上开采回来的原材料的同时，为全球新增数万亿美元的 GDP。该计划的启动将创立新产业，并重新定义自然资源。

44. 一颗钻石星球

一颗由钻石组成的星球？对于钻石爱好者来说，这简直难以置信。澳大利亚旋滨科技大学 Matthew Bailes 教授带领的一支多国研究团队，利用澳大利亚、英国和美国的数个无线电天文望远镜发现了位于银河系巨蛇星座的钻石星球，距离地球 4000 光年，也就是说即便以光速飞行，要到达该星球也需要 4000 年。

这颗钻石行星直径约 6 万千米，大约是地球直径的 5 倍。研究团队通过该行星附近的脉冲星发出的信号发现了该行星。脉冲星是一些非常小的恒星，直径仅有 24 千米，但是可以发出强烈的无线电波。当该脉冲星旋转时，无线电波将有规律地扫过地球。该无线电波的周期变化让天文学家推断，该脉冲星附近有一颗行星。该星球的密度非常大，可能由单质晶体——钻石构成。

45. 水星球的发现

寻找太阳系外行星的过程让我们发现了银河系中有 700 多颗系外行星，其中有许多都围绕两颗恒星运转。一些行星的表面有很强的风暴，另外一些可能离恒星太近而具有由岩石蒸汽构成的大气层，其表面时常降落岩石雨。还有一个特别有趣的行星是 GJ1214b。该星球距离地球 40 光年，是 2009 年由 David Charbonneau 教授带领的哈佛大学-史密森天体物理中心（CfA）进行 MEarth 计划时发现的。该星球的体积约为地球的 2.7 倍，大气层主要由水构成。其温度高达 230℃。较之地球，GJ1214b 上的水较多而岩石较少。高温和高压环境导致了非常奇特的物质——高温冰的形成。

46. 流星、 小行星撞击

每天进入地球大气层的陨石总重量达数百吨。这些陨石中绝大多数都只有几克重，甚至更轻，在进入地球大气层时会发生燃烧（也就是在夜间偶尔看到的流星）。数百吨重的大陨石可能会造成陨石坑。

小行星撞击地球的典型例子就是美国亚利桑那州温斯洛的巴林杰陨石坑（Barringer crater）。它形成于 5 万年前，是由一颗直径为 30～50 米的铁陨石撞击地球造成的。该陨石坑直径 1200 米，深 200 米。1908 年在西伯利亚通古斯也发生了类似的撞击，爆炸声在半个地球之外的伦敦都可以听到，方圆 50 千米以内的树木全部被烧毁。

我们真正的威胁来自较大的行星。目前直径超过 1 千米的行星大约有 1000 多颗，这些行星中每 100 万年就会有一颗与地球相撞。例如，6500 万年前，墨西哥尤卡坦半岛上发生撞击事件，形成了一个直径达 180 千米的巨大陨石坑。此次撞击被认为是造成恐龙灭绝的原因。

47. 地球生命起源于太空

据推测，构建生命的基石起源于太空，然后在地球开始孕育。然而，最近才终于有了具有说服力的证据。那么这证据究竟是什么呢？

许多分子都存在镜像，被称为手性分子，有左手型或右手型之分，就如同左手和右手互为镜像。同样，生物学上一些重要的分子，如氨基酸和糖，要么是左手型的，要么是右手型的。一直以来困惑科学家的就是，为什么地球上的分子只存在这两种形式中的一种。例如，氨基酸，在天然的蛋白质中只发现左手型的。生物体 DNA 中的糖分子则只有右手型的。因此，科学家们推测，也许这样的情形源于太空，互为镜像的左旋和右旋手性分子中，其中一种分子在太空条件下更容易形成（如在恒星的圆偏振光影响下）。

2011 年，有两个证据强有力地支撑了地球生命起源于太空的假说。法国科学研究中心的科研团队重建了太空的星际条件，成功制造了氨基酸，并且发现其中一种镜像的产量远远超过另外一种。这就强有力地支撑了地球上的手性分子是起源于太空有机物的假说，这些物质可能来自太阳系外，在大质量恒星形成时，圆偏振红外光的存在可能是其中一种镜像的产量远远超过另外一种的主要原因（*The Astrophysical Journal*，2011，727（2）：L27. DOI：10.1088/2041-8205/727/2/L27）。

第二个重要的证据来自 NASA 的发现。一些来自外太空的陨石中含有构成我们遗传密码的 4 个核酸碱基中的 2 个，而该材料被证实未受地球污染（*Science*，2011，332（6035）：1304-1307. DOI：10.1126/ science.1203290）。

地球上已发现的所有元素，包括我们身体的每个原子，都起源于经历核聚变反应的炽热的恒星中心。地球上发现的氧、氮、磷、钙、镍、银、金等元素也都以这种方式产生。

有了这个关于手性分子起源于太空的新证据，那么七巧板拼图中重要的一块似乎终于归位。

48. 中国在航天技术方面取得巨大进步

1965 年，美国提出了建立空间站的计划，俄罗斯、欧洲和日本也相继提出了建立空间站的计划。随后，第一个国际空间站的建立计划也被提出了。中国计划成为一个太空强国，预计到 2020 年建立第一个空间站。2011 年 11 月 2 日，中国两艘无人飞船在地球上空约 211 千米处的轨道成功对接，代表中国又朝其计划迈进了一大步。中国的快速进步基于其在科学和技术上的巨额投资。

49. 海水来自太空吗

地球上海水的起源一直是个有争议的话题。一种假设是，水可能来自小行星；另一种假设是，水是太空的彗星撞击地球的产物。现在已发现一些确凿的证据支持后一种假说。在哈特利 2 号彗星上已发现有冰的存在，并且与地球海水的构成一致。这一结果是科学家们通过分析赫歇尔空间望远镜读取的有机分子的红外信号特征得到的。德国马普学会太阳系研究所的 Paul Hartogh 认为，当太阳系形成时，也许就有大量与彗星类似的天体如雨点般落入地球，从而形成如今地球上的海洋。

50. 证明宇宙膨胀加速的研究人员将诺贝尔奖收入囊中

有个观点我们已经欣然接受了 100 多年，那就是自 137 亿年前发生大爆炸以来，宇宙就一直在膨胀，并且该膨胀速率正在减缓。目前两个研究小组通过观测特殊的超新星，发现有力证据证实宇宙膨胀正在加速。据此发现，3 位科学家获得 2011 年的诺贝尔物理学奖，他们分别是来自美国加州大学伯克利分校劳伦斯伯克利国家实验室的 Saul Perlmutter、澳大利亚国立大学的 Brian P. Schmidt 和美国约翰·霍普金斯大学太空望远镜科学研究所的 Adam G. Riess。

超新星是由白矮星爆炸形成的。该白矮星的体积与地球相近，但是重量却如太阳一般。该爆炸产生的亮度可持续数周，并且能够照亮整个星际。通过测定发光度可以推算出这些超新星与地球间的距离。但他们的研究结果出乎预料，这些超新星的发光度要小于按照原先给定的宇宙膨胀速率计算出的数值，这说明超新星离地球的距离要比想象的远，也说明宇宙在暗能量的影响下在加速扩张。科学家们正在致力于理解我们宇宙中隐藏的这种神秘力量。

51. 星系风研究

星系风由高速带电粒子组成，这些风的速度可达 3000 千米/秒。它们是由星球爆炸或者星系中心的巨大黑洞造成的。2008 年 10 月 NASA 的星际边界探测器（IBEX）发现这些粒子能迅速掠过行星，其中一些可以进入太阳系。从银河系其他地方进入太阳系的原子有氢、氦、氧和氖 4 种类型。IBEX 已经对星系风带入太阳系的不同的中性原子进行了系统的计数，并有一个有趣的发现：与现在太阳系的组成不同的是，各原子的组成中氧原子含量较低。这表明，太阳系比其他地方含有更多的氧。

52. 宇宙中发现巨大的水源

美国加州理工学院的两个国际天文学家团队各自独立发现了宇宙中的巨大水源。这些水的量相当巨大，大约是太阳质量的 10 万倍，是地球上所有海水的 140 万亿倍。但它们与地球间的距离为 120 亿光年。想象一下，即便以光速运输这些水，也要经过 120 亿年才能到达地球，而宇宙的年龄是 137 亿年，也就是说在宇宙早期这些水就已存在。获得的图像显示，这些水正在喂养一个被称为类星体的巨大黑洞。类星体是高发光物体，吞噬周围的尘埃和气体，并释放大量的能量。

从地球上看到的宇宙是一个直径约为 920 亿光年的球体。星系则相对小得多，通常直径约 3 万光年。但它们仍然是巨大的，即使按光速飞行，即 3×10^5 千米/秒，从星系的一端到另外一端也需要一年的时间！

53. 火星 "漫游车" ——火星实验室准备就绪

火星 "漫游车" 就是火星实验室，大多数人也称它为 "好奇号"，其目的地是火星。它搭乘 "阿特拉斯 5" 火箭发射升空，在接下来的数周到达火星并开始为期 8 个月、3.54 亿英里的火星之旅。这个花费 7 年、时间造价 25 亿美元的实验室几乎重达 1 吨。火星阴面温度为 $-90℃$，并且没有任何磁场，整个大气层几乎全是二氧化碳，它将在如此恶劣的条件下收集数据。盖尔环形山（Gale Crater）曾被认为存在水，"好奇号" 将在那里寻找水和有机质。"好奇号" 上布满了科学仪器，它会根据发现的信息自行分析环境。实验室的信号需要经过 14 分钟才能传回地球。它可以每小时前进约 290 英尺，同时采集样本、分析数据，并传回地球。

54. 私人太空游

2012 年 5 月 19 日，新的飞船将推出，这将开启未来私人太空游之路。该飞船由 SpaceX 公司和毕格罗航空航天公司（BA）合作建造，可以提供给国际客户体验太空之旅，特别是接近零重力的体验。该飞船能够搭乘 7 名乘客环绕地球。

55. 太空燃料加注站

运载人类至月球或者其他星球时有一个问题就是，要为回程带够足够的燃料。这大大增加了项目的费用，因为需要运输这额外的重量。现在沙克尔顿能源公司（SEC）计划在月球上通过将永久阴影下月球火山中的水冰转换成液态氢和液态氧，实现在太空轨道燃料加注站中为客户提供持续不断和可靠的火箭能源供应。

该公司希望到 2020 年这些燃料加注站可以运作，并计划派两名机器人在月球两极侦察，以找到足够数量的冰块，还计划把宇航员送上月球，建立燃料生产设施。这项工程预计将耗资约 150 亿美元。第一个太空燃料加注站将建在国际空间站附近。如有需要，还会建立更多。

56. 太空——一个巨大的谜

宇宙被认为大约诞生于 137 亿年前，并且一直在膨胀。星系之间因为一些神秘力量而彼此远离。事实证明，太空不是真空状态的，其中隐藏了一些奇怪而强大的力量。一种神秘力量——暗能量，占据宇宙当中 74％的空间，另有22％则是由无形的宇宙胶水——暗物质组成的，它们使星系之间维持在一起。宇宙中仅有 4％是由原子构成的可见物质组成，剩余的都是暗物质和暗能量。

银河系有 1000 多亿颗行星。已发现有 20 颗"超级地球"，它们与各自的母恒星之间存在着适当的距离，具有适宜的温度适合生物生存。我们知道，除了适合的温度，生命演化还必须有水。在木卫二（欧罗巴，Europa）和土卫二（恩克拉多斯，Enceladus），以及我们的月球上都发现了水。

在某个时期，地球的磁场会发生逆转，使南北极发生颠倒。最近一次地磁逆转发生在 78 万年前。磁场可以形成"磁层"以保护地球免受宇宙射线的破坏。在它的保护作用下生命才得以存活。

当我们自认为静止的时候，实际上我们正以 120 英里/秒的惊人速度远离室女座星系团！奥秘真是无处不在！

57. "朱诺号" 飞船探索木星

太阳系包含 4 颗内行星（水星、金星、地球和火星）和外层的巨型气体行星（木星、土星、天王星和海王星）。此外，还有 5 颗矮行星，即冥王星、谷神星、妊神星、鸟神星和阋神星。在这些行星中，木星体积最大，主要成分是氢和氦。

2011 年 8 月 5 日，NASA 在肯尼迪航天中心发射了"朱诺号"飞船，以探索木星，该项目将花费 11 亿美元。预计"朱诺号"要飞行 5 年，于 2016 年 7 月抵达木星，并围绕木星极地轨道运行 1 年，发回木星的磁场和引力场信息。"朱诺号"还将探明该星球上是否存在水，为 46 亿年前这些星球如何从分子云演变而来提供有价值的信息。

58. 发现最小的太阳系外行星

通过观察行星经过恒星时导致的恒星亮度变化，开普勒飞船一直在寻找银河系中那些位于特定区域的行星。2011 年 12 月，开普勒发现了一颗位于宜居带的行星——开普勒-22b，该星球的体积是地球的 2.4 倍。宜居带是位于距恒星适当的距离适宜生命演化的区域，如果太远则会太冷，水变成冰从而使生命不能演化。

开普勒空间望远镜如今已发现了 3 颗最小的太阳系外行星。其母星是一颗红矮星，这 3 颗行星的大小仅仅是地球的 1/2～3/4。最小的一颗的表面温度为 400 ℃，与火星的大小相同。

59. 更廉价地将宇航员和货物运载至太空

2011 年 7 月 21 日，美国"亚特兰蒂斯"号航天飞机降落，意味着美国航天事业一个时代的终结，也是一个新的时代的开始。NASA 的航天飞机计划跨越 30 年，5 艘航天飞机进行了共 135 次飞行任务。航天飞机项目衍生了许多医药和工程领域的副产品，如基于航天飞机的微型燃料泵技术成功研制的人造心脏，而今天我们使用的可降解润滑油则来源于将航天飞机运移至发射平台的轴承的润滑剂。

随着航天飞机时代的结束，新的更便宜的可重复使用的飞船——追梦者（Dream Chaser）正在被开发以用来运载宇航员和货物至国际空间站。新的飞船能够垂直起飞和降落，将能够携带多达 7 人。今年早些时候，内华达山脉公司（SNC）得到这份 8000 万美元的合同，用于开发和测试该飞船。目前美国宇航员搭乘俄罗斯"联盟"号飞船至国际空间站，每人次的费用为 5000 万美元，直到"追梦者"开始飞行时这种依赖才可以完全被打破。此外，空天飞机也可用于太空旅游。

60. 太空宝藏

地球周围约有 100 颗已废弃的卫星。这些卫星都是巨额建造和发射的，他们的部分零件依然很有价值，据估计这些已废弃的卫星大约价值 3000 亿美元，并且它们还包含高度机密的技术，因此美国人非常担心这些卫星可能会落入他人之手。中国人和印度人一直在努力建造精密卫星，但因技术有限而鲜有成功。

现在美国国防高级研究计划局（DARPA）计划从这些废弃的卫星中回收那些有价值的部分。DARPA 的凤凰计划旨在发送无人飞船，从废弃卫星中回收零部件和可再利用的部件，如卫星天线。回收来的天线等零部件安装在后期发射的廉价微型"半成品卫星"上，然后对这些微型卫星进行组网。

61. 太阳系边缘的旅行者 1 号

旅行者 1 号是 1977 年美国发射的一个宇宙飞船，一直在往太空深处飞行，目前距离地球 110 亿英里。它发送的数据要经过 17 小时才可以到达地球。它有可能成为离开太阳系进入茫茫宇宙中的第一个人造物体。由于一直往前飞，现在它所遭受的宇宙射线轰击的强度也在增加。进入太阳系的边界这一全新的领域，旅行者 1 号将体验全新的感受。

1977 年美国发射了另一个宇宙飞船——旅行者 2 号。其现在距离太阳约 8.8 亿千米。两个航天器沿不同的轨迹飞行，以提供太阳系不同部分的信息。旅行者 1 号行驶稍快，约 38 000 英里/小时，旅行者 2 号大约为 35 000 英里/小时。

这些飞船能够为我们提供那些隐藏在宇宙中的神秘力量——暗物质和暗能量的信息，因为我们对它们真是一无所知。也许我们也知道一点，那就是我们宇宙的 96% 都是由这些神秘力量组成的。

62. 2000 万英里/小时的风

钱德拉 X 射线天文台建立于 1999 年，是 NASA 四大天文台之一，该天文台观测到恒星级黑洞 IGR J17091 - 3624 的吸积盘发出的星风速度高达每小时 2000 万英里。来自欧洲太空局赫歇尔空间天文台的天文学家认为，这种令人难以置信的强风阻止了恒星的形成。四大天文台的其余三个分别是哈勃太空望远镜、康普顿伽马射线天文台和斯皮策空间望远镜。

在恒星级黑洞、球状星团中心的中等质量黑洞以及银河系中心或其他活跃星系的超大质量黑洞三种黑洞中，恒星级黑洞质量小。位于大型星系中心的黑洞会吞噬经过它们身边的一切物质。它们甚至连光也吞噬，所以它们是看不见的，只能通过测量它们对周围天体的作用和影响来间接观测或推测到它们的存在。当一颗恒星的质量超过太阳质量的 5 倍时，就会形成恒星黑洞，并且会释放它所有的能量。这种恒星的外层发生剧烈的爆炸，将其大部分甚至几乎所有物质向外抛散，产生超新星。而恒星的中心则开始坍缩而变得致密，甚至连原子核都紧密排列在一起，从而形成致密的中子星或黑洞。中子星或黑洞一旦形成就会吞噬附近其他的恒星而不断生长。所以，一个小黑洞经过一段时期后就可以成长为一个质量约为太阳质量 100 万倍的超大质量黑洞。

银河系中心就有一个超过太阳质量 4000 万倍的超大质量黑洞。

63. 世界上最灵敏的射电望远镜

平方千米射电阵（square kilometre array，SKA），是世界上最大最灵敏的射电望远镜，目前正在建造中，它包括 3000 个碟形天线。这些碟型天线分布在大约 3000 千米的区域，SKA 产生每天 1 艾字节①量级的数据，相当于当前每天全球互联网信息总流量的 2 倍。IBM 公司与荷兰射电天文研究所（ASTRON）共同开发计算机系统，有效处理这一巨大的数据量。

---

① 1 艾字节=1 152 921 504 606 846 976 字节。

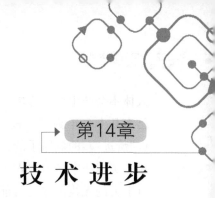

第14章

技 术 进 步

1. 有灵敏皮肤的仿生肢体

仿生肢体为人所知已有一些年头了，NASA 和美国国家航空研究院已研发出一种人造皮肤，这种皮肤内嵌有纤细的碳纳米管。这些纳米管很细，只有人的头发直径的百分之一。这些纳米管可以将某些特殊的电性能传递给人造皮肤。若给假肢套上一层这样的皮肤，通过纳米管将电信号传递给连接人脑的微芯片，将有可能使假肢部位重新获得触觉。

2. 你听说过 "电子香烟" 吗

有一次我从的里雅斯特（意大利城市）开会返回途中，在飞机上，我注意到旁边一位乘客正在吸一种用电池供电的"香烟"。由于"香烟"装有一个 LED 灯，所以他每抽一口顶端就会发出红色的光，但只有极少量的烟从他嘴里冒出来。这种电子香烟不含烟叶，但允许吸烟者吸入几微克的尼古丁。中国的一家公司发明了这种电子香烟，售价约为 60 美元，而含尼古丁的香烟大约每包 1.5 美元。烟叶含有一定量的致癌性亚硝胺，但电子香烟中几乎没有这种物质（除了有些尼古丁的轻微污染）。

3. 无线电力与智能墙

也许我们正处在一个新时代的开始。在这个时代，电力不要求有线，电子设施不用插入墙壁上的插座就能运转。无线电力的研发始于麻省理工学院 Marin Soljacic 教授的开创性研究，遵循能量在具有相同频率的两个电磁线圈之间可以传递的原理。第一个线圈包含在一个嵌入墙内的盒子中，并与供电的家用电源相连接。第二个"接收线圈"与电子设备相连接，如电视机、手提电脑等。两个线圈的频率匹配，就可以让能量从置于墙内的第一个"供应线圈"传递到用电设备的第二个线圈上。该技术绝对安全，因为它建立在磁场之上，而磁场对人体不会产生负面影响。实际上，同样的原理在核磁共振成像扫描仪上的应用已有几十个年头了，核磁共振成像仪中振荡线圈的共振频率与人体内部舞动（"旋进"）的氢原子的频率相匹配，因此可以让这些原子吸收能量，并变得可见。美国一家名为"WiTricity"的公司利用这一研究成果，证明通过空气来进行电力的无线传输是可能做到的。所以，不用任何线路或电池也可以使灯泡亮起来，或者使计算机运转起来！

每年大约有 400 亿节一次性电池被生产出来，每年生产的家庭用电线连接起来达到几百万千米长。所有这些庞大的花费很快将成为过去，因为我们的家中将拥有配备内置式设备的智能墙，可以通过空气把能量传输到各种各样的家用小设备上！

4. 汽车靠压缩空气行使

一家法国公司（MDI 公司，靠近尼斯）造出了一款新颖的靠纤维罐里的压缩空气行驶的汽车，压缩空气推动活塞从而产生运动。这款汽车有一个胶合的（非焊接的）管状底盘和玻璃纤维车身，其语音识别、互联网接入、GSM 电话、GPS 导航系统及一整套娱乐系统等电子小配件都达到了极致。这款汽车还配有一个无线控制系统、一盏小小的调频发射器控制灯、指示器等。它不用钥匙点火，只需识读从你口袋里掏出来的识别卡！在需要添加新鲜的压缩空气前，它的行驶成本只是汽油引擎车辆的十分之一，最高速度达到每小时 68 英里，最大行程高达 300 千米。它可以在经过改造的汽车加油站重新充气，2~3 分钟内即可加满压缩空气。它还有自带的紧急备用的空气压缩机，也有在晚上从主输气线重新充气的功能（需 3~4 小时）。这款汽车零污染，每 5 万千米换一次油，每次只需 1 升植物油。它排出的空气温度为零下 0~15℃，这个温度的空气还可以供内部空气调节系统使用，因此不需要任何制冷气体，也不需要制冷的动力。这家法国公司用了 10 年的时间来研发这款汽车，现在这款汽车已发放许可给印度塔塔汽车公司进行批量生产。该车于 2010 年在美国上市。

5. 电动汽车——更流畅、更匀称

商用电动汽车已有很长时间了。自 20 世纪 50 年代开始，英国送牛奶的货车就用电池供能，以免内燃机在清晨发出噪声。人们认为电动汽车虽然安静，但

车子行驶更迟缓。但是，事实已不再如此。德国 e-Wolf 公司研发出样子更匀称的电动跑车已经有一些年头了。它最新的一款看上去像法拉利或玛莎拉蒂跑车，声称不到 4 秒钟即可将速度从 0 加速到 60 英里/小时，最高速度达到 155 英里/小时。它有一个超轻的碳铝底盘，重量为 900 千克左右。4 个轮子每个都用 134 个电动马达驱动，而这些电动马达靠扁平的锂离子电池来供电，这可以让跑车无需充电即可以行驶 186 英里。

6. 电动车创造世界纪录

电池技术及车身轻质材料的飞速改进正让电动车成为未来汽车的主角。现在，美国 Tesla 电动跑车生产商在澳大利亚的全球绿色汽车大赛上创下了新的世界纪录，这辆跑车单次充电竟然可行驶 501 千米之远。其设计类似于 Lotus 的 Elan 车型。在这次汽车大赛上，本田的跑车单次充电行驶里程达到 360 千米，但按电池能量每瓦特小时行驶里程来算，本田跑车是最省电的。其功率达到每千米 85 瓦/小时，因而这辆车声称是世界上最节能的汽车。

电动车的时代即将来临！

7. 会倾斜的汽车

日产研发出一款靠锂离子电池工作的、倾斜的、宽度减半的两座轻型汽车。这辆被人们称为"陆地滑翔机"的汽车的过人之处在于它拐弯时能自动倾斜，倾斜度可达 17°，给人一种骑在摩托车上的那种刺激的感觉。这辆车的电池可以在超市或者任何有充电设施的地方进行无线式充电。车子装有一个自动防冲撞系统，这个系统可以探测到附近的汽车，因而可自动避开冲撞。

8. 会说话的汽车

每天都有数以百计的人死于车祸事故，仅在美国，这些事故的代价就已超出 2300 亿美元。今天的汽车技术已开始重视营救这一块。车中装上新的设备可以让汽车与另一车辆以电子方式进行交流，并警告你有另一辆看不见的正在拐弯靠近的车辆。如果你没有及时反应过来，该系统甚至会刹车。不久以后这些系统将应用在大部分汽车上，它们将会不间断地跟踪靠近车辆的速度和方向。车辆之间以及与主要交通控制系统的通信网络将可以大大减少意外碰撞的危险。

9. 智能高速公路系统避免交通事故

每年大约有 10 万人死于汽车事故。那么我们能否生产出会感觉到即将发生的事故并在碰撞发生前急刹车的汽车？哦，是的，有这样的车。这种车装有摄像机和雷达装置，能监控靠近物体，还装有能准确判断距离并把这些信息传输到车载计算机上的激光系统。当所有在路面上行驶的汽车都装上这些装置时，我们将进入一个可以远离交通事故的新时代。日本已研发出一种新型的智能高速公路系统，如果司机距离他们前面的某辆车太近，或者正有汽车从旁边的路上插过来，或者前面的路已经堵塞拥挤不堪，这种系统就会向司机报警。这种被称为"智能道路"的系统，有望大幅减少交通事故。正在研发之中的这类项目最令人激动之处在于，它们让司机变得多余，至少在旅程的大部分时间里是如此！7 家汽车生产商及几所欧洲大学正在研发一种称为"SARTRE"（公路车队环境安全）的系统。由 8 辆车组成的车队将以高速前进，每车相距仅 1 米，领头的汽车通过一台车载计算机来控制整个车队的行进。这个系统可以让司机随意地看书、打盹或玩游戏，只要他们的车在这个车队内。当司机想要离开高速公路时，他们可以恢复驾驶。进入高速公路的汽车将可以预订位置，成为许多这样在高速公路上行进的车队的一员。预计通过这一系统燃油消耗量和废气排放量也将减少 40%。

10. 会自我驾驶的汽车

你有没有与计算机对阵下过国际象棋？看到一台机器如此聪明，是不是会感觉不可思议？智能国际象棋程序已出现 20 年有余。与此同时，机器智能也在以惊人的速度发展着。

一辆装有一个谷歌开发的电脑和数以百计的传感器的本田普锐斯汽车自动行驶在高速公路及加州拥挤的道路上，没有人类干预时却能灵巧地避开靠近的车辆，这展示的是机器智能发挥作用的场景，标志着自动无人驾驶车辆时代的来临。这种车辆只需简单地告诉它一个目的地的语音命令，就可以把你带到任何你想去的地方。

这种自动汽车装有视频摄像头、激光测距仪和雷达传感器，以随时避开与其他移动或静止物体碰撞并准确跟踪道路信号。它们利用 GPS 持续导航。这种汽车可以根据可能驾驶它们的人的不同个性而设计成"激进型"或"谨慎型"驾驶模式。这种车的构想来源于斯坦福人工智能实验室主任兼谷歌工程师Thrun。

带有内置人工智能、有能力自我驾驶的汽车不久就可以解决因交通事故而导致死亡的问题。

11. 电动汽车——速度与激情

人们普遍认为，电动汽车是动作缓慢而又昂贵的汽车，鲜有让人叫好的地方。这种看法已经不对了。在巴黎车展上，很多的汽车生产商展出了新颖的混合动力车和电动车，但真正给人们带来高度兴奋的一辆车是小有名气的法国公司Exagon展示的那辆车。这辆车从启动到100千米/小时车速只需3.5秒，最大行程为500英里，最高速度达155英里/小时。它装有2台西门子168马力①的电动马达，2台就可以产生336马力的总功率。用电动马达带动时，其最大行程为400千米（250英里），之后用汽油发动机，最大行程可以加倍。

目前，电动汽车比那些使用内燃机的汽车要贵，批量生产有可能把它们的成本降下来。

12. 改进汽车性能——用电池

混合动力车靠汽油和电池电源行驶。某些混合动力车使用镍氢电池。梅赛德斯S400 Blue Hybrid车型采用锂离子电池与20马力的电动马达，以便给3.5升V6主发动机提供额外的动力，从而将其性能提高到V8发动机的水平，使汽车的节油效率达到每加仑30英里。在速度降至9英里/小时以下时，内燃机会关闭，电动马达会重新启动发动机以高速运转。还有一些生产商，如宝马、马自达和保时捷也都在利用"关—开"发动机的方法来改进节油效率。

13. 世界上最节油的汽车？

许多汽车生产商研发电池与燃料结合使用（混合动力）的节油汽车，减轻汽车重量，让它们更符合空气动力学原理。大众公司（Volkswagen）宣布，在

---

① 1米制马力≈735.5瓦。

2013 年将开始生产一种用一个很小的单汽缸发动机发动的汽车，这种汽车只用 1 升汽油就可以跑 100 千米（235 英里/加仑）。装有气囊、可变形前端等安全装置，车外体可以用碳纤维复合材料来制作，而车架则用镁代替铝来减轻重量。这样做的结果就是，这台世界上最省油的汽车只有 639 磅重！

14. 光学计算机、 DNA 计算机和量子计算机

现在的计算机使用晶体管进行二进制逻辑运算。以光学计算、DNA 计算和量子计算为基础的新型计算机正在研发当中。采用光敏晶体管的光学计算机，红外光束或可见光束中的光子被用来执行数字计算程序，获得更高的处理速度，因为光子（光粒子）比电子运动的速度更快。光学计算机的另一个优点是它不像电流一样会产生可能损坏硬件的热量。

DNA 计算机可以执行并行处理，也就是说，可以执行多个任务，就像人的大脑一样，而不是像当前的电子计算机一样，只能一个接一个地执行任务。人们期望可以使 DNA 计算机比传统计算机运行得更快。在计算机芯片上将 DNA 分子整合到一起使用的生物芯片目前也正在研发当中。DNA 计算机能够执行多个复杂任务和计算，比今天的电子计算机要高效得多。

量子计算机正在研发中，其运行速度将比今天的计算机快上亿倍，且其传递的信息也将超常密集。由于量子计算机是可逆的，理论上不存在净能量消耗。日本和美国的国防机构对量子计算机的研发投入了大量的研究资金，因为量子计算机绝对安全，它们依靠信息无需任何信号路径而进行"量子遥传"（看过《星际迷航》吗?）的原理工作。

15. 自冷的计算机

"自旋电子学"是正处于快速发展中的一个领域，它依靠电子的旋转而不是现代电子计算机所用的电压变动来储存和传输信息。有人发现，有一种叫碲化铋的物质拥有非常理想的属性——它对电子流的阻力几乎为零。它比传统超导材料（要求冷却至 -150℃ 左右）更有吸引力，因为它在室温下的电阻接近于零，也不会产生热量。所以，它让能量在传递中不发生损耗。自旋电子材料似乎已得到广泛的应用，它既可以提高硬盘驱动器的存储密度，又可以提高磁性随机存储器（RAM）的速度。

另一个有趣的研发项目是"激子"（exciton）计算机。激子是束缚于绝缘体

空穴的电子。激子计算机的集成电路已被成功研制出来，它在－148℃下运行，利用激子技术，给运行更快的计算机提供了机会。

16. 机器人： 像小孩一样学习

意人利理工学院（热那亚）制造的机器人具有向周围环境学习的能力，就像小孩在成长过程中会学习一样。这种机器人如同一个学步的小孩一般大小，设计有大脑。这样，它可以通过与周围环境的互动而达到学习的目的。科学家们希望能从这个名为"iCub"的机器人身上了解到人类是怎样思考和学习的。iCub 可以识别人脸、发现某个背景下特定的目标。它还有手指，可以抓住东西。现在，它正在学习如何抓住半空中的球。最后，人们还希望 iCub 可以学会辨别不同的声音，并最终学会说话。

欧洲 11 所大学和研究机构共同参与了机器人 iCub 项目，该项目从欧盟获得了 1200 万美元的资助。现在有 20 个 iCub 在生产之中，其中 8 个已经送到欧洲和土耳其的实验室，在那里它们将接受各种各样的训练。之前研制的其他机器人包括轮式机器人 Khepera（由瑞士一个联合企业研制）和日本的人形机器人 HRP-2、PINO、ASIMO，这些机器人有的可以演奏音乐，有的可以在不平的地面上行走。机器人在工业和军事领域都有巨大的潜力，那些拥有最先进机器人军队的国家有一天可能会统治这个世界。

机器人一旦变得超级聪明并学会复制自己，这个世上也许就不再需要那些在生物学上称之为"人类"的脆弱又反复无常的地球人了！

17. 运用世界上最快的计算机探索暗物质和暗能量

2008 年 IBM 和洛斯阿拉莫斯国家实验室联合开发了当时世界上最快的计算机"走鹃"。走鹃每秒钟可以执行 1000 万亿次运算！它被用于美国的核项目，以及探测宇宙、基因组学和气候变化的秘密。这台计算机体型庞大，占地 6000 平方英尺，有 1 万个连接件，使用了 57 千米长的光纤，它的 80T 存储器有 50 万磅重！

宇宙中由原子组成的"普通"可见物只占宇宙质量的 4%。大约有 23% 的物质是"暗物质"。暗物质看不到，但从星系的运动中可以推测到它的存在。余下的 73% 是一种更为奇怪的组分——暗能量。这是一个巨大的未解之谜。虽然暗物质不能被直接看到，但它的存在可以从把星系团凝聚到一起的运动中间接地感觉到。暗能量也表现为这种情况，即可以从宇宙继续加速膨胀中感觉到。

走鹃所采用的基本计算单位是以 10 亿个太阳作为一个质点。用这么大的一个单位是必需的，因为被模拟星系的质量差不多有 1 万亿个太阳那么大。计算机走鹃用 640 亿或更多的这样的"10 亿个太阳"的质点来模仿宇宙的大小。走鹃采用的计算单位真是令人难以置信。

18. 人工智能——黑暗的一面

智能机器有一天会不会威胁到我们的存在？有能力制造比它们自己更强大的自动进化机器在未来很有可能成为现实。也许你曾惊讶于一个电子象棋手是如何地聪明，如何能预见到你的走棋思路并先下手为强，然后部署它自己的战略打败你。现在可供使用的机器人只能执行普通的任务，如清洁地板或服从简单的命令。但是，更精密的系统被用来帮助救生员发现游泳池里溺水的人，或是用来协助司机在进行交通流量分析之后挑选最好的通往其目的地的道路。研究人员担心的是，人工智能"奇迹"实现以后，机器开始自行制造性能更优的机器，这种连锁反应会失控。

19. 用思维控制机器人

本田汽车公司研制了一种特别的帽子，当戴上帽子时，可以通过思考来控制机器人的动作！这项帽子内置有高度敏感的电极，可以探测到来自大脑及血流的电子信号。信息传给机器人，机器人识别出戴帽人的意图，然后采取相应的行动。这顶可读出人想法的帽子使用了多个遥感感应器，无需植入物。

20. 可以感应你情感的机器人

剑桥大学的研究人员研制出一种可以感应情感并做出恰当回应的机器人。它根据情境以及与其互动的人的情绪来感应快乐、愤怒或失望等情感。相比已上市相当长一段时间的语音识别软件而言，情绪识别软件还只是一种新的开发项目。这种机器人装有一个摄像头，可以探测到面部运动、体态的变化，以及说话人的音高，因而能够对人的整体情绪做出评估，然后根据其自己的储备做出相应的回应。

21. 机器人式战斗机——新的时代来临啦

机器智能的巨大进步宣告了一个新时代的到来：机器可以评估战争环境下地面的形势并给出摧毁敌人的最佳策略。一些国防相关企业，尤其是美国的公司正加紧研发这种机器人士兵。2011 年 2 月 4 日，人类迈出了历史性的一步，一架能够从航空母舰起飞、干扰敌机或消除其他威胁然后返回基地的无人驾驶飞机从加州爱德华兹空军基地首次试飞成功。

这架无人驾驶飞机拥有高水平的机器智能，能在各种情况下做出自己的判断。美国海军 X-47B 无人空战系统验证飞行器已被诺斯罗普·格鲁曼公司（Northrop Grumman）研制出来，它可以作为一个全自动系统运行，不需要人类操作。

22. 能隔墙透视的机器人

美国陆军投资了一个项目，研制一种非常敏感以至于能通过探测反射过来的无线电波而真正透过墙壁看到东西的机器人。这种机器人有一个特别灵敏的射频扫描仪，可以发送能够穿透混凝土墙壁并显示墙壁后面发生的景象和声音的宽频信号。它可以进行遥控，可用来探测旅馆房间或办公室中乃至某国首脑家中发生的情况。即使相距遥远，它也可以监测到人的呼吸声，因为它装有一个数千兆赫兹级精细直射束型超宽带射频传感器组。这种"隔墙探测"（STTW）技术将使许多政治家和领导人物暴露于侵入式电子耳和电子眼之下。这种机器人的名字叫作"Cougar 20H"，是 TiaLinx 公司研制出来的。

与此同时，"发现号"航天飞机搭载了第一个人形机器人（Robonaut 2 号）发射升空。它将学会执行通常由宇航员执行的各种任务。经过适当训练后，它最终将取代宇航员执行某些日常杂务。此外，它在紧急情况下也能发挥作用，可以执行维修及其他太空任务。

23. F食肉机器人

你听说过食肉机器人吗？伦敦皇家艺术学院的 James Auger 和 Jimmy Loizeau 设计了几款家用机器人，它们会引诱吞食苍蝇和其他小昆虫。它们还能从被吞下的昆虫那儿吸取能量。这是因为机器人由一个装在它们内部的微生物燃料电池供电。把害虫用作燃料的想法最初是一家英国公司——布里斯托尔机器人实验室提出的，该实验室在 2004 年研制了第一台用苍蝇供能的机器人，并提出还可以研发类似的靠浮游生物"生存"的海洋机器人。

24. 靠思维控制移动轮椅

靠思维控制轮椅的运动可行吗？事实上，可行！坐在用电池供电的轮椅上的瘫痪病人现在可以不借助外物就能穿行于各个房间了，当瘫痪病人全神贯注于轮椅上装的一个能显示出周围环境 3D 地图的屏幕时，轮椅的方向可以通过他们集中精神而得到控制。利用装在轮椅前面的激光装置可以不断生成和更新 3D 地图。轮椅使用者需要戴上一顶特制帽，帽子里有几个电极，绕着使用者的头皮放置。电极可以监测到大脑的活动。如果大脑活动持续一毫秒以上，当轮椅使用者看着地图上他希望移动的位置时，电极就会监测到大脑的活动，从而触发轮椅朝着那个方向移动。

这种轮椅由西班牙萨拉戈萨大学研制，曾于 2014 年夏初在机器人与自动化国际会议上展出。体验者不到 1 小时就可以学会操纵绕开障碍物，避免碰撞并自如地移动。

25. 用舌头看东西

一家总部位于美国威斯康星州的公司——Wicab 研发了一种可以让完全失明的人用他们的舌头看东西的设备。盲人戴的墨镜里装有一个小型数字视频摄像头，来自摄像头的数字信号传输到一个相当于手机大小的小型主基板中，它可以把这些信号转换成电脉冲信号。脉冲信号随后传输给一个躺在舌头上的"棒棒糖"样子的装置。通过舌头的麻刺感让盲人感知周围世界。经过一定的训练，盲人可以辨识通往门和走廊的路径、确定电梯按钮的位置、分辨出放在餐桌上的刀叉、区分字母及执行其他诸如此类的任务。

26. 关于头脑控制

控制思维过程的能力已成为众多企业和政府研发机构的研究目标之一。印度中央调查局（CBI）曾通过诱供药物硫喷妥钠来获取有关 2008 年 11 月恐怖袭击的信息。美国中央情报局（CIA）和前苏联克格勃（KGB）把这一技术广泛应用于他们的活动之中。目前，已经知道一些药物可以让人自吐真相。

还有一些瓦解你战斗意志的药物也被研制出来了。经鼻腔给药的脑垂体后叶催产素可减少侵略性、增加信任感，甚至还具有把敌方军队转变为友军心理状态的可能性！另一种药剂——苯二氮䓬类（BZ）通过对大脑施加影响而引起精神错乱，使人难以连贯地思考或说话。2002 年 10 月，一种芬太尼衍生物被用在曾在莫斯科歌剧院胁持 750 名人质的车臣叛军士兵身上。

生物技术是一把双刃剑，一方面它既有生产有益药物和工业材料的能力，另一方面它又有产生强大生物武器的能力。

27. UFO "飞碟" 出现

20 世纪 50 年代以来，人们不时报告说见到飞碟。现在，一种外形像飞碟的圆形宇宙飞船真的被发明出来了！

英国 AESIR 公司研制了多种不同尺寸的圆形飞行器，这些飞行器可以垂直起飞，使用"康达效应"（Coanda effect）来使中央风扇产生能量以用于空中悬停和飞行。这一效应是指流体沿着与曲面体表面保持一致的圆形路径喷射而不是保持其原来的直线路径的趋势。其原理可以通过把一支燃烧的蜡烛放在一个圆形容器后面，对着圆形容器吹气而简单地演示阐明。即使隐蔽地藏在圆形容器的后面，蜡烛火焰也会熄灭，因为空气流会顺着圆形容器形状限定的圆形路径流动。这家英国公司研制的飞行器尺寸各不相同，从直径为 30 厘米、能搭载 100 克有效负载的飞行器到巨大的能搭载 1 吨物质的飞行器都有。在伦敦国防系统与设备国际展览会上展出了这些颇有外星来客样子的"飞碟"。

所以，当你看到飞碟时，不要尖叫着跑开——那很可能是 AESIR 公司的圆形飞行器！

28. 永动飞机——不用再加燃料就能飞

我们能造出不需要添加燃料的飞机吗？是的，能！美国国防部先进计划研究中心（DARPA）宣布了一项命名为"秃鹰"计划的项目，拟制造能连续不断飞行数年却不需要再加燃料的飞机。这种飞机将用作无人侦察机或高空通信平台，它们可以持续地朝目标飞行并且不间断地传递信息。第一架飞机被称为奥德修斯，有一个 Z 型翼结构，翼上装有太阳能电池，目的是捕获最大量的太阳光，为其日夜供能。

29. 纳米潜艇

哈佛大学开发了一种厚度相当于头发丝而长度只有 0.2 毫米的微型装置。这个微型装置的一端有一个小小的、裸眼几乎看不见的玻璃珠和一个软木塞开瓶器那样的尾巴。装置的一端镀上了钴。由于钴带有磁性，所以它在液体中的运动可以由外部磁场来精确控制。这个样子像精子一样、装有软木塞开瓶器形状尾巴的装置行动起来像一个小螺旋桨一样，它可以在血管里游走，也能运送差不多是其自身重量一千倍的药物"负荷"送往感染的地方。该装置模拟鞭毛虫的运动在液体中移动（《纳米快报》，DOI：10.1021/nl900186w）。

30. 世界上第一个自供电纳米传感器

美国佐治亚理工学院开发出世界上第一个自供电纳米传感器，由成千上万条氧化锌纳米线组成，它们受到机械压力时，可以把机械能转化成电能（利用压电效应）。压电效应在许多装置上都有广泛应用，如香烟打火机的点火源和通过一触式启动过程点燃的丙烷烤肉架，以及一些种类的科学仪器。机械压力导致材料中的电压产生。纳米传感器完全封闭在一个弹性表面下，不需要与金属电极接触。这些嵌有纳米传感器的弹性装置不要求使用电池，它们可以镶在跑鞋、麦克风（利用声音产生的振动来驱动它们）里，或者利用海浪的机械能来产生能量。

31. 可以当作超级电池使用的病毒

麻省理工学院开发出了一种有能力与某些导电材料（如氧化钴等）绑定的基因工程细菌。这种镀有金属涂层的装置可以当作非常强大又高效的电池使用，因为它们有一个又薄又长的结构，这个结构能够在一个很小的空间内充很多的电，因此使得它们比传统电池更高效。即使病毒结构降解了，金属涂层也还是很强大的，足以保存下来并继续执行任务。这些"病毒电池"只有现在使用的普通电池的一半大，具有给微小的医学植入体和各种微型电子设备（如 NASA 研发的间谍"蚊子"）供电的潜力。

32. 可印刷电池

利用工业印刷机在柔性材料上进行印制，从而生产出可穿戴传感器、智能标签等，这种可印刷电子技术被开发出来已有一段时间了。但是，对可印刷电池的开发却没有这么快。德国弗劳恩霍夫电子纳米系统研究所已研制出薄如纸张的电池，这种电池可以采用类似于用在 T 恤印刷上的丝印法来进行批量印制生产。每节电池只有大约 1 克重，电压为 1.5 伏。可以将几节电池逐一贴在一起，以产生 3 伏、4.5 伏、6 伏等不同的电压。每节电池都有一个锌阳极层和一个锰阴极层。可印刷电池可以用于电池供电的银行卡、发光贺卡及许多其他一系列令人兴奋的用途上。

33. 病毒当作电池用

我们能把病毒当作电池使用吗？是的，我们能。麻省理工学院的 Angela Balcher 教授把一个基因插入一个无害病毒。这些经过基因改造的病毒具有生成某些蛋白质的能力，而这些蛋白质可以从周围的溶液中捕获铁离子和磷酸盐离子。

这些长管状的病毒覆盖了一层磷酸铁的"盔甲层"，可以被当作极小的纳米线。插入第二个基因以加大电子流量后产生了一种病毒纳米电池，这种电池号称与最好的商用锂电池一样好（即那些用磷酸铁锂做原料的电池）。这种电压为 3 伏的用病毒做成的锂离子电池可以点亮一个 LED（发光二极管）。

在繁殖病毒的发酵罐中发电，袖珍电池中含有用病毒做成的纳米线的日子也许不久就会到来！

34. 在地球上造一个迷你太阳

法国南部正在准备一个人类历史上最激动人心的实验。众所周知，国际热核聚变反应堆（ITER）以复制太阳和星体发热发光的方法为目标：通过核聚变，也就是各种轻元素聚变在一起形成重元素，同时产生巨大的能量。我们的地球由于太阳几十亿年来的这种聚变反应而变得温暖，其他星球也是通过这种聚变反应而自行产生光和热的。欧盟、印度、日本、中国、俄罗斯、韩国和美国联合投资了这个预计耗资约 100 亿欧元、完工需耗时 15 年的项目。

该项目旨在将氢元素的两个"兄长"（同位素）聚合到一起。这两个同位素就是氘和氚。氢的这两种同位素的聚变可以形成更重的元素氦，并产生巨大的热能。聚变产生的热能预计比发生聚变反应所要求的热能大 5～10 倍。为了实现聚变，必须达到大约为 1 亿 K 的异常高的温度。这将要求使用特别的容器，在这种容器中，聚变中的等离子体将靠磁力悬浮在中央，以防止容器中的金属由于超高的温度而蒸发。

到 21 世纪末，我们的城市可以依赖聚变反应堆来供给能量，同时要把海水用作聚合反应所需氘的来源——这就是地球上的人造小太阳！

35. 根据亮度来判断经济状况

判定一个社会的福利及其经济状况的一个重要指标就是其城市在夜间的亮度。随着发展的步伐，一些国家会建设更多的照明设施，这些国家在夜间也就变得越来越明亮。因此，夜间卫星图像可以提供非常有价值的独立数据，可以用来与其他统计数据对比。美国布朗大学的研究人员利用过去 11 年里收集的卫星图像数据，找出了亮度与国家 GDP 增长之间的关系。结果显示，用常规方法预测的 GDP 的增长在某些情况下可能不正确。因此，在世界银行的图表里的刚果民主共和国 2.6％的经济收缩与根据亮灯数据显示的 2.4％的经济增长不一致，这表明世界银行作为其预测基础的统计数据可能有误。这两套数据的加权组合也许能提供更准确的信息。

36. 半空中的 3D 激光广告

日本川崎重工研发了一种激光系统，可以在空中形成图像。激光脉冲聚集在空中的某个点上，使得空气电离。电离空气产生的发光等离子体看上去好像悬在半空中的一个光点（闪点）。

通过每秒点燃几百个激光脉冲，就会产生一种有许多个不变光点的错觉。将点燃的速度提高到每秒 1000 个闪点，就会产生看上去能真正移动的 3D 图像。

几年内，广告牌就可能会被路旁的空白空间所代替，在这些空间里，可能会出现用各种颜色的激光做成的移动图像和标语，就好像变魔术一样，一下子可以消失得无影无踪！激光系统的其他用途可能还包括 3D 电视和看上去像烟花一样的灯展。

这一发现还可用于国防。五角大楼正在开发一种军事应用程序（等离子体隔音屏障系统，PASS），运用另外的激光脉冲，它会引起等离子球猛烈的爆炸。这一创意已用于制作 100 米外的防护性"闪光弹"屏障幕，可以当作防备狙击手的遮蔽物——它就是一堵阻隔光和声的墙！

37. OLED？ 不只这个哦， QLED 也有啦

有机发光二极管（OLED）由有机化合物薄膜构成，这种薄膜在通电情况下会发光。它在电视屏幕、计算机显示器、手机屏幕、手表和其他装置的小屏幕上都有广泛的应用。采用 OLED 的电视机不需要背景照明。用它做成的屏幕比那些用液晶做成的屏幕更薄、更轻，色彩更丰富、更明亮。

近年来，一种新的技术在快速发展——量子点技术。量子点就是微小的半导体，它们的特性取决于做成它们的晶体的尺寸大小。用量子点做成的发光二极管显示器（QLED）特别薄——只有几纳米厚，易弯曲、透明，这让它们非常适合植入到各种各样的柔性表面上。两家美国公司，乐金显示器公司 LG Display 和量子点视觉公司（QD Vision）联手开发了这一令人激动的技术，将来可以应用于下一代电视机、计算机显示器及其他用途。虽然OLED 的应用尚在发展之中，但它们却可能会被 QLED 所取代，因为 QLED 似乎更有优势。

38. 无线起搏器

2009 年，美国食品药品监督管理局核准了一种无线起搏器，它可以把心脏病患者的数据通过因特网发送给医生，因此这种装置能够远程监测病人的情况，并可在紧急状态下立即向医生报警。这项技术于 2009 年 7 月获得批准，是加州的 St. Jude 医生开发出来的，它应该对全世界的心脏病患者都有用。

39. 用软件发现学术欺骗行为

学术欺诈行为曾经在全世界盛行一时。但是，随着新技术的问世，对于那些抄袭他人劳动成果并据为己有的学术窃贼来说几乎不可能了。在巴基斯坦，剽窃（这种现象已众所周知）曾是一个普遍的问题。为了解决这一问题，高等教育委员会强制各高校采取打击违法分子的严厉行动。在旁遮普大学纪律咨询委员会查出 5 个物理系教员犯有抄袭瑞士某著名教授论文罪之后而未能采取行

动的情况下，这所大学的发展基金被冻结，校长被迫进行干预并解雇了这几名违法剽窃者。还有几所机构也曾采取过类似的行动。

著名的用于侦测可能的欺骗行为的软件有"Ithenticate"和"Turnitin Turnitin"。这种软件将被审核的材料与互联网上数以亿计的可供查阅的文章进行比对，可在几秒钟内识别出特定的复制部分。巴基斯坦高等教育委员会把这种软件发放给各所高校，并建起了一套侦测欺诈行为的中央系统，以审核出版物和学术论文。

40. 用死细胞克隆动物

利用"组织培育"的方法可以获得许多种植物。"组织培育"是一种用植物的某部分，如茎、根或芽尖，克隆出一模一样植物的技术。这些植物组织在一种含有大量无组织细胞（愈伤组织细胞）的无菌介质中生长。在适当的条件下，这种方法被用来培育芽和根，因为它们含有同母体（芽和根就是从母体上取得的）一样的基因信息，所以可获得与其母体一模一样的小植株。针对某些特定的属性要求（如花朵的颜色和大小、水果的口味和产量等），这种克隆技术已经大规模广泛用于对植物的大量繁殖。如果这种克隆技术可以用于植物，那为什么不能用于动物呢？

1996 年，在爱丁堡第一只克隆动物——绵羊多利被克隆出来，它是用绵羊（A）的乳腺细胞克隆出来的。从另一只供体绵羊（B）身上提取一个正在发育中的未受精卵细胞，除去其细胞核，把从绵羊（A）身上提取的细胞核转移到该未受精卵细胞中。这样形成了杂交细胞，用电脉冲刺激杂交细胞，杂交细胞受到刺激开始分裂。之后再把杂交细胞植入第三只代孕母羊（C）体中，从而诞生了多利羊。自从这一历史性的克隆试验之后，许多动物都已通过克隆进行了繁殖，包括牛和马。

灭绝的动物也能克隆。2000 年，有一种野生山羊（比利牛斯山羊）被宣布已灭绝，有人从羊皮中提取了 DNA，并将其冷冻起来，之后植入山羊的卵细胞中。利用类似于上面所述的克隆方法，西班牙科学家成功培育出了一只活比利牛斯山羊，这也是有史以来第一次利用克隆技术培育出灭绝动物（http：//www. telegraph. co. uk/science/sciencenews/4409958/Extinct-ibex-is-resurrected-by-cloning. html）。此举为克隆其他灭绝动物（如恐龙和长毛猛犸象等）提供了可能。

41. 令人激动的新技术——仿造大自然

几百万年以来，生命有机体逐步进化出各种各样令人难以置信的飞行、游泳技巧，以及应对环境挑战的生存方式。这些特性让科学家对利用"仿生技术"设计具有特殊性能的仪器设备有了深刻的理解。例如，蝗虫可以密集成群飞行而不会相互碰撞，因为它们能同时看清几个方向。向它们学习，汽车生产商研制出了防冲撞传感器，这种传感器可以感知汽车周围来自几个方向的运动并警告司机以防碰撞。

巨大的座头鲸在水中异常敏捷，这对科学家来说是个谜，因为从空气动力学的观点来看，座头鲸前鳍的小突起（瘤状突起）似乎位于错误的一面。鳍的前缘或螺旋桨和涡轮机的叶片通常应该是平滑的。可是空气动力学研究显示，螺旋桨叶片前缘上的这种突起物的存在能在较低的旋转速度下产生更强的空气升力、更安静的运行和更大的功率。现在的空气涡轮机就是根据这种技术设计的。

英国仿生和自然技术中心设计了一种会呼吸的"智能"松果纤维，这种纤维在穿着者流汗而变热的情况下，气孔就会打开，而当其变冷时，气孔会闭合，就跟松果一样。类似的还有蜘蛛丝，蜘蛛吐出的特殊胶体黏结在一起的蜘蛛丝比同等重量的钢材还要坚韧。怀俄明大学的研究人员已经发现两种特殊的蛋白质可以产生不同寻常的黏合力，基于这一发现开发出了新的生物黏合剂。瑞士工程师 George de Mestral 注意到了一些植物的芒刺如何快速地粘在小狗的毛上于是他模仿这种钩状结构发明了"维可牢"搭扣，这是一个巨大的商业成功。工程师们向大自然学习的范例不胜枚举。

确实，自然就是最好的老师！

42. 纳米晶体导体： 计算机内存扩展领域一个激动人心的进展

美国莱斯大学的研究人员试图将 10 纳米大小的石墨烯片当作内存材料来用。这些石墨烯片比人的头发丝还要细很多，在仪器微型化方面有着巨大的潜力。科研人员已研发出微型硅基纳米晶体导体。这些细小的线甚至比 1 毫米还细上 20 万倍，用的材料是一种在沙子中常见的成分——氧化硅。这些细小的数字开关一旦被商业化，就很可能引起计算机存储容量的巨幅提升。

43. 机器人从龙虾那儿学会了航行技巧

大自然给鸟、蚂蚁、蜜蜂、鱼、蜘蛛及其他动物都赋予了非同寻常的方向感。这让它们能够根据体内能非常准确地感知地球磁场来确定方位而不会迷失方向。即使被带离到 37 千米之外，龙虾也能找到回去的路（《自然》，第 421 卷第 60 页），因为龙虾具有感知位置的神秘能力。龙虾的这种能力源于它们能够感知地球磁场中的局部异常。这种不一般的能力已被美国北卡罗来纳州立大学的科学家们应用在机器人研发中。

众所周知，每个建筑物都有一个与众不同的磁场，而这个磁场可以用一个磁力计轻松地绘制出来。先把磁场的变动测量出来，然后再将其储存在机器人的存储器中。利用这些磁图，即使没有视觉系统，机器人也能有效地模仿龙虾的行动，找到合适的路径（《机器人学和导航系统》，DOI：10.1016/j.robot.2009.07.018）。我们还可以从鸟类和蜜蜂身上学到很多的东西。

44. 仿生医药

大脑把信号发送到能让其执行各种功能（如举起镜子或打开电视机等）的肢体上。对于瘫痪病人，神经信号解读和信息传导到四肢肌肉的机制被中断。瘫痪病人的四肢跟不上大脑的指令。有没有可能在病人的大脑中植入可以记录神经活动、译解来自其他神经的指令、理解大脑想要身体做什么动作，然后再把正确的信息传送到四肢，让四肢听从命令的（最好是无线的）电子系统？通过植入"大脑芯片"，这种想法已成为可能，虽然这种技术还不太成熟。"大脑芯片"已经帮助聋子恢复了听力、瞎子恢复了视力，防止癫痫发作，还帮助了患有帕金森病的病人。脊髓会把大脑的指令转换成驱使肌肉动作的信号，因此脊髓受伤可能会使人瘫痪。在用特定的化学药品模仿神经传导素的情况下，如果给脊髓施加稳定的电刺激，脊髓严重受伤的瘫痪老鼠能够行走、疾跑和侧身走（《自然神经科学》，DOI：10.1038/nn.2401）。

45. 用细菌来发现黄金

可以用细菌来提取黄金吗？可以！人们很早就知道，凡有金矿存在的地方就会出现某些特定的细菌。但它们在纯金的生产中是否会发挥作用却还不为人知。阿德莱德大学的 Frank Reith 博士发现，溶解的黄金对一种特定的细菌（耐金属贪铜菌）有毒，因为黄金能形成一种有毒的含硫化合物。而这种细菌则通过把这些可溶解的黄金化合物转化成无害的纯金来保护自己！通过改变基因，这种细菌在接触到黄金时就能生产出纯金，澳大利亚科学家发现了这种有趣的黄金勘探技术。如果土壤样品中含有黄金，那么只要在土壤里加入这种细菌，就有可能探测到黄金（《国家科学院学报》，DOI：10.1073/pnas.0904583106）。

46. 分子计算机

借助神经元的动态交互并行处理方式，我们的大脑拥有了非凡的执行多任务的能力。分子计算机的处理速度可以超过每秒处理 10^{19} 条指令，而人脑中的神经元动作的最快速度却只有每秒 1000 次。但是，由于计算机是顺序地处理数据，而人脑中有几百万个神经元一起行动，所以计算机的处理能力无法竞争过人脑。但是，现在我们也许正面临着新的技术突破。

在有机分子基础上研发出来的分子计算机将替代硅基计算机。来自日本和密歇根理工大学的科学家制造的分子计算机可以部分地模仿大脑的处理流程。在这种新型计算机中，有 300 个有机分子同时互相交流（《自然——物理学 6》，2010 年第 369 卷第 375 页，DOI：10.1038/nphys1636）。

47. 会交流的交通信号灯

每天都有数以百万计的司机要在等待交通信号灯上浪费很多的时间和汽油。汽车生产商奥迪研发了一种革命性的交通信号系统，可以让交通灯和汽车进行交流。这让坐在汽车里的司机能够通过显示系统知道，他正在接近的信号灯从红灯变成绿灯或从绿灯变成红灯要等候多长的时间。然后他可以相应地调整汽车速度以便使等候信号灯的时间缩减到最小。该系统还可以提供城市里各个不同位置的交通阻塞情况，并自动规划线路，这样司机就可以选择最佳线路，以最理想的速度行驶，用较短的时间、以最低的成本到达目的地。试验中，这种系统的燃油成本降低了 17%。

48. 低成本的高速空中索道交通

许多人在旅游时都曾乘坐过悬吊在钢丝绳上的缆车横越一座座山顶。现在，这一创意正被应用到城市之间的旅行中，取代了公路和铁路，它可以达到最高500千米/小时的速度！目前澳大利亚新南威尔士州正在开发高架索道交通（UST）系统，这个系统最初只是在地势不平的地区上空为澳大利亚采矿业高速运输货物。建设一个 UST 系统的成本非常低——预计每千米只需花费5万美元，而与之形成对照的是，普通低速火车系统成本都要345万美元/千米。这可能会成为城市间和城市内部出行的最佳选择——在用钢丝绳悬吊在空中的舒适车厢中高速地飞驰！

49. 巨型飞艇——比足球场还大！

美国陆军已决定建造比空气还轻的巨型飞艇，曾经远去的兴登堡飞艇又回来了。诺斯罗普·格鲁曼公司获得了一份5170万美元的合同，拟在18个月的时间内建造一个比足球场还大的巨型飞艇。这架续航时间长的多用途飞行器（LEMV）升空一次就将在空中逗留3个星期，主要用于监测和侦查。

50. 机器人式外骨骼——已成为现实

在很多科幻电影（如《钢铁侠》）中，你会看到一个人爬进一个能给他们超人力量的机器人式金属盔甲中。这种想法现在已成为现实，它们将影响到工业乃至国防。自2000年以来，美国陆军就一直在给一个研发此类设施的项目提供资金，而美国的雷神公司（Raytheon）已生产出了各种型号的机器人式外骨骼，士兵们可以穿上它们增强战斗能力。这些机器人式外骨骼装有各种各样的传感器和控制器，可以让穿用者携带大量的重物行走长距离而不会感到疲劳，还能使穿用者保持足够的敏捷度参加足球等体育运动。机器人式外骨骼还被开发用来替代或加强人体某些部位的功能，如穿戴在腿部或胳膊部位。加州大学伯克利分校制造的"下肢外骨骼"可以连接在穿用者的腿上，以增强他们腿部的力量和功能。

51. 你的电视机在监视你

目前正在研制装有人脸识别和仪态传感器以时刻监视你所做事情的电视机。如果你没在看电视，把脸转离电视机或者离开房间，电视机会自动变暗或者关机。这可以节电。索尼 LX900 3D 电视机已设置了这种功能，而日立公司也在开发类似的功能。电视机上的环境光传感器还可以根据室内光线的亮度来调整屏幕的亮度，以便让最佳画面出现在屏幕上。

52. 媒体墙

设想一下，你坐在画室里，画室的墙壁用一种触摸一下按钮就会改变色调和色彩的材料做成。如果不想让墙壁变成任何单一的颜色，那么可以设定程序，让它按照预定的时间间隔变换色彩和色调。如果需要娱乐，墙壁可以变成一个超大的电影银幕，播放不同寻常的、富有感染力的三维画面。这就是未来的景象。

世界上第一面零能耗"媒体墙"建在中国北京西翠的娱乐中心。这面有2292色 LED 光的玻璃媒体墙覆盖了整栋建筑。它是世界上最大的能量自生型媒体墙，它将光伏电池嵌入玻璃幕墙，可以在白天吸收太阳光能量，然后在晚上照亮墙壁。

53. 拉伸时会变厚的防爆布料

用天然纤维或人造纤维、塑性材料织成的布料在拉伸时通常会变薄。但最近研发出了一种全新的材料，这种材料在拉伸时竟然会变厚！这种布料的特殊特性使其在国防领域得到了应用。比如，有人研发了通过增加阻力而抵挡爆炸冲击的帽子和外衣。由于飞舞的弹片或爆炸冲击波会产生巨大气压，处于压力之下的布料在压力点处便会即刻变厚。用这些特殊纤维织物材料做的窗帘可以装在可能成为恐怖分子袭击目标的建筑物窗户上，或者用以抵挡飓风。英国埃克塞特大学与其衍生企业奥谢迪克斯公司（Auxetix Ltd.）联手开发了这种材料。

防爆布料是怎样发挥其作用的？这种布料用两种纤维织成。里层纤维有弹性、可拉伸，而另一层更硬的纤维缠绕在它的上面。当压力施加于任何一个点时，外层的硬纤维就会拉直，造成里层弹性纤维往旁边膨胀，从而让布料变得更厚，布料中的小气孔会同时打开，使得爆炸所产生的压力通过气孔被释放出来，因而可防止布料被撕裂。

54. 不用插头就能充电的电动汽车

电动汽车越来越受欢迎，因为其运行成本更低，性能更完善。但如果忘记充电，那么很可能就会耽搁在路上。现在开发了一种特殊的部件，可以装在车库地板上。当电动汽车停在车库时，会自动充电，而不用人工插电。在加州圣何塞的充电基础设施展（Plug-in 2010）上，弗吉尼亚州威斯维尔的 Evatran 公司展示了这种不用插头充电的技术。该装置像电动牙刷一样靠感应充电来工作。车库地板上的部件里有一个可以产生电磁场的线圈，它与汽车里装的一个线圈相互作用，从而把电磁场转换成电流。日本的汽车生产商日产、韩国科学技术院和美国麻省理工学院的一个衍生公司 WiTricity 等机构都开发了类似的无线充电系统。

55. 世界上最小的国际象棋

微机电系统（MEMS）是电驱动的微小机械装置技术。微机电系统技术广泛应用于诸如手机、血压计、喷墨打印机、数码相机、细胞研究等装置上。微机电系统装置可以小到 1 毫米的五万分之一那么小，而对尺寸更小、性能更优越的组件的研究还在继续。

在桑迪亚国家实验室发起的研发微机电系统技术的竞赛中，得克萨斯理工大学的学生们成功研制出一盘完整的、比人的头发直径还小一半的国际象棋！这盘象棋棋子的大小大约只有人头发直径的五十分之一，从而将微型化技术提高到了一个新的水平。该实验室发起的大学联盟项目旨在培训微机电系统技术方面的工程学生，培养他们的研究能力，以便开发出更高效的装备。

56. 让美国感到头痛的维基解密

最近几年，维基解密（Wikileaks）网站受到了高度关注。让维基解密如此强大的原因在于其一项能够保护泄露信息的人员身份的技术。这种技术最初由五角大楼研发，使用一个被称为"洋葱路由"（Tor）的网络，并落户在瑞典，因为瑞典的信息自由法可以保护网络免于被查封。全世界各个秘密地点还有许多镜像网站。所以，如果网络在一个地方被查封，还可以从另一个地方继续运行。

Tor 网络使用了大约 1000 个志愿服务器来传递信息。信息在这些服务器间随机跳转，同时使用加密层，从而防止信息被破译。信息最后出现在它预定要去的地方——维基解密网站。这个网站上的秘密文件大约有 120 万份，内容林林总总，从泄密的关于阿富汗战争的美国文件、广岛原子弹的设计、有关美国在古巴关塔那摩监狱的军事条例到肯尼亚腐败的详细资料都有。这些文件使各个国家非常难堪，尤其是美国，因为现在有些非常秘密的文件在维基解密网站可以自由浏览。2012年发布的一段名叫"附带谋杀"的视频录像播放了12个无辜的平民（包括2名路透社记者）于2007年在伊拉克巴格达直升机袭击事件中被杀死的场景。澳大利亚人阿桑奇是一名计算机黑客和信息自由倡导者，他与网络安全专家Ben Laurie等，是这次泄密活动的幕后人物。

57. 用鞋子给手机充电

旅行者在到达偏远地带、在徒步旅行中或在爬山过程中常常会遇到一个问题，即无法找到电源给手机或GPS接收器充电。美国路易斯安那理工大学微制造技术研究所的Ville Kaajakari博士研发了一种极具创新意味的装置，该装置装在鞋跟里，可以产生足够给一部手机或其他类似装备充电的能量。该装置充分利用了人在行走时会产生大量能量，且部分能量能得到利用的特点。比如，通过在鞋子中装上一种压电材料，借助专用电路把机械能转变成电能。

58. 道路发电

道路也能发电？现在，道路也许确实可以发电！现在正在进行用光伏电池代替道路柏油路面的实验。实验要面对的难题是把光伏电池包覆或注入特种玻璃上，这种玻璃要求可耐受重型汽车的压力或猛烈撞击的冲击力。有人已经研制了比钢铁还坚固的玻璃。为了让玻璃具有防止震碎的弹力，使用了为制作防弹玻璃而研发的技术。这里用到的一种技术是，把薄膜光伏材料放到弹性塑料上面，然后将经过特殊钢化的玻璃与这种塑料砌合在一起。还有一个要克服的难题是，要使这种路面变得很粗糙，以便给汽车提供必需的摩擦力，但又不会降低太阳能电池的效力。

美国联邦公路局为该项目提供了资金，希望能使道路产生足够的电，从而让电动汽车能够在路边的充电站充电，还可以给路灯供电。

利用道路来为你的电动汽车（取代了内燃机用的汽油或柴油）充电的日子也许为时不远了。

59. 可植入的人造肾脏

每年有几千万的人遭受着慢性肾脏疾病之苦，几百万人死于肾衰竭。想要治愈最好的方法是肾脏移植。由于肾脏捐赠人有限，肾衰竭患者只有选择昂贵的透析来进行治疗，而且晚期患者通常要求每个星期透析 3 次，而每次需要耗时 3～5 小时。另外，透析只能恢复 13% 的正常肾脏功能，采用透析治疗的肾脏患者大约只有 35% 能活过 5 年以上。

因此，迫切需要研发出可以植入肾衰竭患者体内的人造肾脏以解救他们。但这种技术的研发存在很大困难。不过现在看到了希望。加州大学旧金山分校生物工程和治疗科学系的研究人员造出了第一个完全植入式的人造肾脏，这个人造肾脏有几千个微型过滤器和一个可以模仿人体肾脏新陈代谢和水分平衡功能的生物反应器。最初研制的这个装备放在动物身上可以成功地运作。接下来的工作是把这个人造肾脏缩小，以便植入人体。这一阶段已成功结束，现在正在研发一种杯子大小的人造肾脏。人造肾脏不需要泵或电源，因为它是利用人体的血压来完成过滤和其他过程的。这项工作是由 10 个合作团队一起开展的，包括来自克利夫兰医学中心、凯斯西储大学、密歇根大学、俄亥俄州立大学和宾夕法尼亚州立大学的科学家和生物工程师。在人造肾脏完全研制出来并商业化之前，可能要等待 5 年左右，但不管怎样，未来还是充满了希望。

60. 用热空气烘焙食物

你是否喜欢吃煎炸食物和薯条却担心卡路里过高？现在你无需顾忌了，因为科学找到了答案：你可以用热空气来烘焙食物！2010 年 9 月 3 日，全球顶级消费电子产品商展在柏林开幕。菲律宾的新产品——只用热空气烘焙食品的空气锅出现在展台上。热空气在锅的烧烤单元周围循环，据称能在 12 分钟内做出最完美的烤脆薯片及其他食品，如糕点、鱼、羊排等。吃这种锅做出的食品，你摄入的脂肪会比用油煎的食品里的脂肪少 80%。其宣称，它可以保留食物的原汁原味。这个锅甚至还配有一个"分离器配件"，可以让不同的食物在同一时间进行空气烘烤而不会串味。

这对于怕发胖的人来说应该是值得开心的事情。

61. 会骗人的机器人

在自然界，伪装术是一种生存手段，昆虫、鱼类和高等动物都很好地利用了伪装术。在过去，机器人也曾被灌输许多骗术，但它们不知道怎样撒谎。在美国海军研究办公室提供资金、目前正在佐治亚理工学院实施的一个研究项目中，机器人正在学习如何撒谎！这听起来似乎是在做一件危险的事情，因为可能有一天机器人把骗人的伎俩用到人类身上。但是，在战争形势下，一个会用撒谎和欺骗技巧来愚弄另一个机器人的机器人将处于优势地位。利用依赖性和博弈论及某些复杂的数学运算，科研人员研制出了具有"欺骗技能"的机器人。据观察，这个拥有骗人技巧的机器人被赋予了愚弄其他没有这些"本领"的普通机器人的能力。该成果发表在《社会机器人国际杂志》上（http：//www. springerlink. com/content/p8085451p55u6141）。

62. 断电时还能发光的 LED 灯

一停电就被黑暗吞噬的日子可能将一去不复返了。有人已经研发出一种新型灯，它在停电的情况下能持续供电长达 3 小时。中国生产魔力灯泡的公司（深圳中日光电科技有限公司）制作的这款新型 LED 灯的功率只有 4 瓦，但它发出的光却比得上 50 瓦的传统灯泡。这种灯泡的使用寿命长达 2 万小时，有一节内置可充电电池。如果你需要一个手电筒，只要旋一下这个灯泡就可以提着它到处走了，因为它还发着光！

63. 多用途的激光雷达技术

激光雷达（light detection and ranging）是一种利用激光脉冲检测远距离物体（遥感）的技术。远处物体的距离是根据从脉冲发射到返回之间的时间差来测量的。激光雷达检测的精确性确实惊人。人类可以用激光雷达来测量地球和月球之间的距离，其精确度可以达到 1 毫米！把反射体放在月球表面上使信号反射回来就可以测得地球和月球之间的距离。2008 年 9 月，NASA 的凤凰号火星探测器利用激光雷达探测到了火星大气层中的降雪。这种雷达也可用于远距离检测化学武器、生物武器和核爆炸痕迹。

激光雷达在林业上有广泛的应用，因为它能精确测量叶片密度和生物量，还可以用来帮助农民结合地质状况、坡度、日照情况与往年产量信息做出判断，决定哪些地方该施价格比较贵的肥料。它也可以描绘出森林冠层下的生物特征，从而寻找到让人激动的古代文明遗迹。曾经有一对夫妇——Arlen F. Chase 和 Diane Z. Chase 用机载激光雷达绘制了中美洲玛雅低地的 3D 图像。他们发现，在茂密的森林植被下面隐藏着一座古老的城市，这座古城里有地面建筑、房屋、道路和农业遗址。利用先进的激光雷达技术，他们只用 3 个星期就发现了考古学家 30 年都没有找到的著名的玛雅遗址。

激光雷达装在汽车保险杠上可以检测到前面汽车的减速情况，如果司机没有及时做出反应，它还会让汽车自动刹车。2010 年 6 月，全自动机器人操作的波音飞机成功地避开了障碍物而安全着陆。将激光雷达装在风力机叶片上，可以检测进风的速度、方向和紊流度，从而调整叶片的角度，以便使风车在各种情况下都能获得最大的输出功率。

64. 摇晃充电的电池

2010 年 7 月在东京举行的日本尖端科技展上展出了一种非常有趣的电池产品。该产品的电池外壳内有一个小小的发电装置（电磁感应发电机），可以简单地靠摇晃来给电池充电。以打印机著称的兄弟工业株式会社生产的这款振动充能电池可以产生足够的能量让用在小功率消费设备如电视机遥控器或 LED 电筒中的 AA 或 AAA 电池工作起来。

65. 给你超人力量的机器人外套

能给穿上它们的人赋予超人力量的机器人外套的制作正在取得飞速的进步。我们可以想象那些把它们当作拥有人类大脑的机器人来利用的人。它们可以让一个人举起 200 磅的重物而不会感觉到累，让他们轻易在实木里钻出 3 英寸深的孔。穿上这种机器人外套的人的工作能力会提高好几倍。这些外套现在做得又轻盈又漂亮，可以让穿用者变得敏捷而灵巧，所以穿上它的人可以很轻松地爬坡，爬楼梯，准确地踢出足球，或者用拳头猛击吊球。

据雷神公司披露，该公司已研发出这种外套，它将可以让一个人在一天里搬运 16000 磅的货物。随着新型轻量级和强韧材料及更强大能源的开发，这种"外骨骼"的能力在不断提升。过去 10 年里，美国国防高级研究计划局（DAR-PA）已经支持了多个项目来研发这类机器人外骨骼。

被称作"XOS 2"的机器人外套，目前已接上了一个供电设备，其中包括一个内燃机和数节锂离子电池，它们借助高液压装置给四肢提供能量。现在正在研发新型燃料电池系统以获得更大的灵活性，还可以避免锂离子电池可能会爆炸的局限性。

未来的军队将依靠这些功力强大的设备来给士兵提供更强的耐力和灵活性，让他们去执行似乎超出人类能力的任务。为研制这种机器人外套，DARPA 已耗资数亿美元。

同样的，巴基斯坦军队应该在工程类高校，如国家科技大学（伊斯兰堡）、工程技术大学（拉合尔）和 NED 工程大学（卡拉奇）等高校中投资几百万美元的项目以研发强大的机器人外骨骼。能够研制出理想的机器人外套（足够轻、足够强大、足够强韧、可应用在作战中）的大学应得到 1 亿卢比的奖励来支持其研究。

66. 世界上最强韧的纤维——蜘蛛丝

在等重的前提下，蜘蛛丝比钢铁还要坚不可摧。确实，蜘蛛丝就是世界上最强韧的纤维——其强韧度足以做成防弹背心、排雷服、人工韧带、超强韧绷带、仿生肌腱、降落伞绳索及其他多种材料。

马达加斯加丛林中发现的达尔文吠蛛（Darwin's bark spider）织出的网是世界上最大的，它的丝比凯芙拉（Kevlar）纤维强韧 10 倍。凯芙拉纤维是一种比同等重量的钢铁强韧 5 倍的合成材料。

现在已发现大批量生产这种材料的三种方法。第一种方法是像天然蜘蛛丝一样制造合成材料。第二种方法是培育可以吐出大量蜘蛛丝的转基因蚕。这种方法有一个优点就是，每条蚕都可以吐出大约半英里长的丝，而且由于已经作茧，吐出来的丝不需要提纯。第三种方法是，对山羊进行转基因改造，这样就能得到特种丝蛋白，然后对这些丝蛋白进行提纯，并纺成跟蜘蛛丝类似的材料。

在 Kraig Biocraft 实验室工作的美国科学家曾把蜘蛛的 DNA 片段植入蚕的 DNA 中。这种"经基因改造的"蚕可以吐出具有蜘蛛丝多种特性的蚕丝。预期这种新型蚕丝在民用和军用领域会有大量应用。

67. 可以帮到癌症外科医生的神笔

对于试图彻底摘除肿瘤的外科医生来说，最大的难题是要鉴别肿瘤边缘的癌细胞。有一种特殊的笔——分光笔（spectropen），已由美国埃默里大学医学院、佐治业埋工学院和宾夕法尼亚大学的生物医学研究人员研制出来，这种笔将近红外激光器与一个特殊的探测器结合在一起，可以利用黄金粒子对肿瘤细胞发出的荧光和散射光进行实时探测。

这种技术要做到让聚合物包膜的金粒子与荧光染料和黏附在肿瘤细胞上的抗体结合在一起。利用这种特殊的激光笔，科学家用萤火虫体内存在的能发光的生物色素"虫荧光素"来探测肿瘤细胞。当把激光照射到肿瘤细胞上时,处于边缘的肿瘤细胞就很容易被看到,因为激光器连接着一个分光计,而这个分光计可以探测到经黄金粒子放大的信号。

68. 用牛奶做的枕头和靠垫

为了减少环境污染,人们总是在不断努力研发可进行生物降解的材料。有机材料,如来源于植物或动物的材料,很快就能分解,被认为是符合要求的材料。

这些材料包括木头、纸张、棉花、谷物、稻草等。像塑料(如聚氟乙烯、人造纤维丝、尼龙)、金属、玻璃、泡沫材料(用来做杯子、冷却器)、陶瓷(用于生产玻璃纤维、碳纤维)之类的材料在大自然中难以分解,被认为是不能进行生物降解的材料。能进行生物降解的材料在一系列过程的作用下,如在阳光(光降解)、水(水解)和空气(氧化)等的作用下可以分解。

现在发现,牛奶中有一种重要的成分——酪蛋白,对生产可以用于家居靠垫、枕头、包装和隔热材料及许多其他产品非常有用。在过去,酪蛋白用于黏合剂和纸张涂层。美国的 David Schiraldi 及其同事与泰国的一个研究小组进行合作,现在已把牛奶、黏土连同其他一些化学物质混合在一起制出了强韧的能找到多种用途的泡沫(*Biomacromolecules*,2010,11(10):2640-2646.DOI:10.1021/bm100615)。

69. 流动机器人警卫——现在当班啦

拆弹部队常常利用机器人远程人工控制进行拆弹工作。现在,美国军队却用流动机器人凭它们自己的智能而不用人工控制来守卫特殊的安全场所。被称为移动监测评估响应系统(MDARS)的流动机器人可以在指定区域内随意走动。

这些流动机器人装有热成像装置、视频摄像机和障碍物监测激光器,这些设备用于进行探测,帮助其在路径范围内避开障碍物走动。它们还装有高强度的闪光灯,能把窃贼照得眼花缭乱,甚至失去方向感,直至警方赶来抓住他们。它们还能利用射频 ID 标签阅读器自动读出每个纸板箱上的标签,以确保不会丢失东西。

美国马里兰州威斯敏特通用动力机器人系统公司制作的这些"车形"机器

人装配有各种不同的传感器，以便监测入侵者。它们已经被部署在美国核安全局下属的内华达州国家核储备库（Nevada National Security Site），用来守卫核原料和放射性废料。这些机器人哨兵现在正守卫着这类特殊安全场所的各个站点。以色列 N-IUS 无人地面系统分公司正在研发的类似机器人则可以配上机枪。

在另一个让人震惊的相关的研发中，飞蛾能跟踪某些种类"性气味（信息素）"的功能也被整合到了机器人的大脑中，使得这些机器人能够利用这种不同寻常的生物功能。东京工业大学的研究人员把一只飞蛾固定在一个小轮式机器人上面，并且把这只飞蛾的神经跟机器人的电极接在一起。这只活飞蛾向机器人发出的对化学气味产生反应的指令就传送给了机器人，因而能引领机器人找到气味的源头。

这一技术被用来寻找爆炸物或跟踪恐怖分子汗液中特有的气味。机器人和鱼或蟑螂头脑的类似组合可以用来跟踪光源。美国国防部也资助了该领域的研究。

这说起来似乎像科幻电影里描述的场景，但现在都成了现实。《星球大战》的情节将很快到来，半机器、半动物的电子人时代已经来临。就在石油储量丰富的中东国家因一时的石油财富而沉迷于奢侈生活之时，西方国家却在大力投资这些技术的研究和开发，以维持它们在世界上的统治地位。

70. 通过遥感监控病人

为了监测病人的心率及其他生命体征，需要一个人把以线缆连接的电极接到病人的身体上，比如，要记录一个病人的心电图时就需要这样做。如果病人需要到处走动，或者需要连续监控很长一段时间的话，这变得有些不切实际。

日本九州大学的等离子物理学家找到了一种用微波来远程监控病人的方法，这种方法不需要把任何传感器连到病人身上。用很弱的微波来照射病人的身体，光波从病人身体表面散射出来后被高灵敏度的微波传感器检测到，而微波传感器可以检测到呼吸时胸部的规律性位移，甚至检测到由于心脏跳动而产生的胸部的轻微起伏。

这一研究成果可有多种应用，包括长时生命体征监测、司机清醒状态监测，甚至能用作反恐监视器，通过监测与压力有关的特征，从人群中甄别恐怖分子。

71. 像路灯一样发光的树

中国台湾科学家发现，用黄金纳米粒子对树木进行处理，能让树木发出一种微红色光。研究人员发现，当黄金纳米粒子（非常小的颗粒，平均直径只有百万分之一毫米）扩散到某种植物（虎耳草）的叶片中时，它能使植物中的叶绿素发出一种微红色的光。这种研究可能会让树木发挥路灯的作用，因为它们的叶子会发光，营造出一种迷人的色彩！黄金纳米粒子得到了许多激动人心的应用，比如，它们用在无毒芳香剂和发光纳米线的生产中，这种发光纳米线可以发出类似于 LED 灯发出的光。

72. 背着喷气式背包飞行

你是不是厌倦了令人沮丧的交通拥堵？是不是希望能够飞起来，手抓公文包在人流车流上空飞翔一直飞到办公室？很好，相信对于这些，现在你就能做到！从 2014 年开始，市场上可以买到的第一个飞行背囊就将问世，它的售价约为 86 000 美元，你只要有它售价 10% 的订金，再加上 12 个月的分期付款，就可以订购一个。随着产量的增加，其价格有望急剧下降。给飞行背囊的发动机加满标准汽油后，你可以飞行 30 分钟，如果你在飞行半途中遇到发动机失灵的情况（你可以在 8000 英尺的高度飞行），不要着急，因为这个背包已内置了备用系统，这些备用系统会接替工作。如果备用系统也不能用了，还有一个内置的降落伞系统会带着你和背囊缓慢安全地降落到地面。新西兰的马丁航行器公司（Martin Aircraft）历经 20 年研究和开发了 9 种原型之后做成了这种飞行背囊。

与此同时，美国联邦航空局（FAA）也在紧锣密鼓地研制基于 GPS 的"空中高速路"，这样飞行的人、飞行的摩托车和飞行的汽车都可以在天空中无形的高速路上安全地穿行。科学幻想正变为现实！

73. 只有一辆汽车价格的直升机

厌烦了交通堵塞？想驾驶私人直升机去上班？哦，你能办到了！你可以买一架价格相当于一辆汽车的小型直升机了。这种小型直升机售价在 3000 美元以下。"蚊子"（Mosquito XE）是一款超轻的直升机，是开放式的款型——如果你想要一架全封闭款型的飞机，花上大约 20 000 美元，就可以买到了，并且还是很便宜的。它可以携带 5 加仑燃油，最大巡航里程约 90 千米。

74. 实时 3D 全息图像

3D 相机和电视机已经面市了，下一个可能就是可实时传输 3D 全息图像的设备和技术了。这种技术听起来像科幻电影一样，但却真的存在。美国亚利桑那大学发明了一种可几乎实时显示 3D 全息图像的设备。所以，你与千里之外的亲友利用 3D 全息图像进行面对面交谈的情况为时不远了。

75. 通过思维控制玩游戏

一家总部位于多伦多的小公司——IntraXon 公司，研制出了一种令人兴奋不已的设备，利用这个设备可以完全通过思维控制来玩游戏！游戏玩家带上一个头戴式耳机，耳机内有特制的传感器与左耳和前额接触，传感器就会探测到大脑里发生的脑电活动，并通过蓝牙适配器传输到 iPad（玩游戏的设备）上。

IntraXon 公司在 2010 冬季奥运会上引起了极大的轰动，这个公司展示了一款设备，通过它用户仅用意念就能控制加拿大国家电视塔上的灯。

76. 规避晴空湍流——波音公司找到办法

当你正在晴空中翱翔时，飞机却开始剧烈地抖动起来。你是否有过这样的经历？这是一种由剧烈的晴空湍流（CAT）引起的相当普遍的现象。据知有人曾因这种剧烈的湍流受伤严重甚至丧生。在 2003～2009 年，发生了 80 起剧烈湍流事故。要避开湍流区，需要让飞行员能够提前看到这种湍流。波音公司研制出一种新型设备，可以相当准确地警告飞行员湍流的位置所在。

这个设备相当简单，其实就是一个装有长焦镜头的数码相机，可以快速拍下远方的图片，并查看图像是否由于折射率的变化而发生了某些变化。

77. 公路列车——带无线电装置的汽车队

高速公路上一个普遍的问题就是司机瞌睡或超速引起的事故问题。一种让汽车通过无线电沟通的解决方案，使得汽车能像火车各节车厢一样有规矩地行进。由于汽车处于计算机的控制之下，成为半自动车队里的一分子，司机就可以在车上睡觉、看书，或者享用一杯咖啡。在这个车队的领头位置是一辆卡车，这辆卡车由一个专业的司机驾驶，控制着在它后面的车队里的所有车辆。从道路安全、燃油消耗的经济性和道路拥堵方面来说，这个解决方案具有巨大的优势。进入高速公路的汽车可以加入这个车队，接近目的地后可退出车队。

瑞典沃尔沃公司（Volvv）已成功通过了该系统的测试，它是欧盟耗资 640

万欧元资助的"环保的安全公路车队项目"。这些汽车装有摄像头和传感器，能自动防止它们与另一辆车靠得太近或偏离车道队伍。

78. 计算机技术进步——赛道存储器

过去 10 年里，纳米技术得到了极大的应用。IBM 取得一项进展，使用垂直排列的 U 形磁性纳米线来储存信息，这些纳米线就像森林里的树一样排列着。这项技术与之前大家都知道的用电流（而不是用有磁性的带电的原子）来推动电子沿着细小的电线流动有着根本的不同。IBM 宣称这项技术速度快了 100 万倍，耗电也少得多，因而也克服了冲撞的问题。称之为"赛道存储器"，是因为它类似于许多汽车在一条赛道上一起竞赛一样，这门技术依赖于靠近纳米线安放的读/写头，这个读/写头可以检测流经纳米线的电流并读出其读数。

IBM 最近在一份通讯上发布了这一激动人心的研发成果。IBM 阿尔马登研究中心以 Stuart Parkin 为带头人的团队正在研制这种存储器。预计这些新型的芯片能够将数百 GB 的数据存储在只有几微米长、30 纳米宽的小小的纳米线上。

世界上所有图书馆的所有书籍都将可以装进配有这种存储芯片的小个头的火柴盒中！

79. 不用电还能保持 10 天冷藏的冰箱

在巴基斯坦这类的发展中国家，时不时停电是经常遇到的一个问题。停电造成了严重的食物储藏问题，如果冰箱里存放着疫苗或者其他敏感医药用品，可能会引发灾难性的后果。True 能源公司研制了一种不用外来电也可以把温度保持在 10℃以下长达 10 天的冰箱！这款冰箱使用一种创新性的"相变材料"来储存能量，并在需要的时候将能量释放出来。

相变材料可以储存大量的能量，因为它们的熔解热很高。它们可以在其变成固态的时候储存或释放能量。通过相变（固—固、固—液、液—汽等相态变化）可以达到这种潜热储集的目的。

80. 受意念控制的汽车

汽车可以完全靠意念来控制和行驶吗？这好像有点不可能，但在这个奇妙的科学世界里，任何事情都有可能发生。真真切切，现在，汽车可以纯粹靠大脑控制来行驶！

柏林自由大学（Freie University）的一个研究团队用市面上可买得到的意念控制器（Emotiv EPOC）脑机游戏接口只通过意念控制就成功控制了汽车的行驶功能。司机戴上一个特制的、装有 16 个脑电波传感器（EEG）的头戴式耳机，系统（可相应地称之为"大脑驾驶员"）就会检测到大脑的指令并把它们传达给汽车的线控驾驶计算机控制装置。这样，转向、加速和刹车等都可以不断地得到控制。脑电活动的测量法称为脑电图或 EEG。这是一种非侵入性技术，它意味着大脑中不用植入任何东西，只要简单地把电极放在用户的头皮上即可。

司机需要短期的软件工具包培训，通过培训，他/她才能学会通过改变思维模式来移动计算机屏幕上的立体图标。当汽车处于行驶状态时，这些模式会被"大脑驾驶员"侦测到，并传输到汽车的控制系统。

81. 巨型风筝协助轮船航行

德国帝斯曼（SkySails）公司一直在生产可以系在船上，并可以通过风能给船只补充能量从而节约燃油成本的巨型风筝。该技术首次成功展示在 2008 年，一只巨型风筝被系在了一艘 433 英尺长的大船——MS Beluga SkySails 之上。属于嘉吉海洋运输公司（Cargiu Ocean Transportation）的一条重 3 万吨的大船将采用同样的安装方式。一个 382 平方码①的巨型风筝将系在这艘大船的船头，以使让船拉着风筝在 100～400 米的高空飞翔。风筝的收放将采用一个内置的机械系统来操作，而机械系统由一个装有绞盘的安装在船头的伸缩塔组成。

利用这种有趣的技术，这个系统将能够节省 35％的燃料。该系统被声称，其动力比传统船只高 5～25 倍。

82. 用于机器人的超敏感人造皮肤

斯坦福大学的科学家鲍哲楠（Zhenan Bao）已研制出植入柔性晶体管的一种特殊的高度敏感的人造皮肤，其灵敏度足以感知到一只蝴蝶的重量！这种人造皮肤的橡胶层具有很高的弹性，被排列在小小的倒金字塔形角锥体的表面，角锥体可以把施加在其上的压力传输给位于下端的另一层橡胶层里的传感器。小角锥体的数量可以根据所要求的灵敏度的高低而有所变化，从每平方厘米几

---

① 1 平方码＝0.836 平方米。

十万个到 2500 万个不等。由于角锥体夹在两个平行的电极之间，所以它能监测到由电信号强度变化引起的皮肤受压和回弹而产生的皮肤压力的变化。这种人造皮肤采用太阳能电池供电，也可以用普通电池供电。其结构可以更改，以使其可以探测到危险化学物（如炸药），或者使其仅触摸病人就可以诊断其健康状况。由于人造皮肤具有识别出与某种疾病相关的特种蛋白质（生物标记）的能力，所以其有可能被应用于疾病诊断。

83. 富士通另一项首创——无线电脑显示器

富士通公司（Fujitsu）是全球笔记本电脑和台式电脑、服务器及其他计算机设备的领先生产商，早前曾开创了手掌静脉身份验证技术，这项技术不用与人体手掌有物理接触，仅用探测设备就可以识别个人身份（生物测定法）。该公司的一项新的突破性技术可以免除凌乱的电缆而把手机和显示器无线连接在一起。甚至连电源线也不需要，富士通公司应用了一种创新方法——磁感应技术来传输能量！磁感应系统比传统的射频系统更简单，只耗用很少量的电就可以让信号在空中进行无线传输。

通过与德国弗劳恩霍夫研究所合作，富士通已成功开发出无线智能通用电源接口（SUPA）技术，它可以让电源和图像以一种完全无线的方式传输给电脑显示器。为了保持产品的最高质量，富士通在德国创办了大型的计算机、服务器和其他设备生产基地——建立了日、德之间的合作关系。

84. 盐粒大小的微型摄像机

德国弗劳恩霍夫研究所的科学家研制出一台特别小的摄像机，其体积都没有一粒盐大。这台微型摄像机可以用来检测各个内脏器官。该摄像机还很廉价，每次用完后不需要消毒，可以直接扔掉。此款"内窥镜"不同于普通摄像机用电缆制成，它用光纤做成。

85. 已付诸实践的个人枪击探测器

士兵在战争环境中经常遇到的一个难题就是，要精确判断枪火的来源。枪火来自哪里，在采取正确的应对行动之前，对于方向和距离都必须做出准确判断。用于解决这一问题的设备已成功研发并得到应用。这种设备，即有名的个人枪击探测器（IGD），是一个装在士兵肩膀上的重量不到 2 磅的小盒子，其上装配有 4 个小型声学传感器和一个屏幕。个人枪击探测器能准确探测到枪火来源的方向及发射点距离。

86. 救援机器人

名为"Monirobo"的放射性检测机器人已被用来协助福岛核电站的工作。该机器人的设计目的是让它在人类不能工作的辐射能级范围内工作。1999 年东海村核电站发生核事故后，日本核安全技术中心开展研究研制了该机器人，它装有一个辐射探测器、一个 3D 摄像头以及温度和湿度探测器。它可以用其特制的手臂采集样本、清除障碍。其高度为 1.5 米，靠履带灵活滚动前进。

87. 打破世界纪录的洗衣机

传统洗衣机完成一个带漂洗和甩干的洗衣流程平均需要大约 90 分钟的时间。英国领豪公司（Russell Hobbs）研发了一款新型的洗衣机，它只用 12 分钟就可以完成整个洗衣流程。它有两个喷嘴，分别将洗涤剂和水直接喷到脏衣服上。这台洗衣机配有不同的检测系统，如果洗衣机内衣服只有洗涤容量的一半，它可以自动调整洗衣的时间。这台洗衣机的生产厂家宣称，除了能节约宝贵的时间之外，它还能大幅节能节水。

88. 用意念控制的人造手臂

用意念控制的装置正变得越来越普遍。今天，瘫痪病人有可能完全靠意念控制移动轮椅或驾驶汽车。位于多伦多的瑞尔森大学的两名生物医药工程专业的大学生 Thiago Caires 和 Michal Prywata 已研制出一种可以靠意念控制的人造手臂。这个装置用压缩空气供给能量，很容易安装，避免了给截肢者装假肢所必需的侵入性外科手术。使用这种人造手臂的人可以通过一顶无沿便帽把信号传递给人造手臂。无沿便帽的传感器可以感知到意识指令发出时大脑里所发生的血流的变化。这些信号传送到人造手臂的微处理器中，而微处理器已经储存了诸如"上""下""左""右"等之类的信号模式。微处理器把这些来自大脑的信号与之前已储存在其中的不同运动信号进行对比之后，可以做出相应的动作。

89. 无痛注射器——从蚊子那里学到的

想必你也有过被蚊子叮咬的经历，通常都是只有在蚊子吸足了我们的血之后，我们才会感觉到后效。这是因为发痒只有在某种细菌随着抗凝剂一起被刺入我们的皮肤之后才会产生。日本关西大学的日籍科学家青柳诚司及其同事通过近距离观察蚊子，找到了被蚊子咬却几乎感觉不到疼痛的原因，并根据蚊喙（蚊子叮咬时插入人体皮肤的部分）的构造设计了一种无痛针头。

蚊咬不痛的原因在于，蚊喙的表面不是光滑而是锯齿状参差不齐的。当蚊子将它的喙插入皮肤的时候，小锯齿状的外表面首先穿透皮肤，其表面积很小，因此与皮肤神经的接触也很小很小。一旦外部的翅鞘被毫无知觉地插入皮肤，内部的吸血管也就会插入皮肤。无痛注射器就是依照这个来设计的，它由组成外部针头的硅蚀刻而成，其内部的细管用于抽取血液，结果就成了一个一点也不会让人感觉到疼痛的针头！

90. 汽车/摩托车二合一组合

在 2011 年 4 月举办的上海车展上，大家见到了中国汽车设计师的行动力及创造力。其中一辆吸引了大量眼球的汽车就是汽车/摩托车的二合一组合！这辆汽车是一辆两门四座车，尾部有一个可折叠的电动小型摩托车。原本计划将它制作成一辆全电动车或者制作成一辆电力/汽油混合动力车。只要摩托车被装在车后部，汽车就会给摩托车的电池充电。它符合汽车既能作中长距离驾驶之用，又能给遭遇拥堵时用便利的小摩托车提供解决办法的需求。

这辆创意新颖的汽车由中国新兴汽车巨头吉利生产，被命名为"摩卡"（McCar），这个名字源于颇受欢迎的麦当劳（McDonald）品牌名，体现了物超所值的观念和大众的诉求。

91. 用机器人回收废物

在西方，纸张、硬纸板、玻璃、塑料和金属的回收都按照老一套来做。家庭妇女常常担当了这份工作，她们把不同类别的物品放入不同颜色的垃圾箱中。

芬兰的 ZenRobotics 公司宣称，他们已研制了一种装有不同类型传感器、可以做这项工作的机器人。该机器人可以装在放着各种各样垃圾废料的移动传送带上。机器人能自动检测废料，把它们捡起来并丢进一个合适的容器里。机器人身上的感测系统包括各种型号的摄像头、金属探测器和一整列的其他探测系统，这些感测系统可以让机器人分辨出电缆、玻璃灯泡、易拉罐、各种管子、砖头、布条等。

92. 利用臭氧减少食品腐败变质

每年收获的全部新鲜水果和蔬菜大约有 30％因为受到真菌污染而变坏。过去人们曾研究多种方法来保存食物，其中包括使用合成杀虫剂、特殊包装、用氯或溴进行预包装处理等方法。日前，纽卡斯尔大学 Ian Singleton 博士和植物生物学教授 Jerry Barnes 发现，番茄、李子、葡萄及其他水果和蔬菜如果储存在空气中含有少量臭氧的环境中，腐败变质可以得到大幅度的控制。如果将各批用臭氧储存的和不用臭氧的水果、蔬菜在 8 天之后进行对比，用臭氧储存的腐败变质会减少 95％。储存在臭氧环境中的番茄还形成了即使离开臭氧环境仍能抵抗真菌攻击的能力，这表明，它们已获得了某种记忆从而使它们的抵抗力得以提高，且这种能力比得上接种疫苗的作用。

93. 用鸡毛制作塑料

鸡毛往往只被用来添加到劣质的鸡饲料中，被普遍认为是没用的东西。全球每年产生的鸡毛有 10 亿吨。鸡毛含有大量的角蛋白，这是一种同样存在于牛蹄和动物角中的硬蛋白。用角蛋白制作的热塑料薄膜具有优良的特性，因为它很强韧，能抗撕裂。2011 年美国内布拉斯加大学林肯分校农业与自然资源研究所的杨一奇（Yiqi Yang）博士及其同事发现，能够用提炼自鸡毛的角蛋白制作出特别强韧的优质生物塑料。

科学家在这一方向上进行的早期研究也获得了成功，但利用这些研究生产的塑料不是特别防水。杨博士和他的同事通过把这种材料与另一种用来制作合成塑料的化学物质（丙烯酸甲酯）进行化合而解决了这一难题。研究的结果得到了一种既强韧又能防水的新物质。

94. 根据毛毛虫设计的滚动机器人

生命经过几百万年的进化，我们的星球上各个植物和动物物种都拥有了无数的特异功能。今天，它们的功能都被人学以致用，用在各个领域，这种技术就是众所周知的"生物模拟"。

毛毛虫有一个种属特别能引起新型机器人开发的兴趣。这些毛毛虫在面临危险时能把自己卷成一个轮子一样的形状，并以迅雷不及掩耳之势滚离开。塔夫斯大学生物系的林怀偶（HuaiTi Lin）研制了一种能做出类似行动的柔体机器人。

这个机器人取名"GoQBot"，当它的身体处于平直状态时，它可以在狭小的空间里缓慢蠕动，但它又可以在接到指令时在不到 1 秒钟的时间内蜷缩成一个轮子形状，并以每秒半米的惊人速度迅速滚远。这标志着新一类机器人的出现，这类机器人可以效仿毛毛虫的行动，并按照要求改变形状。

95. 人造大脑已在制作当中

人的身体最了不起的部位就是大脑。大脑拥有大约 1000 亿个神经元。这些电活性神经细胞可以通过电信号和化学信号发令方法来传输信息。这 1000 亿个神经细胞中，每一个都通过大约 7000 个连接头（突触）与大脑中的其他神经元相连。因此，在一个成人的大脑中，大约会有 100 万亿～500 万亿个这样的突触，它们在完成人类大脑各项功能中发挥着至关重要的作用。为了制作出人造大脑，人造突触的制作尤为关键。南加州大学的科学家 Alice Parker 教授和周崇武教授成功地利用碳纳米管制作了一个能有效发挥作用的突触电路。这个电路由排列好的纳米管组成，类似于人类的突触。它输入的波形和输出的信号都与真正的神经元产生的生物波的波形极其相似。也许在实验室研制出完整的人造大脑之前要等上几十年，但所幸的是已经跨出了这至关重要的第一步。

96. 毒提高太阳能电池效率

纳米技术的出现正在许多方面改变着我们的生活：利用纳米过滤技术变得更安全的饮用水、用纳米纤维素制造的比钢铁还强韧的纸张、能够在疾病形成之前就检测到疾病发端的新型传感器，以及其他各种各样的用途。碳纳米管是比人体头发丝还薄 1 万倍的碳管。这些碳纳米管在电子设备、光学器件、热导体，甚至护身防弹衣中都得到了广泛的应用。

麻省理工学院的科学家研制的纳米管能收集光伏电池中的电子。如此制造的太阳能电池产生的电比尺寸大得多的传统太阳能电池更多。这些纳米管可以看作是一丛非常细的毛状物。

但有一个问题是，这些纤细的毛状物在涂覆处理期间容易结在一起，从而降低其效率。科学家们又研究出一种新颖的方法来使这些毛状物（纳米管）保持分开的状态：利用附着在纳米管上的病毒来防止它们集结在一起！每个病毒可以使 5～10 个纳米管保持在各自的位置上并将它们彼此分开，之后附着于光敏颜料的特殊材料（二氧化钛）对其进行涂覆处理。

由此制成的新型太阳能电池的效率比那些在涂覆处理之前没有用病毒处理过的太阳能电池高 30%。这一发现的商业化应用预计将导致新型的嵌有太阳能电池的薄膜和涂料可以覆盖在窗玻璃上或者用作建筑物特殊涂料，从而给室内提供所需要的能量。

97. 内置投影仪的富士通笔记本电脑

富士通于 2011 年推出了 Lfiebook 笔记本，这台笔记本电脑有一个内置投影仪，可以播放幻灯片，演示 PPT。这个投影仪非常小，足以滑入通常给光驱用的狭槽中。

这种新型的笔记本电脑很有可能引起大学、研究中心和企业高管们的广泛兴趣，因为他们不需要为了做演示而提着笨重的投影仪和杂乱的线缆到处跑了。

98. 用海水给电池充电

斯坦福大学的科学家已研发出一种新型电池，这种电池可以基于淡水和海水的盐分含量的差异来充电。这些电池采用了新型的用二氧化锰纳米棒和银制成的电极，因而产生表面积成百倍增大的效果。这些电极通过交替浸入淡水和海水中来产生电能。首先在淡水中给电池充电，然后把淡水换成海水，以促发电离子成百倍增加，使得电池可以在大得多的电压下放电，从而产生电流。已经有人测算，把一个发电厂定址于有一条江河汇入大海的地方，如果每秒有 50 立方米的淡水流过，则这个发电厂可以发电 1 亿瓦，足以满足 10 万户家庭的需求。

挪威一家公司建设的用海水来发电的试验型发电厂采用了不同的原理——渗透能发电。其原理是，当一种特殊的半渗透膜一边是海水另一边是淡水时，这种膜会起到一个单向阀的作用，水会从淡水的一边透过膜流到海水的一边，这将引起含有盐液的部分压力上升，从而驱动涡轮机发电。

用海水来生产清洁可再生能源在将来有着巨大的发展潜力。

99. 用老鼠和飞蛾探测爆炸品

不久以后，你可能会发现，在你登机前，是老鼠或者飞蛾在嗅探你是否携带有爆炸物品。这种方法有点奇怪，但它也许比你在经过检测系统时让全身扫描仪扫过、奇怪的眼神窥探着你的裸体，并使你暴露在辐射环境下更能让人接受。

老鼠拥有灵敏的嗅觉——其嗅觉比狗灵敏得多，因为狗只有756个嗅觉受体基因，而老鼠有1120个这样的基因。如此之多的嗅觉受体基因给老鼠赋予了更敏锐的嗅觉。一名以色列海军前军官Eran Lumbroso创办了一家公司Bioexplorers，这家公司制作了一台类似于普通金属扫描仪的人体扫描仪。该扫描仪和常规的人体扫描仪不同，它没有X—光装置，而是在一个隔间里放了老鼠！这种老鼠经过培训可以对8种爆炸物的气味做出反应。当一个人携带爆炸物通过该扫描仪时，老鼠能探测到它们头顶上飘过的空气中有这类气味，就会立刻产生反应而从有气味的地方跑开，跑到一个侧室里而触响警报。

另一种方法是利用飞蛾。飞蛾的触须对个别气味极端敏感，美国宾夕法尼亚州州立大学以Andrew Myrick和Tom Baker为首的科学家小组利用飞蛾的这种特性来探测爆炸物。活飞蛾被固定在一个充气管中，其触须与一个电压检测器连接在一起。当不同爆炸物的气味飘过飞蛾的上空时，电压的变化就能被检测到，检测距离可以达23米，同时通过警铃向观察员发出存在爆炸物的警报。

100. 可以卷曲的电视机——有机发光二极管

你能想象一台电视机像一块巧克力一样薄，并且很柔软，能够像卷一条毯子一样卷起来吗？现在，柔性有机发光二极管（OLED）的诞生使其成为现实。OLED应归入两个大家族：一个是用小小的有机分子做成的材料家族；一个是用高分子做成的材料家族。

OLED采用非常薄的发光有机材料涂层，涂覆在玻璃或塑料表面上，当有电流通过时，这些有机材料就会发光。拥有用这种材料制作的屏幕的电视机不需要背光灯，比液晶显示器的黑白对比度好得多。一台这样的80英寸宽的电视机比尺寸更小的普通电视机的耗电量更低。

用OLED来制作电视机或计算机屏幕的一个优势就是，它可以用一个喷墨打印机或采用丝网印刷技术被印到合适的柔性表面上。与目前用的液晶电视机或等离子电视机的屏幕相比，这将带来相当可观的成本节约。由于 OLED 可以印到柔性塑料上，所以一个人可以设想一下买一台可以卷起来的电视机。如果印到纺织面料上，则这种面料可以做成发光的裙子，只要用小电池供电，裙子就会发出变化万千的光影。由于大批量生产技术已经研发成功，新型 OLED 材料巳走入市场，电子产品和纺织面料的新变革也即将到来。

2011 年 6 月 11 日，三菱电机公司（Mitsubishi Electric）在东京的日本科学未来馆（National Museum of Emerging Science and Innovation）为其用有机发光二极管制作的直径 21 英尺的球形荧幕揭开了面纱，以作为该馆 10 周年庆典的献礼。这个球形荧幕名为 "Geo-Cosmos"，由 10000 个尺寸大约为 4 英寸×4 英寸的 OLED 面板组成。这个球体可以实时传输来自卫星的云、风暴和气象状况的图像。它是世界上最大的用 OLED 制作的球体，展示了这个技术领域最近取得的激动人心的进展。

101. 这是自行车吗？ 不， 它是会自动平衡的单轮车

在我们的生活中，大多数人都曾经骑过或长或短时间的自行车。现在，已经研发出一种新型的独轮脚踏车（因其只有一个轮子而得名）。独轮脚踏车出现已有几十年了，但它们从未得到普及，因为当人们骑着它的时候，难以保持平衡。这项新发明有两个引人关注的特征：它没有脚踏板，但却可以自动平衡！它有若干传感器、陀螺仪和一个加速器（可以保持平衡），还有一个装在轮毂上的电机（驱动单轮脚踏车向前和向后行走）。骑着这样的自行车，要使独轮脚踏车向前走，你只要向前倾；要让它刹车，你只需向后倾。因为传感器会检测到你的肢体运动并把它传送给电机。你还可以把脚放到地面上来停止前行。在 20 秒之内，你就能学会驾驶。它的电机用一个可充电的锂电池来驱动，最高速度可达每小时 16 千米，每次充电可以走 20 千米。Focus Designs 公司生产的独轮脚踏车，可以轻松地装入汽车行李箱里，成为一种有用工具，载你去你不想开车去的地方。

102. 会自行整理的智能床

当你早上醒来的时候，你、你的妻子或佣人每天必做的一件琐事就是整理床铺。现在，一家西班牙的家具公司——OHEA 制成了一种引领未来的"智能

床"，你一起床，它就会自动整理被子和枕头。

枕头用机械装置里的绳索绑在床头板上。被子用维可牢粘在床脚板上，被子两侧还用带子缝上。这种床还配备了重量传感器，它可以在你没躺下或坐上的任何时候检测重量。床头板上有一个机械装置，帮助你在一起床的时候就把被子拉起来。在机械装置的机械臂弄平所有的褶皱后，它会再把枕头放下来。

103. 调焦——是在照片拍摄之后

我们经常会有那种拍了照片后才发现焦距对得不是很准，因而不得不删除照片的令人沮丧的经历。目前有一种新摄像头技术，可以在拍照后再调焦！这种技术让你可以在照片里重新调整前景、中景或背景目标的焦距，还可以给整个照片调焦，以便所有目标都有良好的焦距。同一次拍摄既可以得到 2D 照片，也可以得到 3D 照片，还可以在光线暗的环境下拍摄照片。通常的数码相机把所有的光线集中到一起，形成一定的光量，而这种新"光场"相机则是单独记录光线的颜色、强度和矢量位置，再借助嵌入相机里的软件来处理数据。

该种新型相机由美国"Lytro"公司于 2011 年发布上市。

104. 飞艇将再次起飞

2011 年 6 月，美国陆军与诺斯罗普·格曼公司及英国混合航空飞行器公司（Hybrid Air Vehicles）签订了一份价值 5.17 亿美元的建造 3 艘巨大飞艇的合同。每个飞艇都将有一个足球场那么大，以便监控阿富汗可能产生麻烦的地区。飞艇比没有固定翼的空中飞行器更轻，利用螺旋桨和方向舵来驱动并进行方向控制。由于拥有一个充满了比空气还轻的气体的巨大内置气囊，飞艇能升上天空。氢气是最初被使用的气体，但氢气易燃，目前通常用惰性气体——氦气来取代氢气。

20 世纪 40 年代以前，飞艇就已得到广泛应用，但它们随后被飞机所取代。现在，它们将全副武装被重新启用，因为它们适合做情报、监视及侦查工作，适合把重达数吨的物资运到传统方式难以抵达的场所。它们可以长时间连续监控可能产生麻烦的地区，一次监视数周甚或数月而无需着陆添加燃料。并且，它们前进、飞行所用的能源也比较少。

105. 室内花园——就在你自家的窗台上

你是否曾经想要一个窗台上的花园？如果原来这只是一个渴望，那么现在它已成为现实。纽约的 Britta Riley 公司研发了"Windowfarms"（窗台农场）系统。这种立式的家用农场系统一年四季生机盎然，它使用再生塑料瓶繁殖各种植物，通过窗户透射进来的光线被植物加以利用，用于生长。可繁殖的植物包括莴苣、草莓、罗勒和甜叶菊等草本植物、豌豆和水芹等。这些植物有两个水箱，一个在另一个的上面，营养丰富的液体从上面的水箱滴到下面的水箱。装有定时器的空气泵用来在固定时间间隔内把营养丰富的液体送入上部的水箱，液体再向下滴流到纵向排列的植物里，直至液体到达下面的水箱，再被重复利用。

106. 世界上最大的望远镜——中国建造

目前世界上最大的单孔径射电望远镜在波多黎各的阿雷西博（Arecibo）天文台。该望远镜直径 1000 英尺，总照射面积 79 万平方英尺。现在中国正全力以赴准备打破宽口径望远镜的这一纪录。中国正在贵州省建一台 500 米口径的球面射电望远镜（FAST），相比阿雷西博天文台的望远镜它能观察到 3 倍远的太空，巡天速度提高 10 倍。

107. 生物计算机

计算机使用电子逻辑门，通过切换"开"（on）和"关"（off）按钮来处理信息。伦敦帝国学院生命科学系的 Martin Buck 教授及其同事已证明，DNA（和细菌）可以当作逻辑门来使用，这将为明天的生物计算机奠定基础。这些科学家利用大肠杆菌在化学物质的作用下执行了开关操作，就像电子逻辑门一样。这些生物逻辑门也可以连接在一起以形成更复杂的回路。

也许，明天的轻便型电脑将会使用胶瓶装的细菌，而它们将随你的命令起舞！

108. 通过 3D 打印制造汽车与建筑

配置了机械挤压机的 3D 计算机辅助设计（CAD）软件正在以惊人的速度发

展。从玩具、棋子和其他小玩意儿开始，这项技术已逐步成形，现在正用于制作较大的物件。3D打印的先驱——斯塔特西公司（Stratasys）已利用广为人知的"熔融沉积造型"工艺采用3D打印方式制作出了一辆小汽车的框架。发明家Enrico Dini利用与一台挤压机（内含一种液体黏结剂，与一层沙床上的固体催化剂混合在一起）连在一起的大型3D打印机建造了一幢D形建筑。类似地，目前还有人利用3D打印机加上相配的挤压机生产出了人造颌、人造骨头及其他的身体器官。这种工艺使得生产各种各样尺寸大小不一的物体变得更快、更简单。

109. 配有行人安全气囊的汽车

目前大多数汽车都已强制配备安全气囊。但这些安全气囊是为保护司机和乘客而设计的，并不是保护行人的。沃尔沃公司已推出一种拥有车外安全气囊的汽车，这种安全气囊可以在人车碰撞时保护行人！当发生碰撞时，距离挡风玻璃最近的车盖部分就会被膨胀的安全气囊顶起，安全气囊膨胀，盖住部分挡风玻璃和轿车的前面区域。行人安全气囊能使行人在碰撞下的受伤程度相对减轻。

110. 3D打印的巧克力

想买一盒每片都设计成不同样子的巧克力？你的孩子或孙子可能喜欢吃法拉利或者劳斯莱斯的小块巧克力，或者喜欢吃非常美味的F—16战斗机巧克力。现在，英国埃克塞特大学（University of Exeter）利用3D巧克力打印机让这变成了可能。

巧克力公司可以用打印机来设计符合指定要求的产品。客户只要通过网络把从一系列设计中挑出的设计发送给巧克力公司，巧克力公司制作的盒装巧克力将直接送货上门。该项技术还可以用来设计符合顾客指定要求的其他产品，如珠宝、皮包及家用品等。

该设备根据所要求的设计相继把一层层的材料堆积在一起来工作。巧克力设计更难一些，因为它要求连续进行冷却和加热循环以便合成一体。新的加热和冷却系统已研发出来，这样巧克力就可以获得所要求的形状与布局。

111. 计算机芯片可复制人类大脑

IBM公司正研发新型的将用在"认知计算机"（能够同人一样思考、感觉和反应的计算机）上的芯片。这种新类型的计算机芯片（神经突触计算机芯片）将模仿人类大脑带来感知、行动和认识的功能。它们还会学习，通过经验来提升自己，而不只是简单地听从馈入其中的程序执行任务，恰如婴儿在智力上的学习和成长一样。

IBM 公司阿尔马登（AL maden）研究中心的科学家已完成了这个在国防上具有重大意义的项目的第一阶段的工作。他们曾制成了全球最大的人造大脑，这个人造大脑拥有 16 亿个虚拟神经元，靠 9 万亿个突触连接在一起。这个人造大脑模仿了一只猫的大脑的能力。新的研究任务是研制类似于人类大脑的系统，其芯片能够识别图案、执行简单的任务，如导航、机器视觉、分类和联想记忆等。

112. 计算机学会了阅读手册

在一项可能会带来不良后果的研究中，麻省理工学院计算机科学与人工智能实验室的科学家发现，计算机会阅读手册，并学会了在没有外界帮助的情况下执行任务。因此，这些计算机可以靠自身执行任务。这也许代表了机器统治地球的第一步的到来，因为它们能学习并最终获得优于人类的知识和智力。

实验分配给这些计算机的一个任务是，从手册中学习如何按照说明书在一台 Windows 个人电脑上安装一款特定的软件。这些计算机事先没有得到与它们预期要执行的该项任务相关的任何信息。它们只会移动光标、点击左键和右键。它们还不理解说明书所使用的语言，但它们能够判断某个特定的步骤是否已正确完成。这样，通过试错法，它们快速学会了需要执行的任务。

它们还学会了玩说明书内提供的一款游戏。一般而言，计算机游戏的设计制作包含了程序员的开发战略，这些开发战略计算机都将要遵循。为执行这些战略，人类程序员会写出算法。这款计算机系统可能的不良后果就是，它们可能会写下它们自己比人类设计的更好的算法。

113. 可增强现实的隐形眼镜

美国国防高级研究计划局（DARPA）投资了一个将给战场上的美国士兵配备增强现实的隐形眼镜的项目。该项目将使用带有植入式微电子器件的隐形眼镜，这些微电子器件将让观察者能实时看到有用的战争信息，让战争信息叠加到实际的影像上，以便观察者甚至眼睛都不用眨一下就能获得重要的战场信息，如敌人的距离、可能隐藏着潜在威胁的周围环境和其他诸如此类的信息。之前，增强现实技术用在战斗机飞行员戴的特种头盔里，这样他们就能不断看到所获得的控制台信息，而不必为了低头去看这些信息却把目光从可能发生的空中格斗中移开。那样的千钧一发之际很可能关系到生死。

这种超小型的平视式显示装置（HUD）被装入士兵佩戴的隐形眼镜中，可让士兵同时把注意力集中在两架飞机上。该项目就是 DARPA 利用计算机摄像头的士兵中心成像项目。iOptik 显示系统与两侧装有微型投影器的特种眼镜放在一起，可以投射 3D 视频。

114. 利用合金把热能转变成电能

明尼苏达大学科学工程学院的科学家们发现了一种可以直接把热能转化成电能的新合金。这种新合金带来了一种把锅炉、工业发电厂或空气调节器的余热转换成电能的廉价而高效的方法。该研究团队由航空航天工程与力学教授 Richard James 牵头。这种用镍、锰、钴和锡制成的合金，没有磁性，但随着温度的上升，它会吸收热量，从而变得磁性非常强。与此同时，它还随着电能的产生而经历大幅的相变。

这种新的生产电能的"绿色"方法还可以用来把计算机散发出的热量转化成电能，以便给某些特定的装置供电。

115. 远程遥控烹饪食物

如果你能在办公室通过远程遥控打开炉子，这样你可以在到家的时候就吃上新做的食物，这难道不是一件美妙的事情吗？美国肠胃病学协会研制的新 iTotal 电子控制炉可以精确地做这些事。这种炉子装有 3 个独立操作的炉头——分别用来烧烤、烘烤和慢炖食物，人们可以在任何地方通过电话或是由专用网站发出的某条命令来对其进行远程遥控。

116. 数据存储——利用大马哈鱼的 DNA

信息存储可以采用多种方式进行。手写材料、留声机唱片、磁带、计算机芯片及人类大脑的神经元，所有这些都是不同形式的存储装置。但你能想象大马哈鱼也能作存储装置用吗？中国台湾清华大学及德国科尔斯鲁厄理工学院的科学家们利用把电极、银纳米粒子和大马哈鱼的 DNA 结合在一起的方法研制了一种"一次写入，多次读取"（WORM）的设备。

他们首先准备了一块大马哈鱼的 DNA 薄膜，薄膜用银原子浸渍，然后夹在两个电极之间。当紫外线照在薄膜上的时候，银原子以纳米粒子的形式聚集在一起。给薄膜施加低于或高于某临界值的电压，发现可以做到让薄膜处于"off"和"on"的状态。这些科学家发现，导电性的这种变化是常在的，这给未来在光学计算机中存储信息提供了依据。

117. 利用全息图让已故艺术家表演

2011 年 4 月，迷惑不已的观众看到了一场不同寻常的"复活"音乐表演。15 年前就已去世的图派克 Tupac Shakur 突然出现在舞台上，并进行了一场活生生的表演。那实际上是他表演和歌唱的全息图像。有一首歌是他和他的终身朋友 Snoop Dogg 一起表演的。在那场表演的结尾，Tupac Shakur 消失在一束光中。人们观看这场非同寻常演出的经历发生于 2012 年的美国柯契拉（Coachella）音乐节。这位已故的说唱歌手的"复活"归功于先思行（AV Concepts）公司及数字领域（D2）公司特效演播室所创造的 3D 效果。全息图开启了让猫王（Elvis Presley）或迈克尔·杰克逊（Michael Jackson）重新站在舞台上的可能性——计幽灵歌手持续在不可思议的世界上。

118. 检测假金条

随着金价步步攀上新高，以金条形式储存在银行里的以及政府抵押的每根400 盎司的金条价格可能高达 250 万美元。外面镀上真黄金而里面的芯只是钨（密度和重量同黄金相近）的假冒黄金也因此价格飞涨。虽然钨在硬度上与黄金不同，但如果不用物理钻孔直入金条的方法，要检测钨别无他法。

各国政府都对他们所拥有的大部分黄金（也许是假冒黄金）而惴惴不安。为了防止出现全世界的恐慌，国际媒体刻意降低了这种可能性。拥有 Phasor 系列超声探测器的通用电气公司已发现了一种解决问题的方法。用来检查怀孕母亲体内胎儿的超声波可以被用来检测钨。装在通用电气公司超声探测器上的计算机控制的相控阵探头可以迅速鉴定出假冒金条。

119. 用激光检测爆炸物

联军在阿富汗和伊拉克的死亡人员中大约有 60% 是死于可以布置在路边的简易爆炸装置（IED）。美国正加紧探测这些爆炸装置。检测爆炸装置是一件很棘手的工作。训练有素的犬只甚至蜜蜂都可以用来探测爆炸物的踪迹。机械方法包括"离子迁移质谱分析法"（IMS），但这些方法只在爆炸物不是放置在密闭容器中的时候才会起作用。爆炸物一旦密封，也就是说，爆炸物装在一个金属筒罐里面时，探测任务就会变得难很多。专门设计的 X 光机已用来从被研究物品的密度方面探测爆炸物。

维也纳工业大学的科学家进一步改良了使用激光探测 100 米距离甚至更远距离以外的爆炸物的方法。爆炸物即使密封在不透明的容器中也能被探测到。该项技术最初由密歇根州立大学的研究人员开发出来，后成立了衍生公司——BioPhotonic Solutions，以使此项研究商业化。以 Bernhard Lendl 教授为首的奥地利研究人员使用一台高效望远镜及非常敏感的光探测器放大非常微弱的信号，因而即使是装在密闭容器里的爆炸物，也能在某个距离之外被探测到。

此外，探测田野里的爆炸物也是一项具有挑战性的工作，因为周围有许多种化学物质，这使得区分爆炸物和常见的环境污染变得很难。因此，需要有一种探测方法，可以迅速探测到路边的炸弹。密歇根州立大学的研究人员研发了一种简单的激光系统来探测路边的炸弹和爆炸物。他们使用的这种设备看上去像普通的激光指示器。它指向可疑物时，激光（既包括短波的，也包括长波的）就会落在可疑物上，使可疑物中的分子产生振动。对每一种爆炸物而言，这些振动都是独特唯一的，振动让人们可以轻易地探测并识别出爆炸物。这种方法非常灵敏，十亿分之一克的重量也能轻易地被探测出来。

120. 源自植物的电流和音乐——有生命力的家具

家具也能产生电流？这听起来像是在幻想一样，但却是真的。这项已应用的技术就是众所周知的生物光伏技术（BPV），它利用的是海藻、苔藓、维管植物和蓝藻细菌光合作用所产生的能量。在意大利米兰设计周期间，根据此原理工作的"苔藓桌"在新技术展——卫星沙龙上登台亮相。这张桌子上簇生着各种苔藓植物。生物光伏技术捕捉这些植物在白天产生的光合能量，再将其储存于电池中。之后可以用电能给各种不同的小设备如闹钟等供电，或者使电灯泡在夜间发光。苔藓桌由剑桥大学制造业研究所的教授 James Moultrie 发明。有人相信，这种桌子每平方米能产生 3 瓦特的电。随着新一代低能耗仅需 1 瓦特电即可运行的膝上轻便型电脑（如广达电脑公司（Quanta Computer）研制的 XO - 1 型）的研发面世，这种苔藓桌给此类计算机供电的时间可以长达 14 小时。

在同一次展览上，有人用植物演示了根据光合作用模式和相应的能源转换来"唱特色乐曲"。这是马耳他设计师 Noel Zahra 根据"Koishi"的概念呈现给大家的。Koishi 需要感测每种植物的光合作用变化并实时转化成音符。由于每种植物都有其独特的光合特性，所以能生成特有植物的音乐特色。这突出说明了植物都是具有生命力的有机体，而它们也都有自己独特的生命模式。

121. 用蜘蛛丝制作电子设备

一般来说，活性织物和材料的导热性都不是很好。艾奥瓦州立大学的机械工程副教授王新伟（Xinwei Wang）发现，蜘蛛丝具有一种不同寻常的特性：它比任何其他源自生物体的材料都具有更好的导热性，甚至比硅、铝和铁的导热性还好！它以每米 416 瓦的速度传导热量，其导热性能是任何其他知名有机材料的 800 倍。蜘蛛丝还展现了另一个令人关注的特性：当它被拉伸 20％时，它的导热性会上升 20％而不是降低。而其他的材料在被拉伸的时候，导热性会降低。这一发现开启了对蜘蛛丝的多种应用。蜘蛛丝在"凉爽性织物"的生产中可能会很实用，因为体热将可以透过它们快速消散。蜘蛛丝还可以当作电子设备的柔性散热材料来使用，从而得到"凉爽的计算机"。同样，它还可以应用在制冷绷带的生产中。

蜘蛛丝正在被应用于许多不同的领域。由塔夫茨大学 David Kaplan 教授领导的科学家们发现，经过基因改良的蜘蛛丝蛋白可以有选择地依附在癌细胞上，然后释放出一个特殊的基因，从而产生"发光蛋白"。而怀俄明州州立大学教授 Omer Choresh 也在蜘蛛丝中发现了两种已进化了几亿年、使蜘蛛丝具有黏结性能的蛋白质。这给生产优良的生物黏结剂而不是依靠基于石油的黏结产品打开了思路。

122. 情绪检测数字老师

学生们常常会发现有些老师讲的课非常无聊。因为他们讲课的方式欠佳，或者讲课的内容缺乏趣味性，或是二者兼而有之。现在科技给出了答案：数字老师能感觉到学生的情绪状态，而为重新激起学生的兴趣，数字老师还能改变教学方法！这个被命名为"自动老师"的系统，由美国圣母大学的心理学助理教授 Sidney D'Mello、孟菲斯大学的 Art Graesser 博士和麻省理工学院的一名同仁共同发明。该系统通过向学生提出不同问题的方式工作。它可以引入图像、模拟物和动画片，从而使讲课变得更令人感兴趣。它最初被用来教批判性思维概念、计算机普及教育和牛顿物理学等课程。

123. 漂浮建筑技术

随着全球变暖，世界上许多地方的低洼海岸地区沉入水下的风险也在不断升高。孟加拉国、荷兰，以及许多印度洋、太平洋岛国等国家沉入水下的风险最大，许多国家的海岸城市也是如此。一家荷兰公司——Dura Vermeer 提出了有趣的漂浮城市创意。在漂浮城市中，当水面上升时，建筑物不会下沉，却只会浮在水面上。这个创意已采用创新方法实施。建筑物地基排列着一层层的轻质塑料泡沫，这些塑料泡沫可以支撑混凝土，并让建筑物浮起来。泡沫所用材料是可发性聚苯乙烯（EPS）。

124. 在室内飞行的飞行器

奥地利一家企业——D-Dalus 研制了一种新型飞行器，这种飞行器可以在室内飞行但不会被撞坏，因为它没有脆弱的外部活动部件。它可以垂直起飞、在任何角度悬停和飞翔，而不会有任何问题，因为它没有使用固定翼或旋翼；相反，它有 4 个可以准确控制其轨道的旋转涡轮。而飞行器上安装的"感觉和避开"系统可以防止它跟墙壁及其他物体碰撞，所以它可以当作无人驾驶机来使用，在飞过走廊和房间的时候搜查爆炸物和执行其他任务。

125. 会飞的自行车

捷克的几家公司（Technodat、Evektor 和 Duratec）制作一辆会飞的自行车，这种自行车可以让你在需要的时候在车流上空飞行！这种会飞的自行车有几个电动螺旋桨，装在两轮自行车的轻合金架上。发动 6 个电动螺旋桨，会飞的自行车就能够垂直地飞起来。这让它可以飞行直到电池耗尽。这些公司把锂聚合物电池装在自行车横梁下面。这种会飞的自行车将装上陀螺仪和加速器，它们能赋予自行车稳定性，保证自行车顺利地起飞、飞行、平稳着陆。为了保证安全，骑行者将用带子绑在特别设计的座椅上。

126. 水里飞行——"幽灵"

只能在水中飞行的隐形飞行器！为了减少在水中飞行时的摩擦阻力，它们利用了"超成穴技术"（supercavitation）原理。利用超成穴技术可以在液体中产生气泡，气泡大到足以包容一个物体在其中穿行。当在水中行动的物体被封闭进气泡时，摩擦力就会降低到最小，因而能让飞行器获得非常高的速度。超成穴技术过去被应用在高速鱼雷上，但如今美国新罕布什尔的朱丽叶舰船系统（JMS）公司却把它用到了世界第一艘超成穴船舶上。这艘会飞的船舶是为美国海军建造的，用作超快隐形系统，它可以接近敌方船只，却不会被他们的雷达侦测到。这艘船配有最新的隐形技术，当它在被巨大气泡包围的水中移动时，它承受的摩擦力是正常摩擦力的九百分之一以下。因为用这种"飞行器"把士兵运到敌方海滩或者把成千上万磅的武器和鱼雷运到敌方边境再合适不过，所以它被认为是下一代战争装备中主要的组成部分。

127. 带有扑翼的飞行器

从远古开始，人类就已经从大自然那里进行学习。鸟儿飞行的方式激发了莱特兄弟设计、研制第一架能够运输人类的飞行器的灵感。而那是一百多年以前的事了。而在短短的时间之内，人类已登上月球、冒险进入太阳系的遥远区域、借助威力强大的望远镜开始探索银河系茫茫的区域。但不管怎样，从控制和可操作性方面来说，鸟儿飞行的某些方式依然优于我们的飞机，因为鸟儿能够飞翔、滑翔、拍打它们的翅膀。现在，欧洲（不来梅的应用科技大学 Bionik 创新中心和荷兰格罗宁根大学海洋生态系统系）的研究人员研制了一种扑翼式微型飞行器（MAV），这种飞行器把固定翼飞行器和旋转翼飞行器的优点结合在　起。由于它具有优良的飞行和悬停能力，所以可以应用于空中摄影。

不久以后，你就可以坐在一架扑打着巨大机翼起飞、拥你在怀的飞机里飞向遥远的地方。

128. 会飞的迷你机器人——明天的战争

远程遥控机器人可以成群飞向敌方领地并收集信息或放出神经毒气——这一可怕的图景正在变成现实。美国宾夕法尼亚大学机器人、自动化、传感和感知整体实验室是欧美正加紧研发未来战争武器的多个实验室之一。几千里之外由敌人远程遥控的数以百万计的小型飞"鸟",将具备大肆杀戮整个军队的能力,而不用牺牲自己的一兵一卒。

位于宾夕法尼亚州的这个实验室研发的"纳米四旋翼无人直升机"是一种小鸟大小的飞行器,有 4 个旋翼,可以成群地以复杂的编队飞行,彼此交互,执行令人震惊的军事行动。它们可以避过障碍物、执行"复杂而自发的群体行为"。欧洲一个团队最近在法国奥尔良的 FRAC 中心演示了这些机器人如何一起行动来建造一座圆柱形"摩天楼"。

129. 会飞的私人车辆

为了解决欧洲各大城市的道路拥塞问题,欧盟已开始资助一个重大项目,开发会飞的私人轿车。这个私人空中汽车(PAV)项目在 2011 年获得 620 万美元的研发经费。PAV 首先将用到家到办公室之间的短距离飞行上。它们可能需要在 2000 英尺下飞行,这样它们才不会与正常的航空运输相冲突。据德国宾根的马普生物控制论研究所的 Heinrich Bülthoff 教授披露,欧盟的拨款将用在制造此类可行性系统的新技术研发上。为安全起见,一部分大气空间可能需要完全禁止民用交通。未来需要开发合适的"空中航线"体系,以便空中轿车按照某些预先定好的路径飞行,而不致碰上另一辆空中轿车。

曾经如科幻小说一般的东西就要变成现实了。

130. 会建造摩天楼的飞行机器人

靠成千上万个飞行机器人日夜忙碌执行各自指派的任务,即在几天内建成整栋建筑物的日子指日可待了。法国奥尔良 FRAC 中心的飞行机器人(四旋翼无人直升机)建造了一座 6 米高的摩天楼模型。这座摩天楼模型将用 1500 块预先构制的聚苯乙烯泡沫块来建造。设好编程的飞行机器人互相协作,抬泡沫砖,把泡沫砖运往建造地点,再把泡沫砖组装成摩天楼模型。这座摩天楼模型在建时要同时通过 50 辆行驶的小车，准确度在 1 毫米以内。

飞行机器人装有各种不同的传感器和控制器，这些仪器可让它们在预排路径上飞行、执行特别任务时互相沟通。它们不会互相碰撞，因为它们内置有可以感知并快速避免碰撞的传感器。

131. 飞着去上班？

你是否很讨厌每天的交通拥堵？这种情况也许不会持续多久了，你可以把一台喷射发动机绑在背上，飞着去上班！2011 年 5 月，瑞士前喷气飞机驾驶员 Yves Rossy（以"喷气人"闻名）用一个可佩带的喷气推进式机翼飞跃了大峡谷。2008 年，他曾成功飞渡英吉利海峡，在空中绕圈子飞行，还和喷气式飞机一起组成编队飞行。那次他用的是重量很轻的碳纤维飞翼，里面装了 4 台小型喷气发动机。飞行轨道则通过其身体的运动来控制。

澳大利亚的创新人士——Chris Malloy 研制了一种会飞的摩托车——翱翔车，它可以在距地面几千英尺的高空飞行。翱翔车用 Kevlar 加强型碳纤维制作而成，有 2 个旋转导管螺旋桨，其在空中飞行的速度可高达每小时 173 英里。

132. 免费因特网——就在每一台自动售货机附近

访问因特网已成为大多数人的日常需要。但出门在路上时，无线接入可能不那么容易获得。日本一家饮料公司 Aashi 提出了一个宣传售卖其产品的有趣创意——给站在他们的自动售货机旁边的所有人提供免费上网服务。这有点类似于在咖啡店里可获得的移动热点。但有一点不同，在这里，你不用购买任何东西就可以上网，也不需要登录密码，在第一个 30 分钟结束后，你可以重新登录并继续网上冲浪。随着智能手机和手提电脑数量的增多，人们对无线上网的需求也在增长。况且，当你站在这样一台自动售货机附近上网的时候，你也有可能会感觉到口渴而买一瓶饮料——这就是广告之外的效应。

133. 富士通公司——世界超级计算机的领导者

在其超级"K 计算机"达到令人震惊的每秒 8162 万亿次运算速度之后，富士通公司在全球 500 强公司中成功拔得头筹。该系统使用了 68 544 个 CPU，达到了令人难以置信的 93% 的计算机效率。富士通公司还推出了世界上最小的

Windows 7 个人电脑兼智能手机。这种小型个人电脑装有完整版的 Windows 7，可以放在手掌中，但却囊括了一部智能手机的所有特点。这款手机获得了微软办公系统 2010 个人版的授权，其中包括 Word、Excel 和 Outlook。这款也被称作个人电脑的智能手机，有一个滑动弹出式的标准传统键盘。

134. 富士通再次领军——世界最小掌静脉扫描仪

富士通公司发明了世界上最小的掌静脉扫描仪。这款生物识别扫描仪因为其准确性、小尺寸及具有优良的安全性能，有望广泛应用于诸如便携计算机等移动产品。对用户而言，它的优势在于，能识别用户一小段距离之外握着的手掌的静脉结构特征，而不需要有任何实质上的接触，而指纹识别生物设备要求有实质上的接触。这种免接触的掌静脉验证系统不仅能识别裸眼通常看不到的手掌内静脉的结构，还能识别手指的结构，然后通过呈现出合成图像来识别用户。由于不需要实质接触，这种扫描仪尤其适合于医院及其他要求高卫生标准的公共场所。

135. 用血液培育人类的眼组织

干细胞疗法是一个快速发展的领域。以前干细胞采用从胚胎中（引起极大争议的方法）或从患者骨髓中提取的方法来获得。有一种特殊的干细胞（诱导多能干细胞）可以从皮肤或血液的普通细胞中获取。这些特殊的干细胞随后可以转化成心脏组织、肾组织或其他类型的组织。

成年人失明的一个主要原因在于影响到视网膜的疾病（黄斑变性和色素性视网膜炎）的攻击。有几种药物可以减缓眼疾恶化进程，但目前尚没有彻底的根治方法。这个难题的解决方法之一可能是培育全新的视网膜组织。美国威斯康星大学麦迪逊分校的科学家成功地从干细胞中培育出了人类视网膜组织。

这些必需的干细胞获取自患者血液的白血细胞。这些干细胞随后被"重新编码"（利用含有重新编码蛋白质的质体对白血细胞施加影响），获得了诱导多能干细胞，然后这种干细胞可以被诱导制取人类视网膜组织。这打开了未来视网膜组织移植术的大门，在视网膜移植术中，损坏的视网膜部分可以更换成由患者本人血液制取的无病组织。

136. 横渡大西洋电动飞行

自查尔斯·林德博格（Charles Lind bergh）于 1927 年 5 月驾驶圣路易斯精神号飞机完成其具有历史意义的飞行壮举并打破世界纪录之后，以新奇的方式飞渡大西洋一直颇贝吸引力。一位世界纪录保持者　　Chip Yates 计划驾驶第一架全电动飞机顺着查尔斯·林德博格曾飞行过的同样航线横贯大西洋，飞行大约 3600 英里。Chip Yates 保持着全球最快电动摩托车的现世界纪录。新组建的公司"世纪飞行"已研发了一种新的可以在飞行期间补充已耗尽电能的电池系统。该公司提出的"无限范围电动飞行"技术概念设计了飞机在飞行中将飞行电池吊舱与母机对接的方式，飞行电池吊舱用来在已耗尽电池被轻轻弹出时继续给飞机供电，并引导对接以重新充电、重新使用。在不能对接的情况下，如遇上坏天气等，则采用准备好的替代方案，把电池包分成几个部分，当每个部分的电池被耗尽时，电池会弹出，并用装有 GPS 的降落伞指挥降落，重新充电。余下的电池包则用来供飞机继续飞行。来自美国国家航空航天局（NASA）的软件被用来确定在飞行路线上投放电池盒并给其重新充电的最佳地点。随着 10 个这样的电池包相继卸下，飞机的重量将大大减轻，这可以让飞机的最大行程扩大 2 倍。

137. 你的苹果有多脆

有些人喜欢吃口感很脆的苹果，而其他一部分人则宁愿吃软的苹果。不远的将来，人们或许能够在超市里买到带有数值指标的苹果，这个数值指标在计算机测量后会告诉你，苹果到底有多脆。在华盛顿州立大学工作的科学家 Kate Evans 及其同事研制了一种"计算机处理的透度计"，它可以精确地测量苹果的脆度和硬度。这排除了靠"咬苹果的人"来衡量苹果脆度和硬度的需求。

华盛顿州立大学的这些研究人员研发的这款设备据称是第一台可以提供苹果脆度信息的设备，完全不同于现有的声学共振设备和只能提供水果硬度信息的针穿式硬度计。

138. 悬停车——明天的汽车

德国汽车生产商——大众汽车制成了一款未来汽车的技术原型，该种汽车在行驶时可以悬停在道路上空的空气垫上，而不必接触到路面。这种悬停车是大众公司在中国发起的著名的"大众汽车计划"（PCP）的成果。该项目征求了各种有关新奇汽车的创意，大约 3300 万人浏览了项目网站。结果大家提交了11.9 万个新奇创意。悬停车就是大众汽车公司从这些创意中遴选出来并投入实际制作的 3 个技术原型之一。

汽车领域另一个相关研究成果是利用压缩空气缸给汽车供能而不是用内燃机供能。这款汽车中的 Kevlar 气缸需要充满压缩空气，在需要再次充气前，它可以让汽车行驶 200～300 千米。这种气缸的运行成本远远小于普通内燃机的运行成本。

139. 直升机？——错，这是多旋翼飞行器

Thomas Senkel 在德国东南部完成了"多旋翼飞行器"的第一次有人驾驶飞行。Thomas Senkel 坐在这个航空器中央的座位上，其周围环绕着 16 个配有马达的螺旋桨。多旋翼飞行器的飞行用一个手持式遥控设备进行控制。螺旋桨的旋转速度和多旋翼直升机的方向则由机载计算机进行控制。即使有 4 个螺旋桨发生了故障，这个航空器也能够继续飞行，并保持其自身安全。

140. 印度生产的便携电脑——每台只要 35 美元

印度的塔塔公司曾因生产出世界上最便宜（仅售 2500 美元）的汽车"Nano"而名垂史册。它还准备在便携电脑领域做同样之举，这种最便宜的电脑只面向中小学和大学，售价仅 35 美元，最终价格可能还在 10 美元以下！这种便携电脑拥有 2 吉的随机访问内存、无线联网能力和电阻式触摸屏。

141. 昆虫机器人

DARPA 资助的项目已研制出半是昆虫半是机器人的细小生物。这些电子设备在昆虫生长的早期阶段（变形期）被置入昆虫活体内，这样昆虫的身体就会环绕这些电子设备系统生长，而昆虫也学会了接受这些部件成为其自身身体的一部分。于是，这些电子设备可以用来控制昆虫的飞行路线，把它们带到战略上很重要的地点。因为携带着小摄像头和麦克风，这些昆虫可以通过操控让其自己栖息于某个国家的首相（总理）、总统或陆军参谋长办公室墙壁或屋顶某个

合适的地方，并把它们所到之处的信息传送给几英里之外的外国使馆。这些昆虫机器人可以利用来自昆虫翅膀扇动的能量或利用生物燃料来供能。看起来无害的昆虫具有的天然伪装，在防侦测方面也许是无价之宝。

142. 将网速提高 80 万倍

在过去的 20 年中，网速经历了惊人的增长。目前可用的宽带电缆可以支持大约每秒 30M 的速度。南加州大学的研究人员用扭曲光束传输数据，成功地使数据传输速度提高了 8.5 万倍。从此，数据得以以每秒 2.56T 的速度进行传输！利用 8 根交错盘成 DNA 一样的螺旋形扭曲光束，数据的传输可以达到超高速。这 8 根光束，每一根都有其独特的螺旋形状，它们可以用 "1" 和 "0" 数据位来进行编码。这将促成数据能够以 8 个独立数据流的形式进行传输。数据可以穿过空间传输或者在光缆里传输。

与此同时，在德国科尔斯鲁厄理工学院的 Jürg Leuthold 教授领导下的科学家团队获得了更高的数据传输速度——他们靠一根单独的激光束成功实现了每秒 26T 的数据传输。此次数据传输距离为 50 千米。这意味着在一秒钟之内要传输巨量的数据需要用 700 张 DVD 盘来储存！以这样不可思议的速度，可以同时拨打、接听大约 4 万亿个电话。

143. 智能眼镜

谷歌发明了一副令人叫绝的智能眼镜，当你戴上这款智能眼镜时，它就能增强现实。你想要的信息会魔术般地出现在眼镜上：如果你需要了解去某个地方的路线，你需要做的仅仅是轻声地请求你的眼镜显示相关街道的地图，而地图会以一种不会阻挡你视线的方式出现在眼镜上。同样地，如果你在欣赏美丽的夕阳，你要做的就是请求眼镜拍一张照片，而眼镜会为你代劳。它会帮你订电影票、告诉你书店里某本书可能藏身的位置，或者告诉你某条路上的拥堵状况。你不再需要用智能手机来搜索你需要的信息——智能眼镜就端坐在你的鼻端，你需要做的仅仅就是向它询问！它甚至还能翻译外国语。

Google X（谷歌的未来技术研发实验室）已发明出这种令人激动的未来设备。在开发这种眼镜的过程中，已开展了大量的工作，包括优化电池寿命、网速、软件和图形性能等。这种眼镜内置有智能化的个人软件，因此，你将获得流畅的无缝体验。

144. 用细菌照亮你的家

振奋人心的科学技术发展再三证明，事实比科幻更奇妙。各种类型的创意，从普通的灯泡到节能灯再到 LED 灯，都被用在家庭照明上。不过，荷兰电子公司菲利普（Philips）惊人的最新研究是利用细菌制作新颖的发光系统！我们知道，许多的昆虫和深海水母都可以发光。在巴基斯坦，夏季不难看到旁遮普花园特有的发光萤火虫（jugnon）。这种光（生物发光）是由于荧光素底物上的荧光素酶的反应而产生的。菲利普公司提出的这种"微生物居家"概念是利用会闪光的发光细菌来生产自然光。细菌以甲烷为食，而甲烷可以用常见的家庭废物来制取。

145. 巨型钻地弹

军事研究有一个方向是研制能够穿透固体混凝土掩体、消灭藏身其中的敌人的武器。这些武器包括 5000 磅级"掩体粉碎机"、15 000 磅级 BLU-82 型炸弹"雏菊收割机"（Daisycutter）、15650 磅级"威力增强型航空温压弹"（aviation thermobaric bomb of increased power）、22 000 磅级"大满贯地震波炸弹"（grand slam earthquake bomb）和 22 600 磅级"大型燃料空气炸弹"（massive ordnance air blast）。但是，如果在特工部队与敌人之间是 200 英尺的实心混凝土掩体，这些巨型炸弹便无法发挥作用。

美国陆军已开发了能轻易穿透 200 英尺混凝土并消灭藏身其后的敌人的武器。这就是 30 000 磅级的 GBU-57A/B（巨型钻地弹，massive ordnance penetrators），它能够在爆炸之前深入 200 英尺的混凝土掩体之中。它是毁灭那些深藏于大山岩石或混凝土保护体之后的核设施的理想之选。利用 GPS，巨型钻地弹可以准确导航至要攻击的地点。它可以用 B-2 和 B-52 型轰炸机来运载。

146. 精神控制的武器

根据英国皇家学会发布的题为"神经科学、冲突和安全"的报告，未来的战争很可能会使用精神控制的武器进行战斗。通过与神经系统的交互作用，目前正在研制可以通过人类大脑控制的武器。这种"神经接口系统"（NIS）将给战争拓展新的维度，大大扩展人类的破坏能力。2004年，美国公司Cyberkinetics展示了人类大脑与计算机系统的交互过程。一片植入人脑中如阿司匹林药片大小的植入物（脑门）可以通过思维控制来操控计算机系统。该领域已获得了快速发展，现在不用植入任何植入物，只用把传感器装在人戴的帽子上就可以控制计算机系统了。

神经接口武器系统可以像人的人脑一样极其迅速地做出反应，其处理命令能比有意识的反应时间快得多。美国国防高级研究计划局DARPA给各机构的此类项目提供了大量资金，以便让美国在世界上依然保持不可挑战的军事统治地位。

这类设备已经允许人纯粹靠大脑控制来驾驶汽车。完全瘫痪的人可以通过发送思维信号的方式来移动计算机控制的动力轮椅。大脑侦测到的电磁信号可以传输给计算机，计算机再控制轮椅的行走方式或移动方向。

147. 会"读心术"的计算机——可以防止事故发生

在刹车时，一秒钟的迟疑都有可能导致一个行人死亡。人类对紧急情况的反应时间常常都没快到对紧急情况做出适当反应的程度。现在，柏林工业大学的研究人员研制了一种可以读懂你的思想并以光一样快的速度对紧急情况做出反应，从而阻止严重交通事故发生的计算机系统。司机戴的帽子上附着的两片小电极能够识别做出快速回应的大脑发出的脑电图（EEG）信号。与此同时，其他传感器则可以用来检测下肢的肌肉张力。结果很是令人惊讶。与没有装上这些装备的司机驾驶的汽车相比，这种以100千米/小时速度行驶的汽车的制动距离缩短了近12英尺。

148. 利用细菌采矿

世界上已探明的最大铜矿位于智利，铜占了智利出口量的大约70%。铜在矿石中的含量可以高达30%，但在许多地区，铜含量仅有1%～2%。这些资源通常得不到提炼而被作为废物。常用的提炼铜的化学过程包括：矿石的破碎、研磨、加热至高温，这样铜矿石中的硫化物才会变成亚砜。然后，铜矿石要经过若干精炼过程，包括硫酸处理和电解处理。

但如果利用大自然中的小工人——细菌来完成该任务，少量的铜也可以被提炼出来，这一过程被称为"生物采矿"，在智利、南非、巴西、澳大利亚及其他一些国家已得到利用，全球大约有 20％的铜是以这种方式采得的。利用合适的细菌进行生物浸矿的方法还用在提取金和铀上。细菌把金属当作它们能量的来源并在金属上面茁壮成长。

149. 导弹杀手

2012 年 5 月 9 日，美国成功地进行了一次射落弹道导弹的试验。虽然这款导弹拦截弹在其初次试射中失败了，但新版的 "Missile 3 Interceptor" 拦截导弹却取得了成功，它成功地射落了夏威夷附近的一枚弹道导弹。在从 2001 年开始防御部署以来的 67 次这类试验中，该项试验是第 53 次成功拦截导弹。它有一个改良的目标搜索系统、最新的信号处理器，可以更准确地调整航向。

在过去 10 年里，美国一直在研制反导导弹。这些导弹杀手将部署在装配有洛克希德·马丁公司（Lockheed Martin Corp）的宙斯盾（Aegis）武器系统的船只上，该系统无缝集成了计算机、显示器、传感器和武器系统。

150. 纳米技术——令人兴奋的新前沿

在过去 20 年间，科学领域最令人振奋的进展之一就是纳米技术的发展。纳米技术现在广泛应用于医药、食品、水净化、化妆品、电子设备及许多其他领域。美国占有纳米技术市场最大的份额（28％），紧随其后的是日本（24％）和欧洲（25％，主要是德国、法国和英国）。由于尺寸极小，纳米材料具有其独特的属性。纳米材料的尺寸通常在 1 纳米和 100 纳米之间。1 纳米是十亿分之一米。这一相对比例可以这样来评判，即 1 纳米相对于 1 米的比例，就如同一块弹珠相对于一个地球一样。

纳米技术领域的兴起受到 20 世纪 80 年代两次大进步的触发。第一次是 1981 年年初扫描隧道显微镜的研发，它可以让人们看到原子水平的图像。第二次是 1985 年 Harry Kroto、Richard Smalley 和 Robert Curl 偶然发现了 "碳球" 分子，为此他们共同获得了 1996 年诺贝尔化学奖。之后涌现了许多研究成果——碳纳米管、单层碳壳（石墨烯），以及各种研发有用纳米材料的方法。

纳米技术在医疗行业的应用包括：由于纳米药物在人体内的吸收速度加快，从而改善药物传输。纳米技术在医学成像上的应用可以提供更清楚的癌变组织影像。经过适当改性的纳米粒子可以仅传输药物、热量、光及其他材料到病变细胞，而不会损伤健康组织。在电子领域，研制出了更轻、耗能更少的显示屏，其中包括用纳米线制成的柔性显示面板。集成电路中使用的高密度存储芯片和更小的晶体管也已研制出来，因而可以生产出更小、更高效的计算机。纳米电子设备的市场规模目前预计在 4 万亿美元以上。

在食品科学领域，纳米技术应用于改进粮食种植和储存方法上。将银纳米粒子置入塑料储存箱里可以杀死接触到箱子的有害细菌。将氧化锌纳米颗粒混合到包装塑料薄膜中，可以阻挡紫外线，提供抗菌保护，同时还能使薄膜变得更强韧，增加它们的稳定性。加入纳米胶囊中的杀虫剂可以只在食用它们的昆虫的胃部释放有毒物质，而有毒物质可以使昆虫消亡，从而保护植物（和人类）免受有害影响。目前正在研发一种纳米传感器，它能识别出单株植物何时需要水、肥料或营养物，并在需要的时候触发这些物质的供给，因而能使每株植物的生长达到最佳化，从而减少水、营养物和肥料的浪费。纳米食品预计市场规模约 200 亿美元。

纳米技术的其他应用包括防弹纸（用纳米纤维素制成，比钢还结实）、用于宇宙飞船和飞机的新型轻质坚固材料及轻质耐用电池等的开发。纳米技术还被用于更强韧的轻质布料、网球拍及其他运动产品的经济生产。

151. 用思维来操作计算机和执行动作

之前曾介绍过思维操控的轮椅或驾驶汽车，但这些活动都要求操作人员戴上一顶装有传感器的帽子，传感器才可以读出大脑发出的信号。最近一项令人振奋的新发明就是研制了一种臂环来代替可以读出大脑信号的帽子，它还可以进行远程操控。这种生物反馈臂环被称作"bodywave"（体波），它由 Freer Logic 公司开发，并以发明了此设备的北卡罗来纳州小学老师 Peter Freer 的名字命名。这种 iPod 尺寸大小的设备被绑在用户的胳膊（或腿）上。臂环有 3 个传感器，它们都能侦测到以神经传递信号形式存在的思维。该装置通过读出大脑神经元产生的、流经用户神经的信号而发挥作用。这些信号随后被传送给计算机。

大脑会产生 4 种呈现不同类型波形的信号。这些信号中，最重要的是 β 认知信号，这种信号在你的注意力集中到将做出决策时会用到，如刹车、起床或抬起某个物体。其他信号是 δ 信号（通常在一个人睡着的时候能观察到）、θ 信号（在一个人做白日梦或打盹的时候出现）和 α 信号（在一个人放松但意识完全清醒的时候出现）。为了让设备工作，信号必须达到一定的集中程度才能被检测到。这样，如果你在考虑某件事情，这个设备会忽略这些信号，但一旦你集中思想到你将采取特定行动的程度，神经元就会以一种独特的同步方式开始兴奋起来。体波读出这种独特的信号，然后就会立即代表你采取行动。你一停止集中注意力，神经元信号的兴奋就会立即消失。

这项研究的成果可以应用到医疗、国防和工业领域，尤其是在需要做出一刹那决定的时候，那几分之一秒的时间也许会造成生死之别。比如，在一场空中混战中，当驾驶着一架超音速战斗机时，有关何时把飞机调转到一个特定方向或发射导弹的决策若有几分之一秒的延迟就可能决定胜负。类似的情形可能还适用于一个外科医生决定在某个时间点操起他的手术刀的情况。争取几分之一秒的时间也许就能防止神经被意外切断，挽救患者的生命。

马里兰大学的研究人员开展的研究是重现人类双手、双臂、双膝和髋关节复杂的 3D 运动。对在交通事故或中风后瘫痪而不能活动四肢的人来说，这尤其有用。研究人员对用来指挥在跑步机上运动双臂、脚踝、臀部等的大脑活动进行了仔细的分析，它们与四肢运动有紧密的关联。分析获得的信息被用于设计一种称之为"anklebot"的假肢器官，它可以通过思维控制让踝关节运动。在思维被解码之后，就可以指导瘫痪的人以一定的方式运用他们的思维，这就使得假肢器官可以识别命令，帮助瘫痪的人以他们想要的方式行走或活动双手。

152. 光纤通信——振奋人心的突破之举

人们利用经光纤电缆传输的光脉冲把信息从一个地方传送到另一个地方。光信号能在细而韧的玻璃纤维光缆（几乎像人的头发一样细）中穿越一定的距离传播。在信号传播的过程中，信号会变得越来越弱，甚至失真，因此研究者们曾探求各种各样提高光信号强度的方法。随着技术的进步，光纤电缆的成本在过去 10 年里大幅下跌，现在，家中装光纤电缆比用铜线来满足通电话和其他信息传输需求还便宜。

现在，对放大光信号新方法的大力研究促使瑞典查尔姆斯理工大学（Chalmevs University of Technology）的科学家去研究一种可放大光信号的新方法，该方法的传输距离能达到目前可能传输距离的 4 倍——达 4000 千米，而且不会使信号减弱或失真。

153. 掌上识别 ATM

在日本东北大地震之后，许多人都不能使用 ATM，因为在这场灾难中，他们丢掉了钱包。ATM 常常通过信用卡或借记卡来运行。生物识别技术的出现允许读取指纹或其他物理特征，以便打击信用卡或借记卡盗窃。不过，这些方法仍然要求把卡插入 ATM 中。而日本一家银行研发了一种新的机器，该机器不需要任何卡片，所以，即使人们弄丢了他们的卡片，依然能从这些机器中取款。所有这些机器都要求验证客户的掌纹、四位数密码和他们的出生日期。机器将对于掌进行扫描，并将该掌纹特征与输入其储存器的那些掌纹进行比刈，因此任何种类的卡都不需要。

154. 便携式远程人体扫描仪

能远距离扫描全身、查看是否藏匿有引爆武器的技术可以检测藏匿在罪犯衣服下面的武器，同时不需要靠得太近藏匿有武器的罪犯靠得太近。纽约警察局和美国国防部已经开始联手开发能够远距离侦测武器的遥感装置。这种便携式扫描仪靠身体发出的红外线工作。扫描仪可以侦测到这些红外线的图像。如果携带有武器，这些红外线就会受到金属的阻挡，可以看出武器的轮廓剪影。该设备的有效范围正在扩大，使其在 82 英尺的距离以外可以检测到藏匿的武器。

155. 便携式手语翻译器

利用手语，聋哑人也能够互相交流，但这种手语却难以被正常人理解，除非他们经过训练，能识别出每个手势所代表的含义。休斯敦大学一些工程技术和工业设计专业的学生制成了一种手语翻译器原型，这款翻译器被恰如其分地命名为"MyVoice"（我的声音），它能够识别出手势信号并把它们转换成声音。手语翻译器是一种便携式设备，麦克风、扬声器、音板、视频摄像头和监视器尽在其中。该设备能读出手势动作，然后用声音表达出信息。它还可以做相反的事情：听取正常人的信息，再把有声信息转化成能够被聋哑人理解的手语。

156. 3D 打印机——可以制作家居用品和骨骼

类似骨骼的材料现在可以用 3D 打印机做出来了！快速发展的 3D 生物打印机技术现在开启了根据置换手术外科医生的要求制作器官的可能性。华盛顿州立大学的研究人员研制出了另一种 3D 生物打印机，它会逐层喷洒塑料胶粒在一层粉末基底之上，每一层的厚度比头发丝的直径还薄。这种类似骨骼的材料可以与真实的骨骼配对使用，供以适当的生长因子，它就能起到一个支架的作用，并帮助新的骨头结构生长，随后它会自然溶解。

157. 打印航空器，让它飞起来

在 3D 打印机上打印一个航空器，把它扣合在身体上，并让它飞起来。这听起来不可思议，但现在却也成为现实！利用 CAD 软件，可以打印 3D 设计图，并得到不同的物件，而不需要任何的机械工具。来自南安普敦大学计算工程和设计研究组的 Andy Keane 和 Jim Scanlan 教授目前已用尼龙激光烧结机通过逐层打印方法来制作塑料或金属部件。在打印之后，各种部件无需使用工具就可以在几分钟之内装配在一起，装有自动驾驶仪的无人操控电动航空器已经准备就绪可以立即起飞了！该航空器翼幅 2 米，飞行速度为 100 米/小时。

158. 可打印的机器人

想象一下能够在 3D 打印机上制成机器人的情景。在过去的两年间，涌现了多项用 3D 打印机让各种无生命物生产出来的研究成果。这种机器用计算机进行控制，各层聚合物材料可以连续叠加，以生产出玩具、眼镜架、阀门和各种各样的其他东西。如今，即使是机器人也能以这种方法制作出来。美国国家科学基金会提供 1000 万美元资助了这样的项目，参与该项目的有来自麻省理工学院的科学家和工程师，他们与宾夕法尼亚大学和哈佛大学一起合作。利用 3D 打印生产各种类型的机器人能彻底改变它们在国防、工业乃至家务杂活中的应用。

159. 机器人空气净化器

办公室和家庭常常使用空气净化器来去除尘粒，让空气变得更洁净。它们对那些可能对某种类型的空气传播杂质过敏的哮喘患者尤其有用。但是，空气净化器通常都装在房间的特定地点，且只在规定的区域范围内才会起作用。韩国一家公司 Moneual 已提出了一个新颖的机器人空气净化器的创意，这种机器人净化器可以从一个房间走到另一个房间去搜寻污浊的空气，并帮你净化这污浊的空气！机器人（Rydis 800）靠轮子到处走动，它装有传感器使其能够在绕各个角落走动的时候避免与其他物体相撞。在不使用的时候，它就安坐在充电

台上，这样它可以在你需要的时候随时使用。

160. 用机器人直升机做军需供给

美国海军研究办公室资助的一个项目拟研发自主航空货运通用系统（AA-CUS），这种系统能让士兵利用手持式应用装置通过机器人直升机立即订购军需品。这将消除靠人工操作者来执行这种高技术细致任务的需求。美国已在研制可以垂直起飞和降落的机器人飞机以便把货物运输至战争前线，而不用冒飞行员丧生的风险。现在，美国正在研究把这种自动控制系统和直升机整合到一起。这将让前线部队能够用手持式移动设备订购所需的特殊物品，而运载着紧急军需品的成群直升机会在接到命令时即刻起飞。该系统将会使用最新的人工智能研究成果来执行这些复杂的任务。

161. 蔬菜食用量扫描仪

你是否摄入了足够的每日所需蔬菜量？回答这个问题并不容易。这可以通过血检和尿检或通过皮肤和血清活检来实现。而这种检测可能会令人不适，同时也耗费时间。现在，耶鲁大学和犹他大学的科学家研究了一种利用手持式激光扫描仪的非侵入性检测方法，扫描仪会在一分钟内告诉你是否摄入了足够的每日蔬菜量。扫描仪的软质光纤探头装在与笔记本电脑相连的一个装置上。探头把蓝色激光投射到掌部皮肤，然后利用共振拉曼光谱技术（RRS）把反射回去的激光作类胡萝卜素存在度分析。通过检测光的频率，可以检测类胡萝卜素的水平。这标志着可能被应用到多个领域的新方法的发现，包括与饮食有关的肥胖症及新陈代谢紊乱等。

162. 自修复电子设备

导线破损导致电路故障是电子产品的一个常见问题。自修复电子设备的研发有望解决这个问题。在材料上附着微囊体外层，这种微囊体会在导线出现开裂时破裂，再释放出一种与空气接触就会硬化的液体。该项技术之前已应用到混凝土和高分子材料当中。伊利诺伊大学的研究人员把它的应用扩展到了电子产品中。微囊体被涂上一种导电材料，当导线发生开裂时，微囊体破裂，释放出液体，瞬间修复裂口，从而恢复破损电路的导电性。

这样的系统具有明显优势，它可以避免花费很长的时间来检测破损处，如在具有数英里长的电线的飞行器上作类似的检测。芯片上的破损也可以自我修复，从而节约成本。这样一来，在电路中备有冗余线路或利用昂贵的诊断设备检测破损点等方面的需求也消除了。

163. 灵敏的机器人手指

加州大学维特比工程学院的科学家开发出一种令人惊奇的模仿人类手指触觉的技术。它甚至胜过了人类的手指，能够通过其感觉识别出某种材料。这种"Bio Tac"传感器由一个手指状的装置构成，该装置配有柔软又富于弹性、其中用液体填充的皮肤。皮肤上有指纹样的组织，这让它特别灵敏。当让机器人手指划过某个物体表面的时候，它会根据物体表面的特性和质地以明显不同的方式振动，而振动可以被麦克风察觉并辨认出来。机器人手指在触摸物体表面时使用一种探索性的运动，就像我们的手指在某个物体上移动，通过触摸来辨认物体。Gerald Loeb 教授、生物医学工程教授兼医生 Jeremy Fishel 已绘制出了这种运动的数学模型。该项技术已出售给工业机器人和假肢生产商。

加州大学伯克利分校的工程师早先已研制了一种用半导体纳米线制成的压力敏感型人造皮肤。这项研究是在一个圆柱形桶上附着锗/硅纳米线来实现的。该材料随后被滚过一层黏性的聚酰亚胺薄膜，从而获得"电子皮肤"的基本材料，然后再给薄膜覆上压力敏感型橡胶。

164. 自动尾随的购物手推车

推着一辆购物手推车穿梭于大型购物商场也许是一种束缚。如果有那种像一条宠物狗一样能够跟着你转，而你可以解放双手自在购物的智能购物手推车的话，那不是一件挺好的事情吗？在这个奇妙的科学世界，这种想法已经成真了！有人已经发明了一种会检查你所购物品，并与你的购物单进行比对，提醒你是否忘记了购买某样物品，并顺从地跟着你在超市里游走，避免与其他人相撞、能自动调整其路线绕开各种物体和尖角的手推车！美国 Chaotic Moon 实验室做出了这项发明。这款手推车装有一个声音识别系统，它可以让购物者询问手推车某个特殊物品在商场里的具体位置、让手推车提醒自己购物单上的商品是否已购置齐全。这款手推车还装有一个"Kinect"传感器，该传感器与 Windows 8 平板电脑相连，让其可以执行这些功能。如果购物者出了差错，意外地拿错了一样东西，手推车还会提醒购物者出错了。

165. 丝质微针

注射器已经用了大约 150 年，不过现在已经研发出一种新的无痛型注射器——微针贴片！它由布置在贴片上的极细的针阵列组成，使用贴片时微钊仅刺进皮肤表层，而不会带来任何疼痛，因为它们不会刺到神经受体。贴片用来注射疫苗或其他药物，而针头会随着时间的流逝溶解。整个过程完全没有疼痛，也不会留下任何可能引发疾病的废弃针头。这种方法已被用于动物作疫苗接种试验，这比用传统注射器更深刺入的方法更加有效。这种布有微针阵列的黏性贴片可以由患者本人贴在其皮肤的任何部位，而不需要去找医生。这种新技术的优点已经过美国埃默里大学和佐治亚理工学院研究人员的证明。而新加坡材料与工程研究所的科学家率先开启了这方面的工作。

马萨诸塞州塔夫茨大学的研究人员还对微针作了进一步的改良，用丝绸来制造微针。他们改变了丝质微针的结构，以便控制药物注射的速度。丝质微针不会引起感染，更加人性化。

166. 利用电子设备 "嗅诊"

纳米技术在电子、医疗、纺织及诸如此类的许多其他领域得到了广泛的应用。这些应用包括：防弹纸、轻质柔性电视显示屏、医用成像设备、可以瞄准病变细胞的工程纳米粒子、纳米食品，以及可以用在飞机和宇宙飞船上的材料等。现在，宾夕法尼亚大学的研究人员在 Charlie Johnson 教授的领导下，用纳米技术造出了一个"电子鼻"（electronic nose）。他们使用了碳纳米管并在其中安置某种受体蛋白，从而能够模仿鼻子。我们的鼻子发挥作用的方式就是，当不同的化学物质进入我们的鼻子的时候，它们会与某些位于外层黏膜上的受体蛋白发生反应，并触发细胞反应。宾夕法尼亚大学的科学家研制的这种人造鼻子使用了从老鼠鼻子中提取的受体蛋白，然后把它们同碳纳米晶体管接在一起。被电了传感器监测到的化学信号被转换成电信号，这使得空气中各种化学物质都可以被高灵敏度地检测出来。

电子鼻可以用在机场来检测爆炸物，还可以有许多其他诸如此类的应用。纳米技术与生物学的结合将会给科学界带来更多令人振奋的新尖端科学。

167. 主动阅读软件

随着考试时间的临近，学生们发现应关注各种学习方法，使其能够记住阅读过的短文，这就是称为"主动阅读"的方法。主动阅读技术需要突出显示重点部分、在短文旁边作简要笔记、标注重要信息片段、绘制流程图、大声朗读短文等。如果用这种方式创造了"记忆点"，那么大脑似乎就能够更好地保留信息。现在，佐治亚理工学院的研究人员已造出了一种特殊的被称为"液体文本"（liquid text）的软件，这种软件能协助进行主动阅读。

这种软件以计算机触摸屏技术为基础，文本在一面，另一面是空白工作区。我们可以用指尖动作突出显示文本材料、把重要的材料拖入工作区，还可以通过平移和缩放来放大某些章节，选取的章节也可以展开。

168. 中国的超快速列车

中国在技术研发和出口上的前进速度已经到了扣人心弦的地步。全球市场充斥着中国生产的鞋子、衣服和电子产品。现在，中国正在加入更精密设施，如飞机、火车、轮船等生产的"大腕儿"行列。中国一项令人兴奋的研究成果就是超快速列车的生产。这些列车能够以 500 千米/小时的速度行驶。这种被设计成一把剑形的火车，由中国南车股份有限公司研发。它可以与日本的磁悬浮列车（MagLev，最高速度达 581 千米/小时）和法国的 TGV（最高速度达 574.8 千米/小时）相媲美。

169. 会说话的汽车——可避免碰撞

每年都会发生大量的高速公路撞车事件，尤其是在能见度低的浓雾天气。现在，意大利博洛尼亚大学的科学家找到了解决这个问题的方法。他们研制了一种可以让汽车与其他汽车沟通的设备，并在事故发生时向其他附近的汽车发送警告信息。这种报警系统靠特别的车载运动传感器触发，在事故发生的时候，它能侦测到事故。

欧洲智能汽车计划旨在通过利用现代化的无线技术达到道路更安全的目的。据估计，欧洲 24％的驾驶时间都耗费在交通堵塞上了，每年有 7500 千米长的交通堵塞路段，这导致每年经济损失 80 亿欧元。该系统将能够让汽车向其他人发出这类道路拥堵或危险湿滑路段的警告信息。

170. 印度塔塔公司——将建世界最廉价房

塔塔公司曾研发了世界最便宜的汽车 Tata Nano，该款汽车名垂史册。塔塔还达成了另一个里程碑式的目标：建造世界上最廉价的、售价仅 32 000 卢比（715 美元）的房子。印度政府出台的"住宅计划"（Indira Awaas Yojana）下的每套房子都将在一周之内建完，每套房子的面积为 20 平方米。随着印度人口突破 12 亿大关，如果印度人口再继续以这样的速度递增下去，那么到 2030 年，印度人口将超过中国，届时生活在贫困之中的 8 亿人口将会对能负担得起又卫生的房屋产生迫切的需求。这些房屋将掀起在各大城市附近的肮脏贫民区里为贫民建房子的新潮流。

171. 塔塔公司推出 "百万像素" 汽车

印度汽车生产领军企业塔塔公司发布了一款令人兴奋的新电动汽车。这款汽车配有 4 个 10 千瓦的电动马达，充电一次就能够行驶 87 千米。它还装配了一个 325 毫升的小单缸汽油发动机，通过给磷酸铁锂电池充电，发动机能让汽车行驶里程延长到 900 千米。这款汽车拥有多个真正不同凡响的特点。因装配有可灵敏转动的轮子，它能够在非常狭窄的巷子里转弯，使其转弯半径只有 9.2 英尺。它还装配了一个感应式家庭充电系统，这让它可以停靠在充电垫上来充电，而不需要把它插入插座！这款汽车外形美观，塔塔公司把它设计成可以当作一个适合于城市环境的通用全球车来使用。

172. 微型机器人： 未来的士兵

未来的军队无疑将会是在几千里之遥被操控的智能机器人。无人机被操控、演练和用来达成毁灭性结果的精准度已经得到了验证。但微型遥控"四旋翼机器人"能够以复杂的编队飞行，其开发为现代战争拓展了全新的维度。宾夕法尼亚大学通用机器人、自动化、传感和感知（GRASP）实验室演示了这些成群的小尺寸机器人直升机如何执行出色的演习，以及协调行动完成特定任务。这种科幻式的场景正在变成现实。它们被命名为"四旋翼机器人"，因为它们有 4 个螺旋辊，而这些螺旋辊能在它们飞行时赋予其稳定性和可操控性。它们可以携带神经毒气袋以麻痹敌军士兵，或者装上爆炸物，并以协调方式把这些爆炸物同时投放到成百上千个地点，从而在敌军阵线造成破灭性的和毁坏性的打击。这种会飞的机器人可以环绕目标航行，彼此之间进行智能交互，展现出复杂的"自发群体行为"。由于装有微型摄像头，它们在监视和搜索/救援中也具有不可估量的作用。

173. 可用来运输物质的 "牵引射线"

牵引射线（tractor beams）经常在科幻电影（如《星际迷航》）中出现，用以搭载人类或货物迅即穿越遥远的距离。利用光或电磁波束来运输物体的原理已经被证明是有效的，至少它可以传输微粒，虽然在我们能够用上这种运输工具之前可能要等待几个世纪。

澳大利亚国立大学（ANU）激光物理中心 Andrei Rode 教授及其同事证明，仅用光的力量可以把微粒运送到 1.5 米以外的距离！光束起着光通道的作用。光束黑核中心的微粒随着空气分子的随机运动而被移动，因此一端的微粒迅速暴露在光下，而另一端的每一颗微粒依然处于黑暗之中。这产生了很小的推力（由于被称为"光泳"效应的特殊现象），使微粒沿着光通道向前推进。

另一项已研发的技术可以在真空中操作，它要用到电磁波束。这种方法利用的是螺旋管状光束。螺旋形光波形成推动颗粒向与光束相反方向移动的动力。美国国家航空航天局（NASA）现在正在研究利用这些方法在空间长距离运输物质的应用技术。

174. 把轮椅变成电动汽车

许多老年人都会受到轮椅的限制。如果他们能充分利用其手臂，通常就不需要电动轮椅了，但当他们需要长距离行走，或者身体不适不愿意耗费体力时，可以用手把轮椅临时转变成电动汽车。日本研发了一种创新性的设备来解决这个问题。该设备夹在轮椅的轮子上，因而轮椅可以由电力驱动。轮椅的控制通过缠绕在坐在轮椅上的人腰部的连接物来实现。每个轮毂都装有 24 伏的马达，马达靠锂离子电池供电。这让轮椅能够以最高 20 千米/小时的速度行走，行走距离达到 30 千米。轮椅使用者可以通过倾向于他们希望轮椅行走的方向来操控轮椅。这可以通过一个内置的动力传感机制来实现，它可以改变车轮的转动速度。

175. 听懂 "小鸡之间的谈话"

让家禽愉悦是每一个家禽饲养场的愿望，因为这有助于提高产量。小鸡的愉悦程度可以通过它们发出的声音来判别。利用现代计算机技术来译解它们发出的各种声音、评估它们的愉悦程度已成为可能。佐治亚理工学院和佐治亚大学的科学家组成了一个团队来检测不同的声音，并科学地判断试验鸡棚的压力水平。

这些科学家首先通过升高鸡棚温度或喷洒各种含量的氨水的方法来制造不同的压力级别，并记录下它们发出的不同声音，从而找出压力级别与声音性质之间的关系。在记录它们反复发出的声音的音量、音调及音速之后，用计算机进行分析。

这项研究旨在研发一种自动化软件，通过实时的音频馈送来连续监控和测量鸡棚的压力级别，自动侦测特殊情况，并通过控制系统及时改变环境，而不需要人工干预。这将给饲养场带来产量和收益的双丰收。

176. 无人操控直升机在行动

2011 年 12 月，首架无人操控货物运载直升机完成了在阿富汗的飞行任务。无人操控直升机能运载重达 2.7 吨的货物，将替代有人驾驶的卡车。Kaman-KMAX 直升机由洛克希德·马丁公司和卡曼航空航天公司（Kaman Aerospace）合资建造。这些无人直升机的飞行路线将由中央基站进行控制，它们将定期执行战斗任务，给前线军队运输急用军需品。它们将主要在夜间执行战斗任务，以免敌人射击。

177. 用人体部件来制作晶体管

特拉维夫大学的研究人员成功地把血液、牛奶和黏液蛋白转变成了晶体管。这项研究成果将成为未来新的可生物降解的柔性电子设备的基础。利用牛奶、黏液和血液蛋白的各种不同组合，研究人员发现可以制成纳米尺度的半导体薄膜。利用这些具有良好的电子和光学特性的薄膜，可以得到完整的电路。他们还发现，利用这些蛋白质的不同属性可能制造出具有不同导电率、存储容量和荧光性的晶体管。现在使用的硅晶体管有一些缺点，如在弯曲时很容易破裂。

而基于蛋白质的晶体管具有高度的柔性，这使得它们可以用在电视显示器、手机、平板电脑、生物传感器和微芯片当中。由于这些材料也可以生物降解，所以它们还解决了电子垃圾处理的问题。

178. 美国研发超音速飞机和新武器系统

美国政府通过推动新军事技术的美国国防部先进研究计划局（DARPA）拨款给一个研发超音速飞机（命名为"猎鹰 HTV"）的项目。这些超音速飞机的速度非常快，能在 1 小时内抵达地球上的任何地点，在 2 小时之内环绕整个赤道飞行一圈！这种超音速飞机能够以相当于音速 22 倍的 16 700 英里/小时的速度飞行，会变得赤热，在它飞过大气层的时候，其表面温度会达到 3500℉，这简直令人难以置信。2010 年 4 月，超音速飞机完成了它的处女航，但在飞行了大约 9 分钟之后不幸坠落。之后，又研制了改良版 HTV-2，并于 2011 年 8 月 11 日试飞，但它遇到了同样的命运，在飞行了 8 分钟之后坠入太平洋。在飞行期间采集的数据将有助于工程师们对超音速飞机进行改良。

与此同时，美国军队一直以来都在研发新的武器系统，使其可以在 1 小时以内使地球上任何地点的目标受到精确的常规袭击。美国已取得了先进的超音速武器（AHW）的成功测试，这是美国在夏威夷的太平洋导弹靶场的常规快速全球打击（CPGS）计划的一部分。

179. 保暖衣——用咖啡做的

用咖啡能做出衣服？是的，能！这就是加州一家运动服公司"Virus"成功研制出来的衣服。这家公司所研制的"保暖"系列服装能做到让你保持温暖。这种布料是用回收的咖啡炭制作而成的，它被转变成一种令人惊奇的非常舒适的底布，它通过捕获皮肤和布料之间的热量可以使布料表面温度上升 10℉。这种布料可以保护身体免受紫外线辐射，而且由于它含有能杀死细菌的化合物，所以还能除臭。

180. 洗衣服——利用太阳光

对于家庭主妇们来说，洗衣服可能是一件费力的家务活。如果你只用把衣服挂在阳光下就可以"洗"衣服，那不是一件很美妙的事情吗？这听起来是不是有些不可思议？是的，这也不过是这个奇妙科学世界的又一个奇迹而已。中国上海交通大学的龙明策和吴德勇发现，如果衣服用二氧化钛和氮化合物进行处理，然后只需要把衣服挂在太阳光下，它们就会变得很干净！在这些经过处理的织物上的灰尘会在阳光下分解，泥污会魔术般地消失，而细菌也会被消灭。即使是橙色的污点也能用这种方法除掉。如果在处理布料中加入银和碘纳米粒了，利用太阳光去污的能力会进一步加强。即使织物被洗过、烘干过，这种涂料依然有效。

以纳米材料研究员 Walid Daoud 为首的莫纳什大学的研究人员是第一批（2008 年）发现织物如果涂上二氧化钛纳米晶体就会在太阳光下分解食物和尘埃的人。以前曾生产过光敏自洁布料，但它们要求大剂量的紫外线，与之形成对照的是，这种中国产布料在加入氮化合物之后，就能在自然光下发挥作用。二氧化钛是一种常见的物质，它用在牙膏、颜料和遮光剂中。二氧化钛起着强光催化剂的作用：在有紫外线光和水蒸气存在的情况下，它可以产生羟基自由基，而这种自由基可以通过氧化反应分解有机物质。二氧化钛还可以用来给玻璃涂上 10 纳米的薄层——这可以让窗户自洁！

181. 净化水——使用 USB 充电笔

你现在能用可充电的小型紫外线净水器给半升水消毒。这种外形像 USB 设备的杀菌笔能放射出紫外线，而这些紫外线可在 48 秒之内杀死 99% 的细菌、病毒和原生动物。这种被称为 "SteriPEN Freedom" 的水净化器，可以用计算机的 USB 接口、交流电插座或太阳能充电器充电，并可重复充电 48 次。它配有一个电池和紫外线灯，使其可以使用 8000 次。在它浸入水中之后，当水变得可以安全饮用时，绿灯就会亮起。水净化器生产商 SteriPEN 希望把它售给在发展中国家旅行的人，因为在发展中国家，自来水通常都不适合直接饮用。

182. 无线网络 Wi-Fi 热点——就在人行道上

在所到的每一个地方接入网络已成为必需。有些饭店生意兴隆，因为它们在其经营场所提供有免费的无线网络。这一切即将面临进一步的变化，因为行人行走的人行道可能很快就会配备连续的无线网络热点。

西班牙一家技术公司已提出了一项新颖的发明：人行道铺路石也能当无线网络热点使用！给每块铺路石装上能通过蓝牙、Wi-Fi 与移动设备通信的 5 吉微处理器；

在人行道下铺设一条 1000 瓦的电缆，以便给铺路石供电，并提供与石头的网络接口。为了确保网络连续覆盖整条人行道，装微处理器的单块石头可以相距 20 米远。

这种智能人行横道（iPavement）还能提供多个云应用软件，包括访问数字图书馆，标明当地超市、饭店、医院和学校位置的地图，发出街道工程和附近道路街道上有障碍物的警报，以及供你娱乐的音乐服务等。iPavement 提供的这些服务项目有多种语言支持，也可以在多个不同的浏览器上运行。

183. 世界最大望远镜面世——俄罗斯制造

2011 年 7 月，俄罗斯在哈萨克斯坦将一艘命名为 "RadioAstron" 的宇宙飞船发射到太空，它将把地球上的射电望远镜发出的信号进行整合，以构成一个巨大的虚拟望远镜。虽然俄罗斯这艘宇宙飞船的天线只有 10 米长，但在与其他望远镜进行整合之后，它将形成一个巨大的碟形外层空间，比地球大约宽 30 倍，直径约 35 万米。虽然这是一个虚拟的望远镜，但它却被誉为迄今为止人类制作的最大望远镜。

来自两个以上望远镜的信号的整合采用了干涉量度分析法，所以虚拟望远镜得出的图像拥有比任何一个单个望远镜获取的图像更高的分辨率。在将发自西弗吉尼亚、波多黎各和德国的信号整合之后，俄罗斯这台虚拟望远镜捕捉的图像的分辨率将比著名的哈勃望远镜获取的图像的分辨率高 10 000 倍。